商务数据分析系列丛书

数据可视化处理

张丽君　袁柏林◎主　编

梁剑锋◎副主编

胡佳妮　李　斌　杨松柏
马　静　武学文　◎参　编

电子工业出版社

Publishing House of Electronics Industry

北京·BEIJING

内容简介

本书为任务驱动式教材，立足于企业真实的电商运营岗位和数据分析岗位对人才的需求，根据工作内容，搭建知识体系。本书体例充分考虑了教师的教学需求与学生的学习规律，以电子商务运营过程中的数据分析工作项目为载体，以任务为工作展开形式，通过学习目标、项目情境、任务分析、任务实施、知识链接、同步实训等内容，全面展开知识讲解。

本书共分为 8 个项目，内容包括数据可视化概述、产品数据可视化、用户数据可视化、推广数据可视化、销售数据可视化、服务数据可视化、供应链数据可视化、驾驶舱数据可视化。

本书适合作为职业教育院校电子商务、经济管理、物流、工商管理、经济贸易等专业的教学用书，也适合企事业单位中对电子商务数据分析、数据可视化感兴趣的在职人员阅读。

未经许可，不得以任何方式复制或抄袭本书之部分或全部内容。
版权所有，侵权必究。

图书在版编目（CIP）数据

数据可视化处理 / 张丽君，袁柏林主编. -- 北京：电子工业出版社, 2025. 2. -- ISBN 978-7-121-49887-9
Ⅰ．TP31
中国国家版本馆CIP数据核字第2025SJ2524号

责任编辑：张云怡
印　　刷：三河市君旺印务有限公司
装　　订：三河市君旺印务有限公司
出版发行：电子工业出版社
　　　　　北京市海淀区万寿路173信箱　　邮编：100036
开　　本：787×1092　1/16　印张：16.75　字数：407千字
版　　次：2025年2月第1版
印　　次：2025年2月第1次印刷
定　　价：59.00元

凡所购买电子工业出版社图书有缺损问题，请向购买书店调换。若书店售缺，请与本社发行部联系，联系及邮购电话：(010) 88254888，88258888。
质量投诉请发邮件至 zlts@phei.com.cn，盗版侵权举报请发邮件至 dbqq@phei.com.cn。
本书咨询联系方式：(010) 88254573，zyy@phei.com.cn。

总 序

在2020年发布的"十四五"规划第五篇中提出："充分发挥海量数据和丰富应用场景优势，促进数字技术与实体经济深度融合，赋能传统产业转型升级，催生新产业新业态新模式，壮大经济发展新引擎。""适应数字技术全面融入社会交往和日常生活新趋势，促进公共服务和社会运行方式创新，构筑全民畅享的数字生活。"

党的二十大报告指出："加快发展数字经济，促进数字经济和实体经济深度融合，打造具有国际竞争力的数字产业集群。"在数字经济大发展的背景下，以云计算、大数据、物联网、区块链、人工智能、虚拟现实和增强现实等为代表的新兴数字产业正不断涌现，加快了传统生产方式和管理模式的数字化转型，促进了供需精准匹配，激发了众多新产品、新业态、新商业模式，为企业降本增效开辟了新突破口。众多企业开始以全链路数字化为基础，以用户为中心，以场景为导向，以人为核心，通过数据驱动，从产品设计、供应链管理、营销、服务、运营、组织等方面，全方位、全链路地打造用户价值，实现企业的可持续发展。

2021年的全国职业教育大会对职业教育工作作出重要指示强调："要坚持党的领导，坚持正确办学方向，坚持立德树人，优化职业教育类型定位，深化产教融合、校企合作，深入推进育人方式、办学模式、管理体制、保障机制改革，稳步发展职业本科教育，建设一批高水平职业院校和专业，推动职普融通，增强职业教育适应性，加快构建现代职业教育体系，培养更多高素质技术技能人才、能工巧匠、大国工匠。"

基于此，2022年，北京市对外贸易学校聚焦京津冀协同发展战略、北京市商业服务业发展战略等国家重大战略，深度对接"四个中心"建设、北京城市副中心建设的重点领域及相关产业，面向新零售产业链下不断发展的行业新技术、新业态对互联网和相关服务业、批发业、零售业等行业技术技能人才的需求，精准对接电子商务运营、电子商务营销策划、电子商务推广、电子商务客户服务、电子商务数据分析、电子商务平台技术支持、网络安全管理等相关岗位，构建全域数字化运营专业群，以全域数字化运营人才培养为目标，围绕数字商贸领域展开"技术＋运营"复合型高素质技术技能人才培养的教学研究与探索。

全域数字化运营是指企业或组织以用户为中心，依托大数据、云计算、人工智能、区块链等数字技术，通过互联网广告、小程序、短视频、沉浸体验等多样化触达模式，整合公域私域触点，贯通线上线下场景，促使生产、分配、交换、消费等社会再生产的各个环节，系统化地面向服务消费者进行优化升级，从根本上改变人们的生产、生活方式，从而构建一个品牌自有、线上线下一体化、全渠道公域私域联通、数字化可控的全域经营阵地，实现企业或组织的全面数字化运作。职业教育肩负着重大使命，需要培养优质的数字化运营人才，以满足企业和组织在全域数字化运营中的迫切需求。

在特高专业群建设的背景下，北京市对外贸易学校联合北京博导前程信息技术股份有限公司等优秀合作企业，全面落实"立德树人"根本任务，践行学校的"丝路春晖"育人理念，紧扣全域数字化运营新业态、新模式发展趋势，探索全域数字化运营专业群"124人才培养模式"创新；践行"春晖行动"职业素养教育模式，面向数字商贸服务产业及相关产业高端岗位群，着手开发"全域数字化运营"系列教材。

该系列教材作为"特高计划"建设的重要成果之一，以"技术＋运营"复合型高素质技术技能人才培养为目标，围绕全域数字化运营综合业务进行流程梳理，依据新零售生态圈下的企业运营全流程、全场景、大数据应用与网络信息安全技术服务保障，坚持"岗课赛证"融通原则进行整体设计，为电子商务、大数据技术、网络信息安全等专业的在校学生，以及进行电子商务运营、数据分析与运营分析、跨境电商平台维护等工作的企业在岗人员提供全面提升专业技能和职业技能素养的支持。

前 言

近年来,随着互联网应用的普及,电子商务在为人们的生活带来极大便利的同时也产生了大量的商业数据,有效利用这些数据并进一步挖掘其商业价值,为企业经营管理提供合理、有效的数据信息,是企业经营的重中之重。同时,由于数据量的暴增及分析维度的逐步细化,以 Excel 为基础的数据分析工具已经无法满足用户对大规模数据进行可视化和交互分析的需求。对职业教育类院校而言,加强对商业数据的多维度分析,以及智能可视化数据分析工具的研究与教学十分重要。为解决这一问题,北京市对外贸易学校联合企业共同探讨、研究,将企业的工作任务、工作流程引入教学之中,形成理实一体、紧跟市场可视化数据分析发展需求的教材内容。

本书共分为 8 个项目,各项目从电子商务的不同工作场景出发,以系统化的工作流程为主线,依托企业数据分析的实际工作任务,串联具体的任务操作流程。通过详细解构任务步骤、实施方式和工具,对任务操作流程加以细化展现,强化对数据分析工作原理的理解和实践。相较于传统教材,本书的内容组织更具特色。

(1)系统性。本书内容经过充分调研,以企业进行数据可视化的不同场景为主线组织内容,涵盖数据可视化概述、产品数据可视化、用户数据可视化、推广数据可视化、销售数据可视化、服务数据可视化、供应链数据可视化、驾驶舱数据可视化,内容系统而完备,知识严谨而周密。

(2)独创性。本书以项目式教学的一般流程为载体,通过设置学习目标、项目情境、任务分析、任务实施、知识链接、同步实训等环节,落实"工作任务+任务分析+任务教学+知识储备+技能夯实"的教学过程,遵循学生的学习规律,提升其知识与技能的掌握程度。

(3)实用性。本书紧跟电子商务、数据可视化分析的最新发展趋势,结合企业当前岗位与人才需求的情况,选取典型的数据分析应用场景,结合具体的数据分析工作展开论述,通过知识学习和实训巩固不断提升学生的知识储备与操作技能,以匹配企业对职业教育院校数据分析、电商运营等相关专业毕业生的就业需求。

(4)便捷性。本书配套课件、微课、习题库等类型丰富的在线教育资源,供学生即学即用。

本书由北京市对外贸易学校组织教学经验丰富,并且具有企业学习、实践背景的优秀教师,联合北京博导前程信息技术股份有限公司共同编写。在编写过程中得到了一线专业的数据分析人员、院校人士的鼎力帮助,在此一并表示感谢。因编著水平有限,书中难免存在疏漏之处,恳请广大读者提出宝贵意见。

编者

目 录

项目一　数据可视化概述 / 1
　　任务一　认识数据可视化 / 2
　　任务二　数据可视化的流程与方法 / 10
　　任务三　数据可视化的应用场景 / 24

项目二　产品数据可视化 / 31
　　任务一　产品行业数据可视化 / 32
　　任务二　产品获客能力数据可视化 / 42
　　任务三　产品盈利能力数据可视化 / 49

项目三　用户数据可视化 / 63
　　任务一　用户画像数据可视化 / 64
　　任务二　用户行为数据可视化 / 78
　　任务三　用户价值数据可视化 / 86

项目四　推广数据可视化 / 97
　　任务一　推广渠道引流数据可视化 / 98
　　任务二　推广活动效果数据可视化 / 108
　　任务三　推广内容效果数据可视化 / 118

项目五　销售数据可视化 / 134
　　任务一　销售成交数据可视化 / 135
　　任务二　销售转化数据可视化 / 146
　　任务三　销售利润数据可视化 / 156

项目六　服务数据可视化 / 167
　　任务一　DSR 服务评价数据可视化 / 168
　　任务二　KPI 服务考核数据可视化 / 179

项目七　供应链数据可视化 / 196
　　任务一　采购数据可视化 / 197
　　任务二　仓储数据可视化 / 207
　　任务三　物流数据可视化 / 214

项目八　驾驶舱数据可视化 / 221
　　任务一　驾驶舱页面布局 / 222
　　任务二　驾驶舱页面图表可视化 / 234
　　任务三　驾驶舱页面配色优化可视化 / 250

参考文献 / 261

项目一　数据可视化概述

学习目标

知识目标

1. 了解数据可视化的概念和作用。
2. 明确进行数据可视化时需要遵循的原则。
3. 熟悉 Power BI 中常见的可视化图表。
4. 熟悉常见的数据可视化应用场景。

技能目标

1. 能够根据所要分析的数据及数据可视化的目的，选择合适的可视化图表。
2. 能够完成 Power BI 的安装及登录。
3. 能够按步骤完成数据可视化的操作练习。

素养目标

1. 具备较强的理解能力和实践能力，能够理解数据可视化的流程与方法，完成 Power BI 的准备工作。
2. 在数据可视化分析过程中培养科学的价值观和正确的道德观。

项目任务分解

本项目包含三个任务，具体内容如下。

任务一：认识数据可视化。

任务二：数据可视化的流程与方法。

任务三：数据可视化的应用场景。

本项目旨在引导学生了解使用 Power BI 进行数据可视化的各项准备工作。通过对本项目的学习，学生能够了解数据可视化的概念、作用及进行数据可视化需要遵循的原则，掌握数据可视化的流程与方法，并根据数据类型、数据可视化的应用场景、数据可视化的目的等选择合适的图表进行数据可视化。

数据可视化处理

项目情境

小乔毕业于北京某职业教育院校的电子商务专业,毕业后一直就职于北京某电商企业,从事运营相关的工作。小乔所就职的企业成立于2018年,该企业采用多平台经营的方式,专注于生活用品的线上销售。随着企业规模和业务的不断扩大,所产生的数据量及其复杂度也在快速增长。为了更好地理解和利用这些数据,该企业计划就目前的经营状况进行数据可视化分析。经领导层商议后决定,由小乔负责策划并启动与企业运营可视化分析相关的工作任务。小乔计划从深入学习并理解数据可视化的基本知识入手,梳理数据可视化的流程与方法,熟悉数据可视化的应用场景。

任务一 认识数据可视化

任务分析

随着互联网、云计算、大数据等新技术的快速发展,数据可视化已成为数据分析不可或缺的一部分。但对电商企业来说,数据量的不断增加,使从海量数据中提取有价值的信息变得愈发困难。数据可视化工具可将数据转化为更加直观、易于理解的形式,帮助企业运营人员更好地理解数据、分析其变化趋势并预测未来一段时间内的变化。小乔需结合自身企业的运营状况,认识数据可视化的概念和作用,进一步明确进行数据可视化需要遵循的原则,掌握数据可视化常用的图表。

任务实施

一、数据可视化的认识

步骤一:认识数据可视化的概念

数据可视化是指将数据或信息编码等复杂的、难以理解的内容,通过图表、图形、地图等视觉化工具转化为易于理解和分析的形式。数据可视化将艺术性与功能性并重,多样、恰当、精细地展现交互方式,以便人们更好地理解和发现数据之间的关系、趋势,从而更好地利用数据进行预测、决策和规划。数据可视化可以用于各种领域,如商业、交通、科学、政府和教育等,有助于用户快速发现和解决问题,并且能够有效传达和展示数据所承载的信息。在当今这个由数据驱动的世界,数据可视化已经成为一种重要的技能。

步骤二：认识数据可视化的作用

数据可视化被广泛应用于各行各业，在帮助用户更好地理解和分析数据方面，有着举足轻重的作用。在电商领域，数据可视化的作用主要包括以下几个方面。

1. 帮助企业工作人员更好地理解数据

数据可视化可以通过图表、图形、地图等可视化工具，将海量数据转化为用户容易理解的形式，并重点展示关键数据，以便用户第一时间获取重要信息；另外，还可以对以往数据进行分析，更好地发现数据之间的关系和发展趋势。

2. 助力电商企业精准营销

数据可视化是企业工作人员对经营状况进行分析的重要过程，在这个过程中，工作人员可以深入了解目标客户的需求、消费偏好和购买习惯，从而制定更加精准的营销策略，可以利用饼图、地图、词云图等图表展示客户的购买时间、地理位置、消费偏好等，为企业提供针对性的广告投放数据支持。

3. 帮助企业优化客户服务策略

通过数据可视化，企业可以更好地了解客户的投诉、反馈和评价情况，及时响应客户需求，提供更好的售后服务，同时也可以对服务质量进行监控和改进。例如，利用词云图展示客户评价信息，企业结合关键词了解到前期合作的物流送货不及时，从而导致评价信息中多次提及物流问题，结合这一信息，企业可以优化物流服务。

4. 助力统筹企业产品，优化管理策略

电商企业在运营过程中，要时刻关注销售和采购方面的信息。数据可视化便于企业工作人员更好地了解产品的销售状况、库存水平和订单情况，有针对性地上架和采购产品，从而提高企业的销售金额，提升销售利润；同时，可以针对库存中的产品进行有效管理，避免库存积压和缺货。

5. 分析市场竞争情况

对市场数据的采集和可视化分析，便于企业与竞争对手在市场、产品和服务等方面进行比较，从而制定更加有效的竞争策略，提高企业的市场占有率和盈利。

6. 识别趋势并预测未来

电商企业在运营过程中会产生大量的数据，如客户数据、推广数据、活动数据、销售数据等，通过对这些数据进行环比分析、同比分析，可以更好地识别产品或活动的发展趋势，以便在后续的运营过程中科学地规避劣势，进一步发挥优势，实现更加精准、高效的运营管理。同时，基于运营数据，企业可以对未来走向进行预测，有助于把握市场的发展趋势和发展方向，从而更好地进行规划和决策。

二、数据可视化呈现

步骤一：明确进行数据可视化需要遵循的原则

在进行数据可视化时，为了提高数据可视化的效果和实用性，确保数据可视化的

效果良好，以助力企业更好地分析和理解数据，需要遵循以下原则。

1. 易于理解和解读

数据可视化需要呈现清晰的、易于理解和解读的信息，应避免使用过于复杂或晦涩的图形或文字。

2. 准确反映数据并突出重点

数据可视化需要准确反映原始数据，不能曲解数据，误导用户。数据可视化需要基于真实数据进行，应避免使用虚假或过度夸张的数据来歪曲事实。

在数据可视化时，需要重点突出最重要的信息和数据，帮助用户更好地理解和分析数据，避免信息过载。

3. 选择合适的可视化工具和格式

不同的数据类型和目标受众需要选择不同的可视化工具和格式。例如，对于时间序列数据，可以使用线形图，而对于地理数据，可以使用地图。

4. 可交互

为了使用户更好地参与数据分析过程，数据可视化需要具备交互性。例如，通过添加滑动条、下拉菜单等交互式元素，让用户自由选择需要的信息和数据。

5. 注重美观

数据可视化需要注重美观，以增强视觉吸引力和可读性，但要避免因太过花哨而导致的信息过载或阅读困难。

步骤二：掌握数据可视化常用的图表

不同的图表可以从不同的角度展现数据，在数据可视化分析时，换个角度可能就会有不同的发现。但对于特定的数据或使用场景，并不是所有的图表都适用。选择合适的图表进行可视化呈现，不仅可以确保数据呈现的准确性，还可以提高用户获取信息的效率。在 Power BI 中，默认的可视化对象有 29 个，但是可以根据实际情况获取更多的可视化对象。

1. 条形图和柱形图

条形图和柱形图是常见的可视化图表。简单来说，柱形图是利用水平的柱子来表示不同分类的数据，而将柱形图旋转 90°就形成了条形图，两种图表的使用方式和创建方式相似，个性设置也基本一致。在 Power BI 中，条形图、柱形图的形式多样，包括堆积条形图、堆积柱形图、簇状条形图、簇状柱形图、百分比堆积条形图、百分比堆积柱形图。如图 1-1～图 1-4 所示，分别使用堆积条形图、堆积柱形图、簇状柱形图、百分比堆积柱形图展示了同一组数据的可视化效果。

2. 折线图

折线图是一种非常大众化的可视化图表，由于其呈现的内容简单、易于理解，所以在使用折线图展现数据时，基本无须额外解释。简单易懂是折线图的典型优势。图 1-5 中的折线图展示了随时间变化的利润及销售金额的发展趋势。当鼠标指针位于折线上时，会显示当月对应的利润或销售金额。

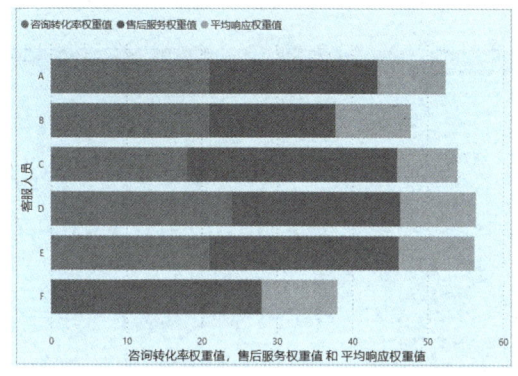

图 1-1 堆积条形图示例

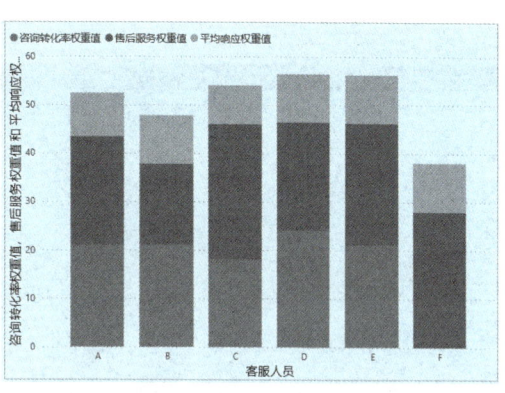

图 1-2 堆积柱形图示例

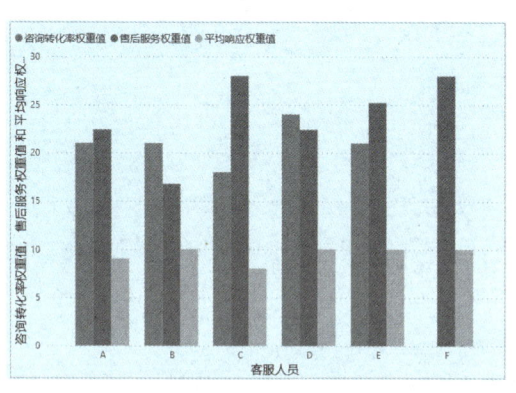

图 1-3 簇状柱形图示例

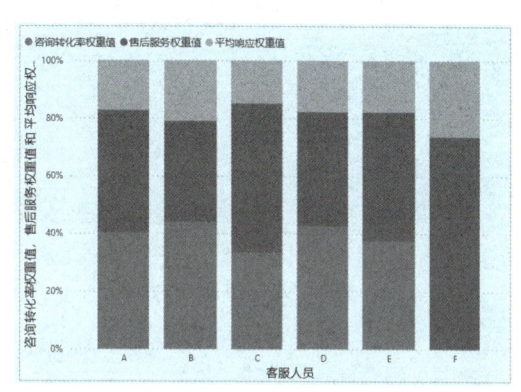

图 1-4 百分比堆积柱形图示例

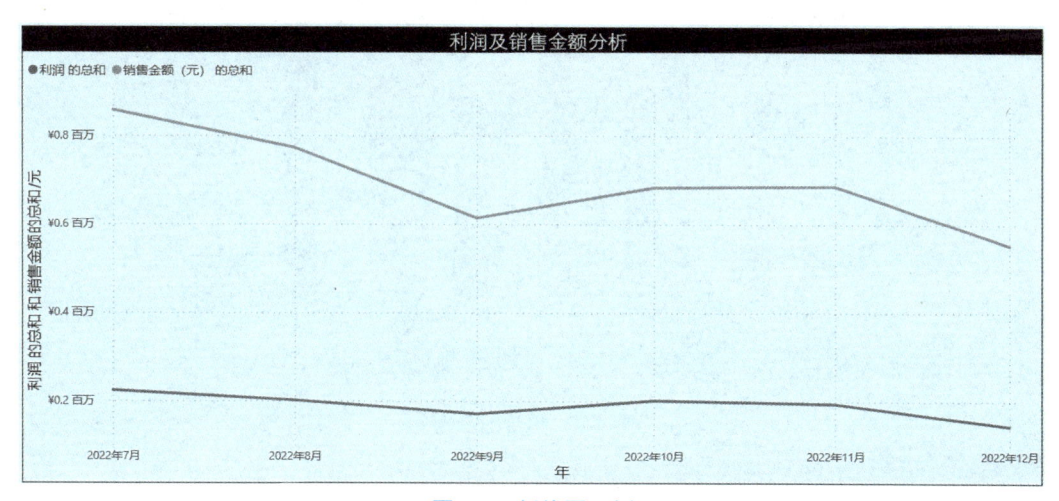

图 1-5 折线图示例

3．分区图

分区图又称分层分区图，它在折线图的基础上填充了坐标轴和折线之间的区域。分区图强调的是随时间变化而推移的度量值，坐标轴和折线之间的区域使用颜色进行填充以指示数量。这种加入填充区域的方式更能吸引用户关注某个趋势间的总值。如图 1-6 所示，通过分区图展示了随时间变化的利润、销售金额和总成本的总和。

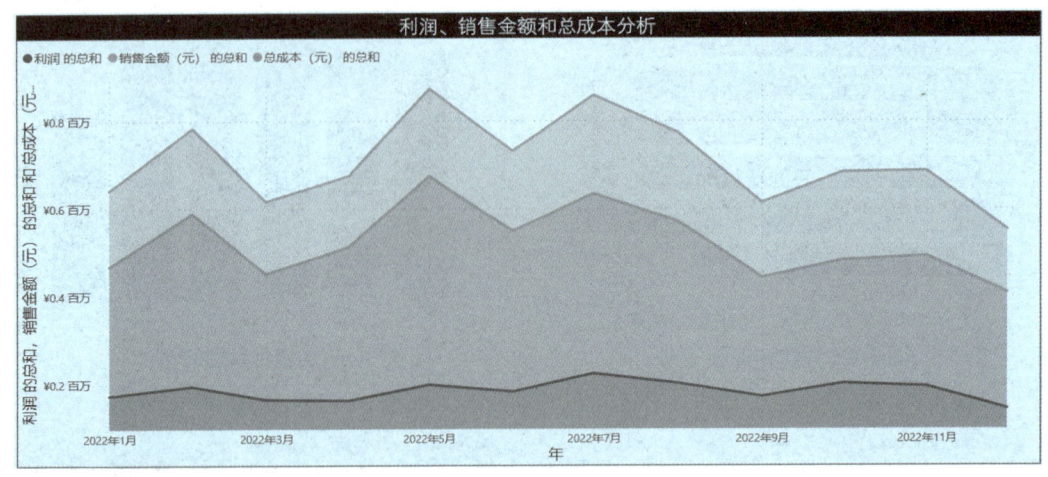

图 1-6　分区图示例

4. 组合图

在 Power BI 中，组合图是将两张图表合并为一张图表的单个视觉对象，其有两种类型，分别是折线图和堆积柱形图的组合、折线图和簇状柱形图的组合。组合图有助于在同一张可视化图表中比较两种或两种以上度量之间的关系，如图 1-7 所示。

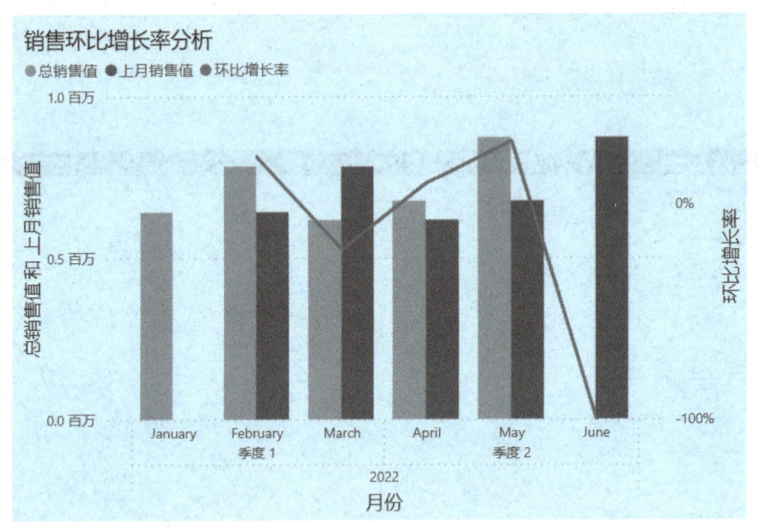

图 1-7　组合图示例

5. 饼图和环形图

饼图和环形图是较为相似的数据可视化表现形式，都属于圆环图。不同的是，饼图通过扇面的面积来展示比例大小，常用于展示部分占总体的比例，各个部分的比例差别越大，越适合使用饼图来展示，如图 1-8 所示。而环形图是中间挖空的饼图，它依据环形的弧长来展示比例大小，如图 1-9 所示。

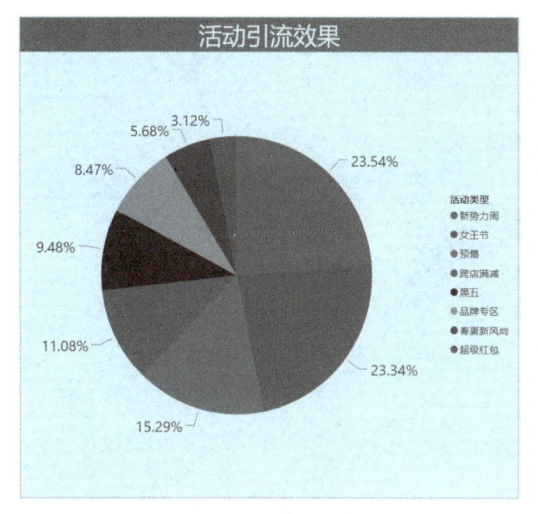

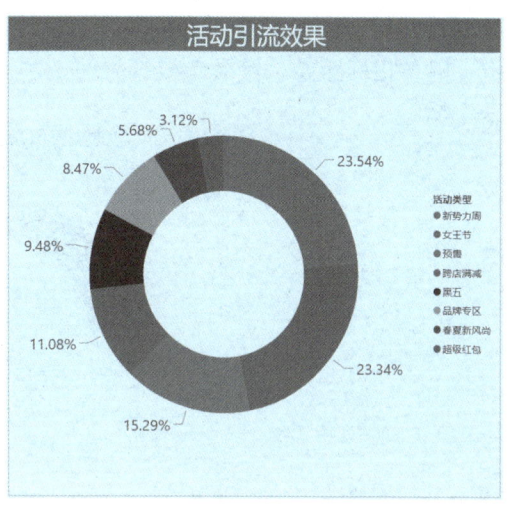

图 1-8　饼图示例　　　　　　　　　图 1-9　环形图示例

6. 树状图

在 Power BI 中，树状图是空间利用率最高的数据可视化表现形式，无论如何调整树状图的高度和宽度，它都会在整体上保持矩形的形状，如图 1-10 所示。通过树状图中每个矩形的大小、位置和颜色来展示大量的分层数据，以及多个类别的每部分所占整体的比例。若数据存在层级关系，则使用树状图来展示比例关系会更加方便和灵活。

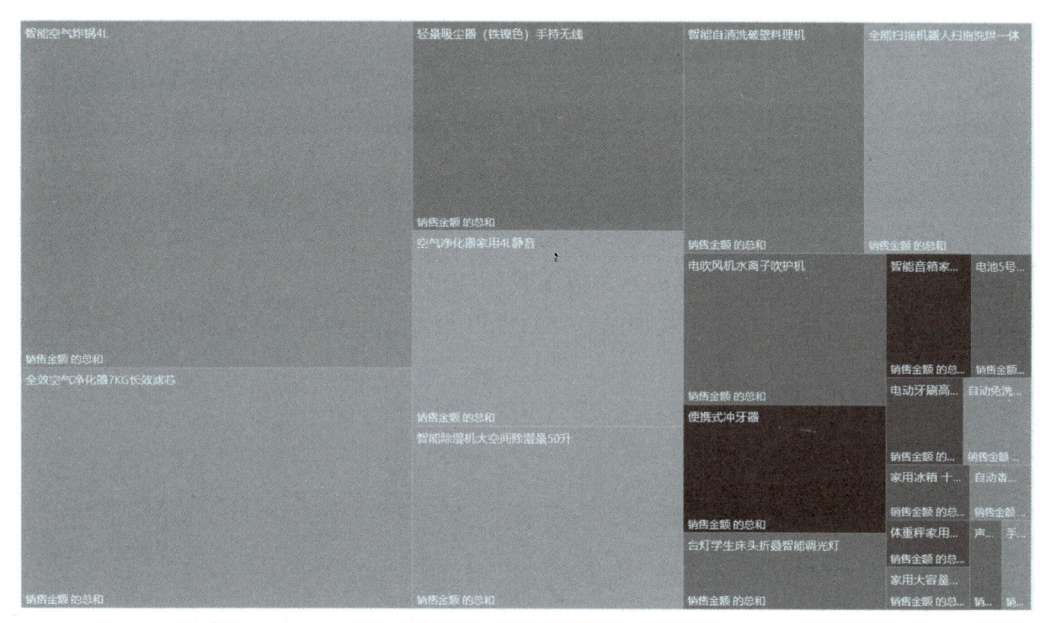

图 1-10　树状图示例

7. 仪表盘

在 Power BI 中，仪表盘是一个半圆弧，在中心显示单个值，该值为需要跟踪的数据，并且使用直线（针）表示目标或目标值，使用明暗度表示目标的进度。所有可能的值沿半圆弧均匀分布，从最小值（最左边的值）到最大值（最右边的值），如图 1-11 所示。

仪表盘常用于跟踪某个指标的进度或某个目标的完成情况，被广泛应用于销售数据分析、财务指标跟踪、绩效考核等方面。

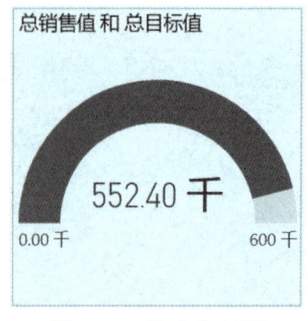

图 1-11　仪表盘示例

8. 卡片图和多行卡

在 Power BI 中，为了跟踪和展示重要的信息，如销售金额、总利润、同比增长率等，可以使用卡片图直接展示数字，如图 1-12 所示。另外，多行卡的展示方式与卡片图的类似，只是多行卡可以同时展示多个指标的数据，如图 1-13 所示。

图 1-12　卡片图示例

图 1-13　多行卡示例

9. KPI

关键绩效指标（KPI）用于展示可度量目标的已完成进度，通常用于展示进度及当前进度与指标的距离。如图 1-14 所示，通过 KPI 展示了销售目标的达成情况。

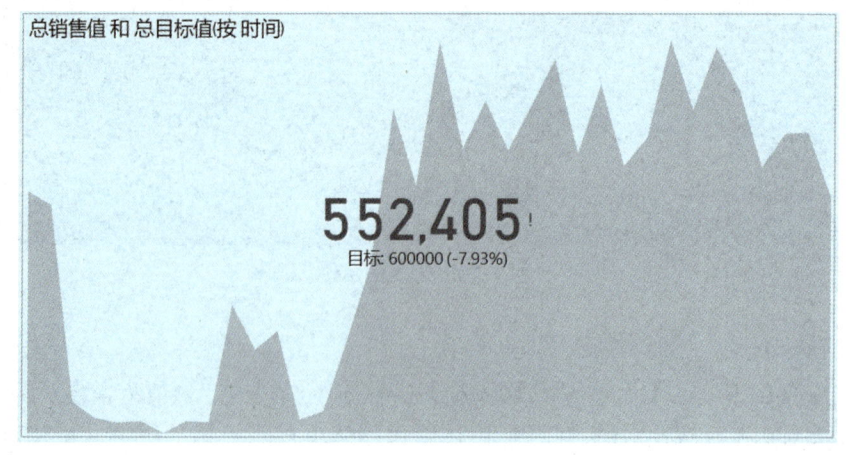

图 1-14　KPI 示例

10. 表

在 Power BI 的视觉对象中，有一个名为表的数据可视化表现形式，在表中不仅可以展示多个字段的明细数据，还可以使用条件格式功能为不同的字段设置不同的格式，使数据的比较方式更加多样，如图 1-15 所示。

序号	商品编号	第一个 商品名称	销售金额 的总和	订单量 的总和
1	210932	智能除湿机大空间除湿量50升	358437.00	163
2	210933	全效空气净化器7KG长效滤芯	685902.00	98
3	210934	空气净化器家用4L静音	384117.00	183
4	210935	全能扫拖机器人扫拖洗烘一体	285108.00	92
5	210936	智能自清洗破壁料理机	305218.00	382
6	210937	电吹风机水离子吹护机	225107.00	983
7	210938	台灯学生床头折叠智能调光灯	113142.00	1038
8	210939	体重秤家用电子秤	28413.00	287
9	210940	电池5号（10粒装）电池碱性电池	55419.30	3987
10	210941	智能空气炸锅4L	989277.00	3973
总计		便携式冲牙器	4328937.40	17270

图 1-15 表示例

> **知识链接**

一、数据可视化的发展现状与趋势

1. 从简单图表到可视化分析平台

随着数据量和数据种类的增加，简单的图表已经不能满足用户对数据展示的需求，因此，可视化分析平台逐渐成了一个重要的展示工具。这种平台不仅可以将不同的数据源整合起来，提供更加丰富的数据可视化手段，还可以对数据进行实时分析，从而帮助企业更好地了解数据背后的规律和发展趋势。

2. 从静态到动态

传统的数据可视化通常是静态的，但现在，越来越多的数据可视化开始采用动态的展示方式。例如，随着可视化技术的发展，数据故事化呈现、交互式动态可视化等新技术被广泛应用。这种动态可视化的方式可以更好地呈现数据的变化和趋势，从而使数据更加容易理解。

3. 从二维到三维

现在越来越多的数据可视化开始采用三维的方式进行展示。这种方式可以让用户更加深入地理解数据。例如，在 3D 地图上展示地理数据，让用户更好地了解地理信息。

4. 从桌面到移动

随着移动设备的普及，数据可视化的移动化成了一个重要发展趋势。例如，通过手机或平板电脑，用户可以随时随地查看数据报表和图表，这种移动化趋势使数据可视化更加方便、实用。

二、Power BI 介绍

Power BI 是微软新一代的交互式报表工具，它可以把相关的静态数据转换为炫酷的可视化报表，并且根据过滤条件对数据进行动态筛选，从而从不同的角度和粒度上分析数据。

Power BI 主要由两部分组成：Power BI Desktop 和 Power BI Service，前者供报表开发者使用，用于创建数据模型和报表 UI，后者是管理报表和用户权限，以及查看报表的网页平台。本书所用工具为 Power BI Desktop，以下简称 Power BI。

在使用 Power BI 制作报表之前，请先下载 Power BI 开发工具，并注册 Power BI Service 账户，在注册账号之后，开发者可以将报表数据一键发布到本地或云端，用户只需在浏览器中打开相应的 URL，就可以在权限允许范围内查看报表数据。

除上述工具外，Power BI 还包括移动应用，可在 iOS 和 Android 设备及电脑端使用。

任务二　数据可视化的流程与方法

任务分析

电子商务的数据可视化分析是基于商业分析目标，有目的地进行数据收集、整理、加工和分析，提炼有价值的信息的过程。小乔在了解数据可视化的基本内容，明确进行数据可视化需要遵循的原则及数据可视化常用的图表后，立刻梳理出了数据可视化的流程，主要包括明确数据可视化分析目标、Power BI 工具准备、数据清洗和整理、数据关系建立、数据可视化展现。为了进一步掌握各流程中涉及的操作方法和知识内容，小乔决定通过网络资源了解相关知识。

任务实施

一、明确数据可视化分析目标

开展数据可视化要有明确的目标。因此，在进行数据可视化分析之前，首先要结合任务目标、企业现状等情况，明确数据可视化分析的目标，然后根据要达成的目标选择需要分析的数据，进而明确数据可视化分析想要达到的效果。例如，通过分析销售数据明确半年内销售目标的达成情况。

明确目标便于将目标分解为若干个不同的分析要点，即对哪些场景开展数据可视化分析；随后针对每个分析要点确定分析方法和分析指标，即需要从哪几个角度进行分析，采用哪些分析指标。

二、Power BI 工具准备

步骤一：下载 Power BI 安装包

（1）打开浏览器，进入 Power BI 官网。进入 Power BI 官网后，单击"免费下载"按钮（以本书编写时的页面内容为准，下同），如图 1-16 所示，选择语言版本为"中文（简体）"选项，单击"下载"按钮。

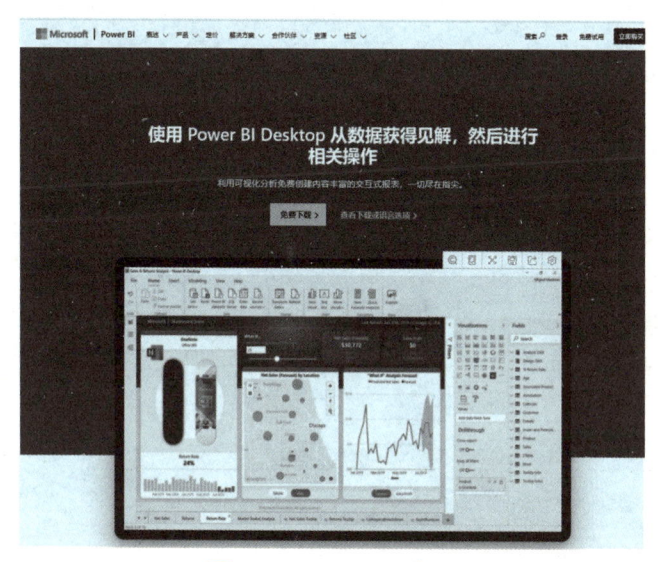

图 1-16　Power BI 官网

（2）选择安装包类型。在"选择您想要的下载"对话框中，有多种版本的安装包可供选择，如图 1-17 所示。小乔需要选择适合自己电脑的安装包，于是小乔在电脑桌面上双击"此电脑"图标，在"计算机"选项卡中单击"系统属性"按钮，如图 1-18 所示，查看当前版本和系统类型，如图 1-19 所示。随后，小乔在"选择您想要的下载"对话框中勾选了适合自己电脑的安装包，并根据提示进行下载。

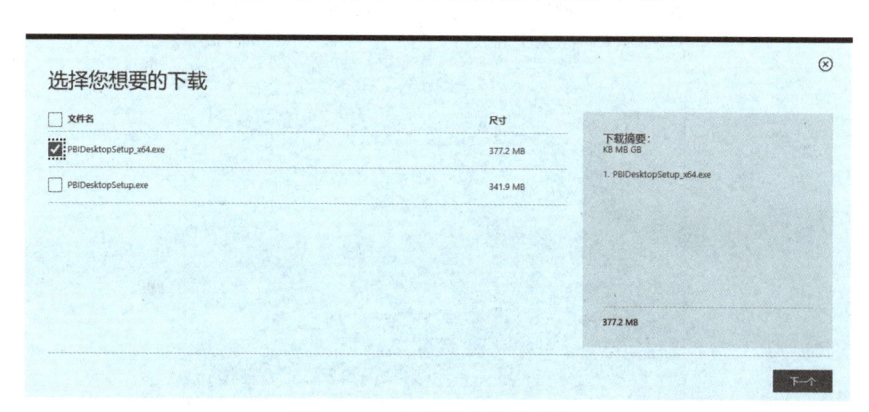

图 1-17　多种版本的安装包

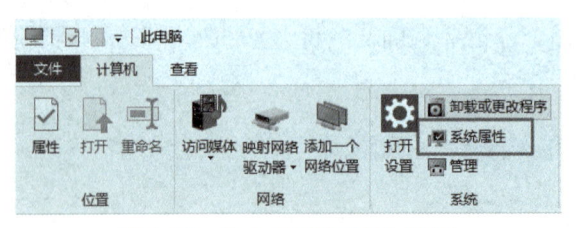

图 1-18 单击"系统属性"按钮

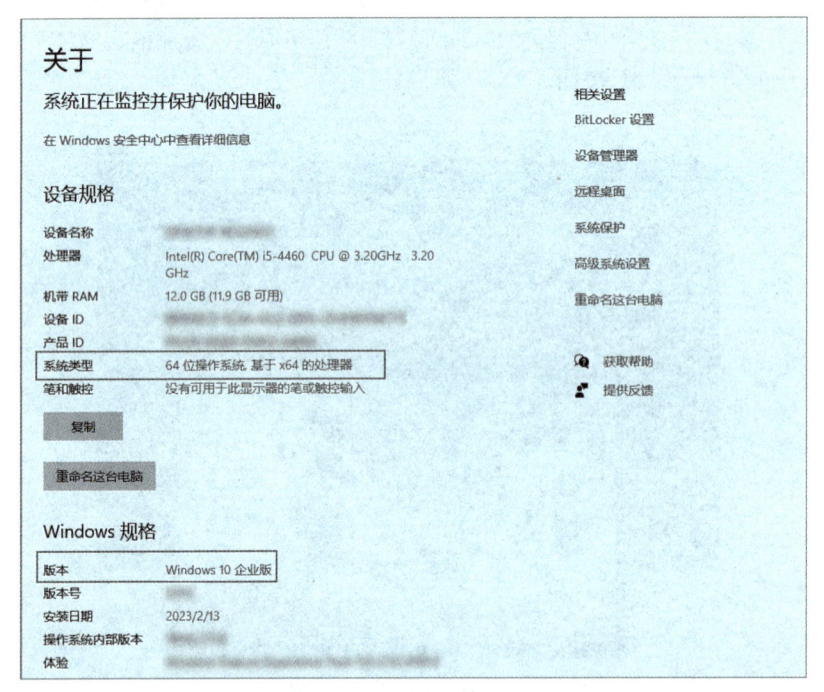

图 1-19 查看当前版本和系统类型

步骤二：安装并登录 Power BI

（1）双击下载的安装包并根据页面提示进行安装。安装完成后，单击"完成"按钮，如图 1-20 所示。

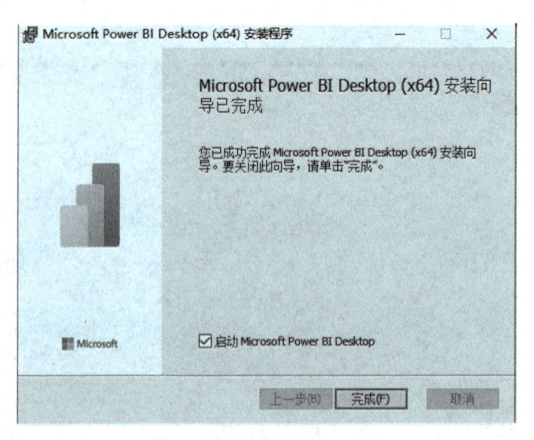

图 1-20 安装 Power BI

（2）双击桌面上的 Power BI 图标启动软件。第一次打开 Power BI 会提示登录账号。首先，单击右上角的"登录"按钮，按照页面提示输入注册账户时填写的电子邮件地址，如图 1-21 所示。然后，单击"继续"按钮根据提示输入密码。最后，单击"登录"按钮。登录成功后会进入欢迎页面，这代表完成了 Power BI 数据可视化分析工具的准备工作。

图 1-21　输入电子邮件地址

三、数据清洗和整理

步骤一：获取数据

在 Power BI 主页面中提供了多种导入数据的方式，可以选择画布区中的"从 Excel 导入数据"选项进行导入，也可以通过单击功能区中"主页"选项卡下的"获取数据"按钮选择文件。除此之外，还可以单击"数据"窗格下的"获取数据"按钮加载文件，如图 1-22 所示。任意选择一种导入方式，在需要导入的 Excel 表格中选择对应的数据表，随后单击"加载"按钮完成导入数据工作。

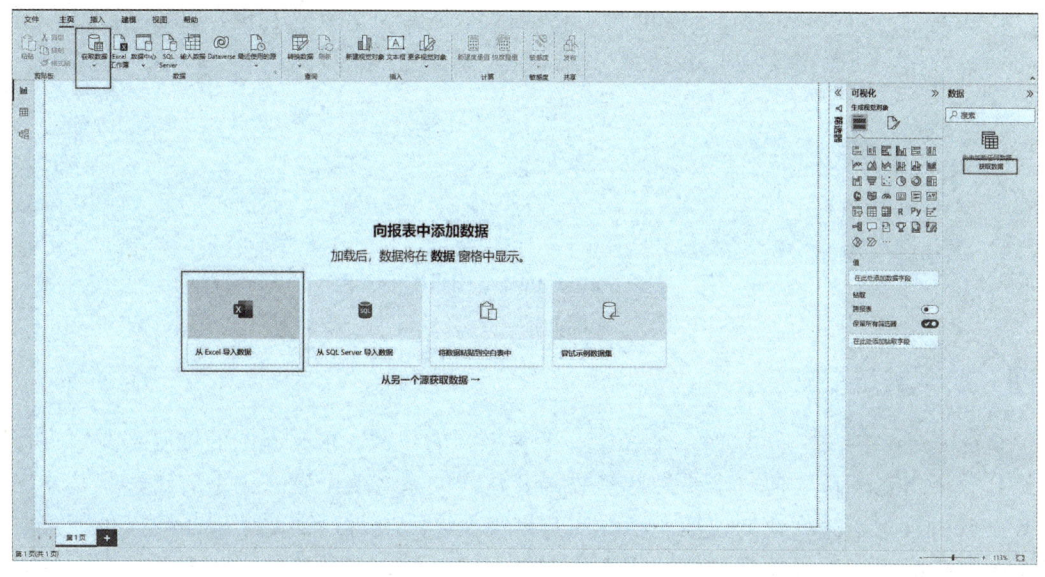

图 1-22　导入数据表页面

步骤二：清洗和整理

单击功能区中"主页"选项卡下的"转换数据"按钮，进入 Power Query 编辑器，如图 1-23 所示。在左侧的"查询"窗格中右击数据表，弹出如图 1-24 所示的快捷菜单，通过其中的命令完成数据表的复制、重命名等操作。

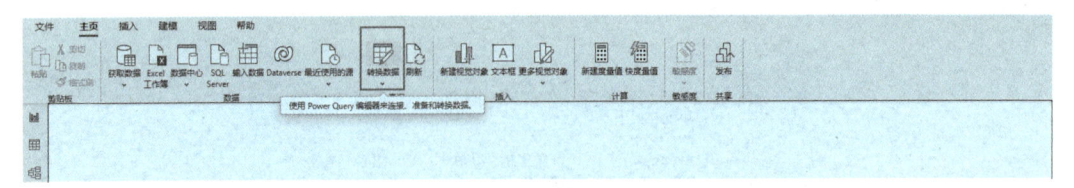

图 1-23　进入 Power Query 编辑器

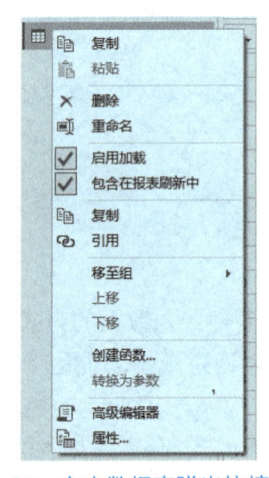

图 1-24　右击数据表弹出快捷菜单

除此之外，Power Query 编辑器的功能区还提供了丰富的功能，如图 1-25 所示，可以通过相关功能完成删除重复项、更改类型、替换值等操作。

图 1-25　Power Query 编辑器的工具

四、数据关系建立

在 Power BI 中，可以对多个表格、多种来源的数据，根据不同的维度和逻辑进行聚合分析。在分析之前，需要为这些数据表建立关系，这个建立关系的过程就是建立数据分析模型，简称数据建模。小乔在数据清洗之后发现，需要分析的数据可能来自不同的数据表，所以要为这些数据表建立关系。对此，小乔需要学习相关知识，首先了解关系及其相关元素，然后根据要求自动和手动创建数据关系。

步骤一：了解关系及其相关元素

在进行关系的创建和管理之前，首先需要了解关系的概念及其相关的基本元素。

1. 关系

在 Power BI 中，关系是指数据表之间的基数和交叉筛选方向。

2. 基数关系

基数关系类似于数据表的外键引用，通过两个数据表之间的单个数据列进行关联，该数据列叫作查找列。两个数据表之间的基数关系主要有多对一（N:1）、一对多（1:N）、一对一（1:1）。除此之外，Power BI 中还有一种存在但不可用的关系。

（1）多对一（N:1）

多对一（N:1）是最常见的默认类型，意味着一个表中的列可具有一个值的多个实例，而另一个相关表中的列仅具有一个值的一个实例。简单来说，就是在左表的关系列中有重复值，而在右表的关系列中是单一值。

（2）一对多（1:N）

一对多（1:N）是多对一的反向，意味着在右表的关系列中有重复值，而在左表的关系列中是单一值。

（3）一对一（1:1）

一对一（1:1）意味着一个表中的列仅具有一个特定值的实例，而另一个相关表中也是如此。

（4）其他

除了以上几种基数关系，Power BI 中还存在一种虚线的配置关系，表示此关系不可用。

3. 交叉筛选方向

在关系线中，存在一个方向符号，该符号为交叉筛选方向，表示数据筛选的流向。筛选方向主要有单向和双向两种类型。

（1）双向

双向是最常见的默认方向，当两个数据表之间的交叉筛选方向被设置为双向时，这两个数据表可以互相筛选。

（2）单向

单向的筛选关系表示其中一个数据表只能对另外一个数据表进行筛选，而不能反向筛选。

步骤二：自动和手动创建关系

1. 自动检测创建关系

打开原始文件，切换至"建模"选项卡，单击"关系"组中的"管理关系"按钮，如图 1-26 所示。

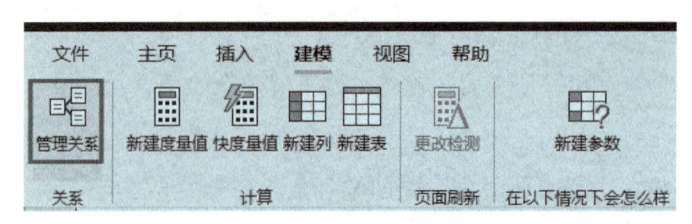

图 1-26 单击"管理关系"按钮

打开"管理关系"对话框,在该对话框中可看到"尚未定义任何关系"的说明内容,单击"自动检测"按钮,等待一段时间,自动检测完成后会弹出一个对话框,提示"尚未定义任何关系"或"检测到关系"。返回"管理关系"对话框,可以看到自动检测出的几个可用关系及有关系的数据表与数据表中的查找列字段名称,至此,完成了自动检测关系的创建。

如果 Power BI 无法确定两个数据表之间是否存在匹配项,或者"自动检测"功能所创建的关系与想要创建的关系不符,则需要继续通过"新建"功能手动创建关系;如果通过"自动检测"功能所创建的关系符合需求,则完成了不同数据表之间关系的创建。

2. 手动操作创建关系

打开原始文件,切换至"关系"视图,可以看到已导入的表数据块,此时如果数据表之间还未创建关系,则单击"建模"选项卡下"关系"组中的"管理关系"按钮,可以看到打开的"管理关系"对话框中没有任何数据关系,这时需要单击"新建"按钮,如图 1-27 所示。

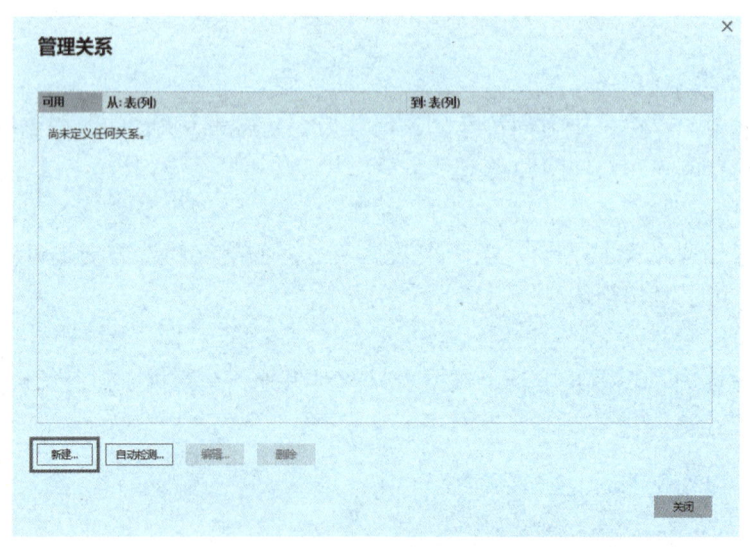

图 1-27 单击"新建"按钮

打开"创建关系"对话框,选择相互关联的数据表和列,在对话框下方设置"基数"和"交叉筛选器方向"后单击"确定"按钮即可完成一个关系的创建,返回"管理关系"对话框后就可以看到创建的关系了。可以使用相同的方法继续创建多个表关系,完成后单击"关闭"按钮即可。

五、数据可视化展现

数据的获取、整理和建模都是在为数据可视化做准备，实现数据可视化是 Power BI 最核心的功能。Power BI 中预置了种类丰富的视觉对象，从简单的柱形图、折线图到气泡图、瀑布图，再到更复杂的仪表盘、KPI 等。不同的视觉对象可以从不同的角度展示数据，换个角度展示数据可能会得到不同的信息，但对于特定的数据或场景，并不是任何视觉对象都适用。

步骤一：创建可视化效果

进入"报表"视图，在"可视化"窗格的"生成视觉对象"选项卡中提供了多种视觉对象，如图 1-28 所示，可根据需求选择合适的数据可视化表现形式。例如，分析销售金额、利润等数据，可以选择折线图和堆积柱形图，随后在"数据"窗格中选择并展开数据表中的字段，将所需字段拖入"可视化"窗格对应的"X 轴"、"列 y 轴"或"行 y 轴"组中，不同的可视化图表对应的标签有所差异。

步骤二：可视化效果优化

切换至"可视化"窗格下的"设置视觉对象格式"选项卡，选择"视觉对象"选项，完成视觉对象的图例、数据标签等参数的设置；选择"常规"选项，完成图表标题的属性、效果等参数的设置，如图 1-29 所示。

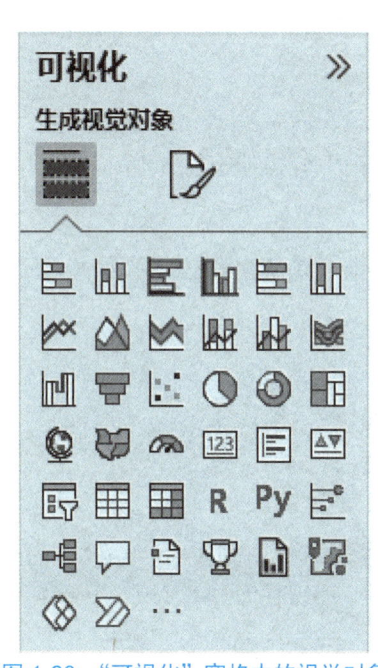

图 1-28 "可视化"窗格中的视觉对象　　　　图 1-29 完成参数设置

知识链接

一、Power BI 操作主页面

启动 Power BI 并关闭欢迎页面后，会进入操作主页面，如图 1-30 所示。主页面上分布着生成报表的多个功能区。操作主页面各组成部分的名称和功能如下。

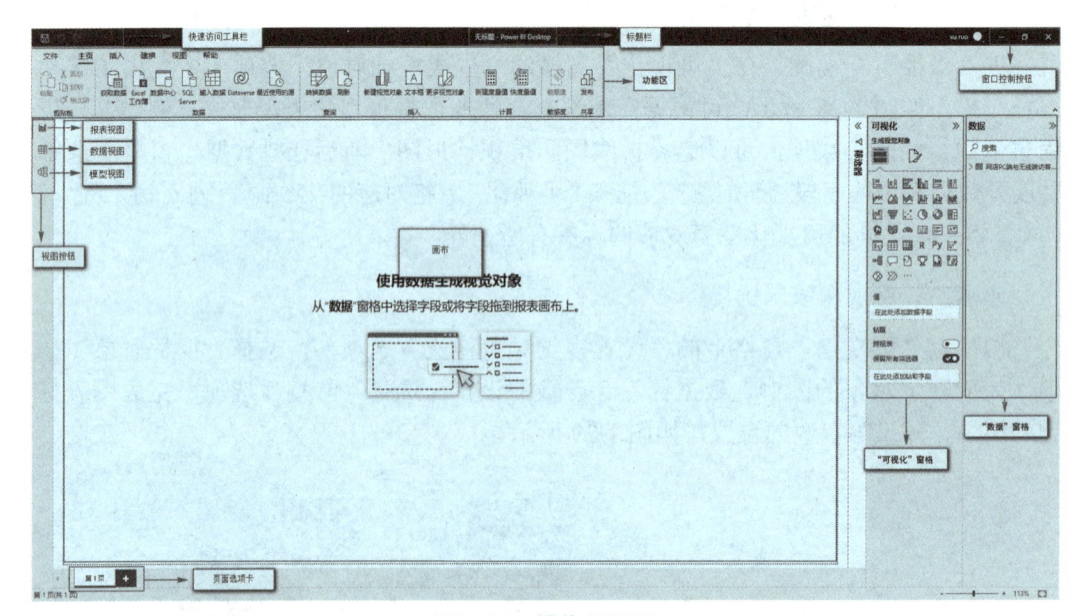

图 1-30　操作主页面

1. 快速访问工具栏

快速访问工具栏用于显示基础的"保存"和"撤销"等操作按钮。

2. 标题栏

标题栏用于显示当前报表的名称，对于未保存的报表系统会默认显示为"无标题－Power BI"。

3. 窗口控制按钮

窗口控制按钮用于对当前窗口进行最大化、最小化和关闭操作。

4. 功能区

功能区主要包括"文件"、"主页"、"插入"、"建模"、"视图"和"帮助"选项卡，在各选项卡下以功能组的形式对相关操作按钮进行分类显示，以便用户能够快速找到所需功能。如图 1-31 所示的"视图"选项卡，包括"主题"、"调整大小"、"移动设备"、"页面选项"和"显示窗格"5 个功能组。

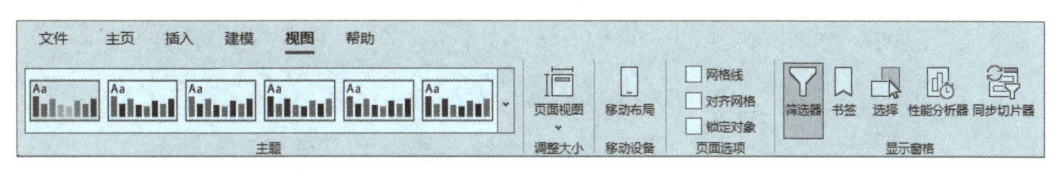

图 1-31 "视图"选项卡

5. 视图按钮

视图按钮用于切换视图，包括报表、数据、模型 3 种视图。进入"报表"视图后可以查看并创建任何数量的具有可视化内容的报表页，如图 1-32 所示，也可以随意移动可视化内容，进行复制、粘贴、合并等操作。

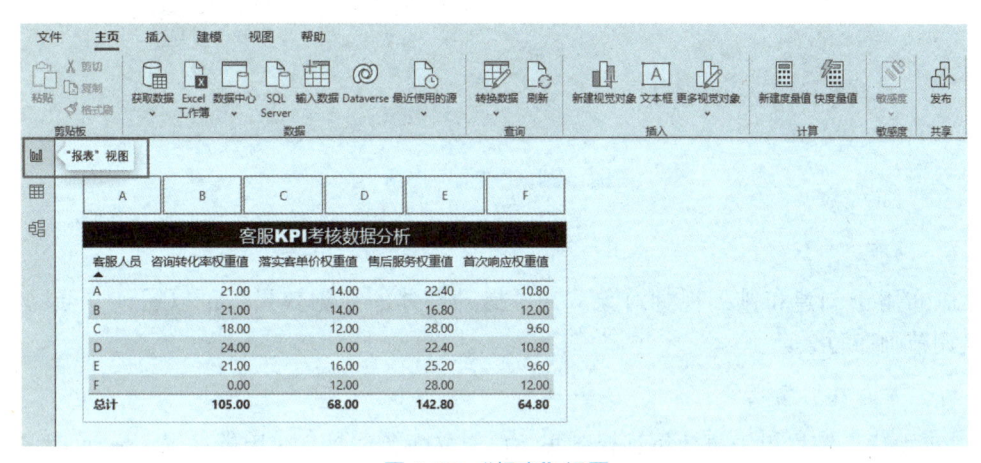

图 1-32 "报表"视图

进入"数据"视图后可以检查、浏览 Power BI 模型中加载后的数据，如图 1-33 所示，其中，数据网格区域可以显示被选中的数据表及表中的所有列和行；在公式栏中输入度量值和计算列的数据分析表达式公式；在搜索栏中输入关键字可以在模型中搜索数据表或列；单击字段列表中的选项可以选择要在数据网格中查看的数据表或列。

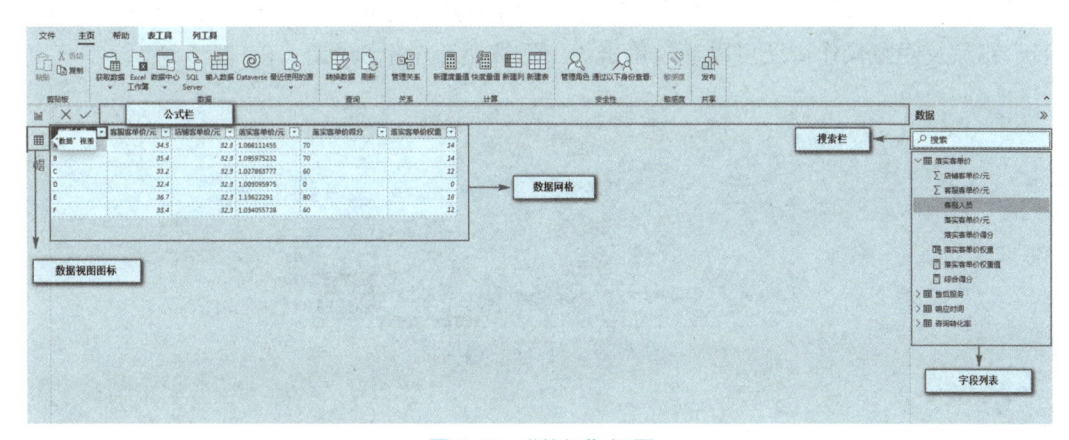

图 1-33 "数据"视图

进入"模型"视图后可以查看各数据表之间的关系，也可以通过该视图创建仅包含模型中表子集的模型的关系图，如图 1-34 所示。

数据可视化处理

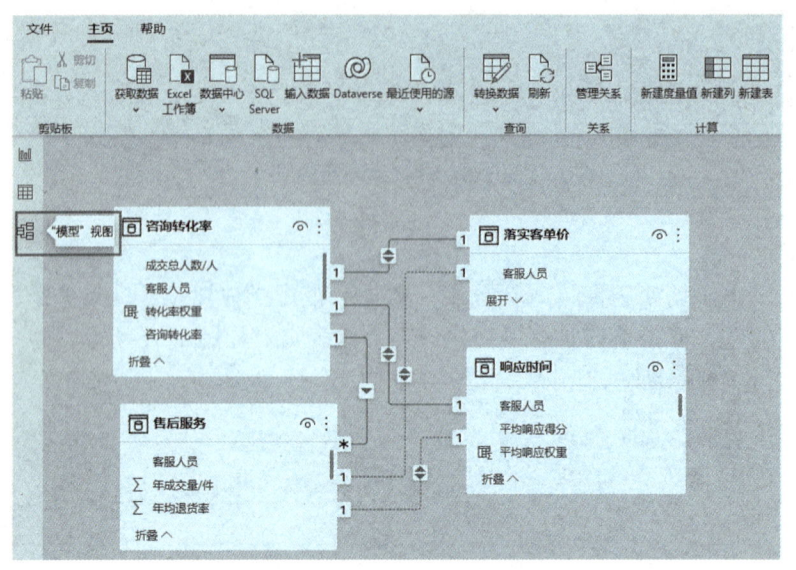

图1-34 "模型"视图

6. 画布

画布用于创建和排列视觉对象。为了提升整体的视觉效果，可以通过"可视化"窗格调节画布背景。

7. "可视化"窗格

"可视化"窗格用于更改可视化效果、自定义颜色或轴、应用筛选器、拖动字段等。

8. "数据"窗格

"数据"窗格用于显示导入数据源的标题字段，可在其中将查询元素和筛选器拖动到"报表"视图或"可视化"窗格下的筛选器中。

9. "页面"选项卡

右击（单击鼠标右键）"页面"选项卡中的页面标签可以对报表页进行复制、重命名、删除及隐藏操作，还可以通过单击"＋"按钮新建报表页，如图1-35所示。

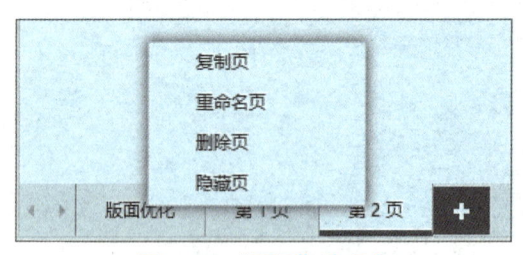

图1-35 "页面"选项卡

二、Power Query 操作主页面

Power Query 是一种数据连接技术，可用于发现、连接、合并和优化数据源，以满足分析需要。在 Power BI 中，加载数据后，单击"主页"选项卡下"查询"组中的"转

换数据"下拉按钮,选择"转换数据"选项,如图 1-36 所示,即可进入 Power Query 编辑器。

图 1-36 进入 Power Query 编辑器

Power Query 的操作主页面主要包括功能区、"查询"窗格、编辑栏、数据编辑区及"查询设置"窗格,如图 1-37 所示。

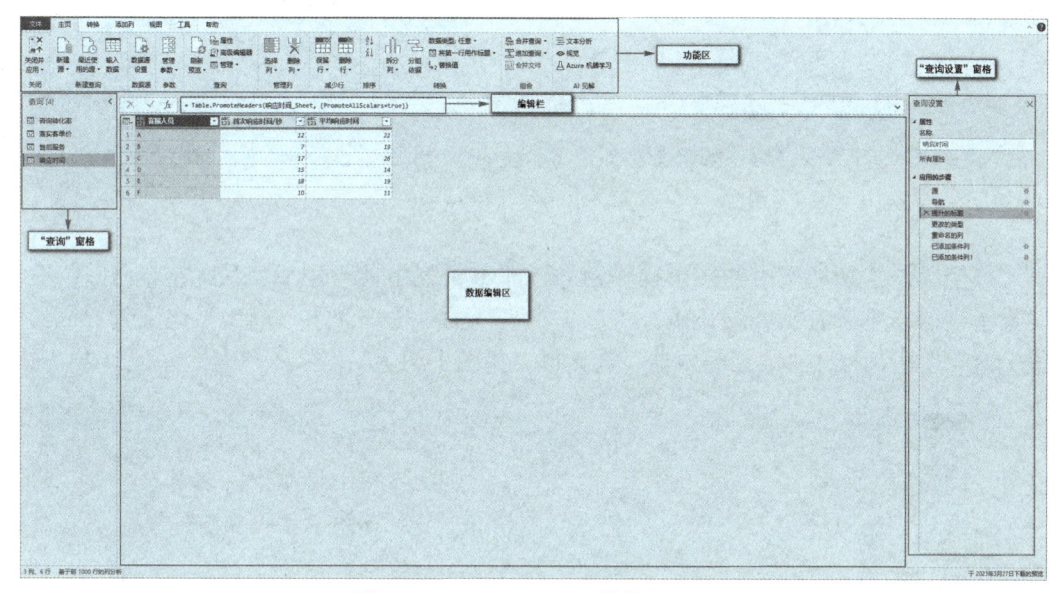

图 1-37 Power Query 操作主页面

1. 功能区

Power Query 中有非常丰富的操作命令,功能区主要包括"文件"、"主页"、"转换"、"添加列"、"视图"、"工具"和"帮助"选项卡。如图 1-38 所示的"转换"选项卡,其中包括"表格"、"任意列"、"文本列"、"编号列"、"日期 & 时间列"和"脚本"6 个功能组。

图 1-38 "转换"选项卡

2. "查询"窗格

"查询"窗格用于结构化显示所有的数据表。右击"查询"窗格中显示的数据表，弹出相应的快捷菜单，如图1-39所示，可以使用其中的命令对该数据表进行复制、重命名等操作；右击"查询"窗格的空白处，弹出相应的快捷菜单，如图1-40所示，可以使用其中的命令进行新建查询、新建参数、新建组等操作。

图1-39　右击数据表弹出的快捷菜单 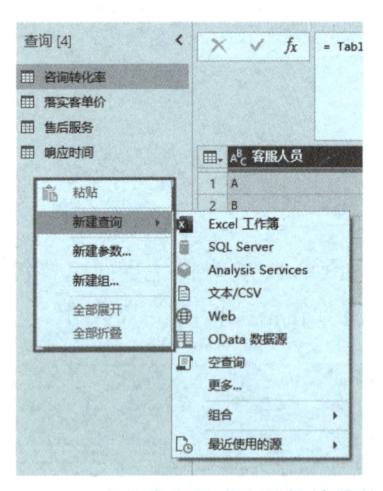　　　　图1-40　右击空白处弹出的快捷菜单

3. 编辑栏

每使用一次功能区中的图形操作命令，在编辑栏中就会生成一段对应的M代码。要显示当前表中所有步骤的代码，可以单击"视图"选项卡下"高级"组中的"高级编辑器"按钮，打开"高级编辑器"对话框，如图1-41所示。

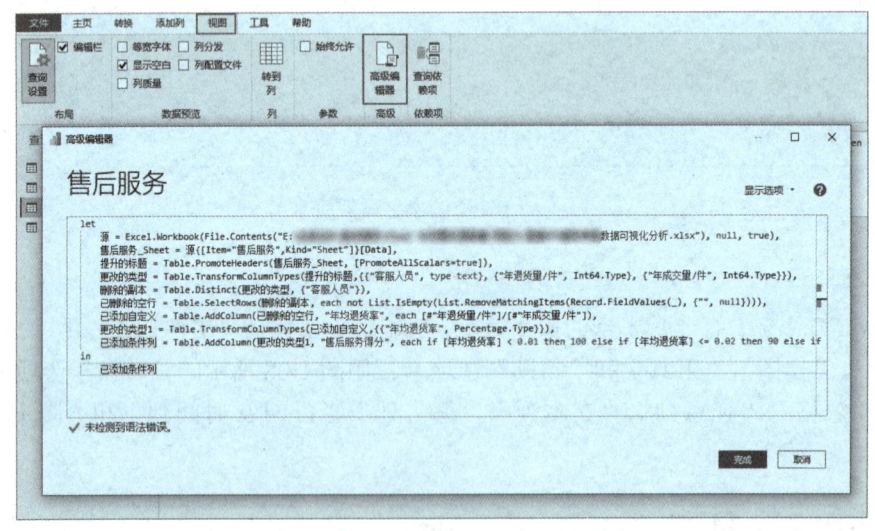

图1-41　"高级编辑器"对话框

4. 数据编辑区

Power Query的功能非常强大，可以通过数据编辑区中的命令，或者配合功能区的

菜单命令，完成数据的清洗、排序、转换等操作。但在 Power Query 中，从第一行开始就是数据记录，标题在数据之上。

单击数据编辑区左上角的"表格"下拉按钮，弹出相应的快捷菜单，可使用其中的命令完成复制整个表、删除重复项、删除错误等操作，如图 1-42 所示；选中列标题并右击，弹出相应的快捷菜单，可使用其中的命令对该列进行复制、删除、拆分列等操作，如图 1-43 所示；单击任意列标题的下拉按钮，弹出相应的快捷菜单，可使用其中的命令对该列进行排序、筛选数据等操作，如图 1-44 所示；选中表中任意一个单元格并右击，弹出相应的快捷菜单，可使用其中的命令对该单元格的值进行复制、筛选、替换等操作，如图 1-45 所示。

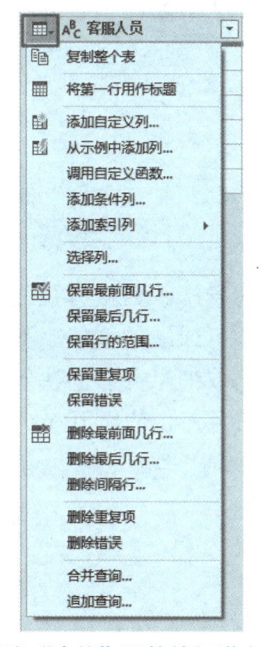

图 1-42　单击"表格"下拉按钮弹出的快捷菜单 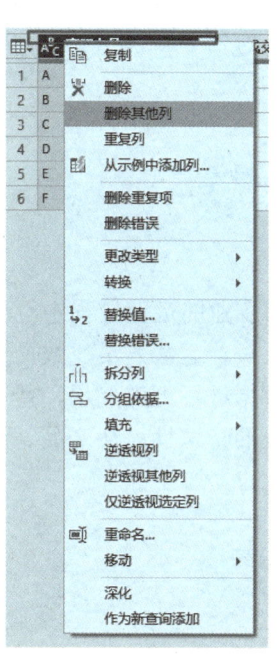　　　图 1-43　右击列标题弹出的快捷菜单

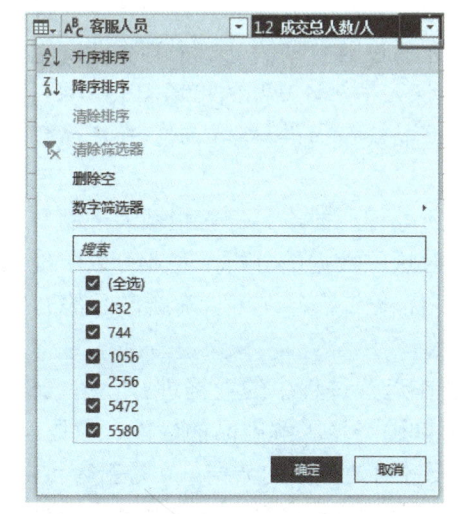

图 1-44　单击任意列标题的下拉按钮弹出的快捷菜单 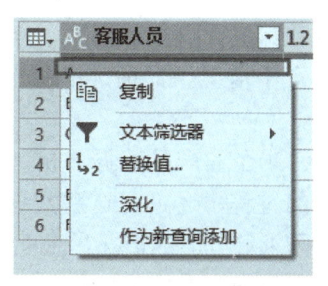　　图 1-45　右击单元格弹出的快捷菜单

5. "查询设置"窗格

在"查询设置"窗格下的"应用的步骤"组中，可以预览每一个操作步骤，单击任意操作步骤都会在编辑栏中显示对应的 M 代码。需要注意的是，Power Query 中的所有操作都是不可逆的，没有撤回功能，所以在删除操作步骤时，需要确认无误后再删除。

任务三　数据可视化的应用场景

任务分析

在电商企业的运营过程中，处处都有数据可视化的身影，数据可视化分析已成为企业管理人员、运营人员、数据分析人员等相关人员不可或缺的技能。数据可视化利用图表对数据进行直观展示，帮助相关工作人员快速获取信息并做出决策。小乔需结合电商企业的特殊性，从产品、用户、推广、销售、服务、供应链几个方面分别分析数据可视化的具体应用。

任务实施

一、产品数据分析

产品数据分析是指对产品在整个市场中的数据及在企业运营过程中产生的数据进行收集、整理、分析和可视化展示的过程，旨在通过对数据的分析来为企业制定正确的产品决策提供支持。产品数据分析有助于企业深入了解该产品的市场需求、用户行为、产品质量、市场竞争力等方面的信息，从而为产品决策提供科学依据。在产品数据分析中，主要包括以下两种应用场景。

（1）行业产品数据分析：是指对特定产品所处行业的产品搜索指数、产品交易指数等数据进行收集、整理、分析的过程。通过对这些数据的分析，企业可以明确产品市场竞争情况、评估产品经营成功的可能性、优化产品定位、明确新产品的开发方向等。

（2）企业产品数据分析：是指企业对产品在运营过程中的数据进行收集、整理、分析的过程，通过对这些数据的分析，企业可以进一步了解产品的性能、市场表现、用户需求等方面的情况。企业产品数据分析主要针对两方面的数据：一是新客点击量、复购率等产品获客能力数据；二是客单价、毛利润、毛利率等产品盈利能力数据。通过对这些数据的可视化分析，为优化产品策略、提高市场占有率和用户满意度等提供数据支持。

二、用户数据分析

用户数据分析是指对与用户相关的数据进行收集、整理、分析和可视化展示的过程。旨在通过对用户数据的分析，明确用户的产品偏好、行为习惯等，为企业进行精准营销提供依据。用户数据分析有助于企业更好地了解用户需求和用户行为，从而提高用户转化率和用户忠诚度，提升品牌价值。用户数据分析主要包括以下5种应用场景。

（1）用户画像分析：包括用户的性别、年龄、地域、收入等基本信息，可以帮助企业精准定位目标用户，制定针对性的营销策略。

（2）用户行为分析：包括用户访问网站的次数、停留时间、单击次数、转化率等，可以帮助企业了解用户的行为特点，从而优化网站设计、提升用户体验。

（3）用户购买分析：包括用户的购买行为、购买频率、购买金额等，可以帮助企业了解用户的购买偏好，调整产品价格、优化产品品类等。

（4）用户留存分析：包括用户的留存率、流失率等，可以帮助企业了解用户的忠诚度和用户流失原因，从而制定促进用户留存的措施。

（5）社交媒体分析：包括社交媒体的用户互动、分享、评论等，可以帮助企业了解用户对品牌的态度和情感，从而提升品牌形象。

三、推广数据分析

推广数据分析是指对企业运营过程中的一系列推广行为所产生的数据进行收集、整理、分析和可视化展示的过程。旨在通过对营销推广数据的分析，明确营销推广活动的目标达成情况。推广数据分析有助于企业深入了解用户需求和市场状况，从而优化推广策略，提高推广效果和销售金额。推广数据分析主要包括以下5种应用场景。

（1）广告投放效果分析：通过对广告投放数据进行可视化分析，企业可以了解广告投放效果，如曝光量、点击率、转化率等，以及不同广告渠道之间的效果差异，从而调整广告投放策略，提高广告投放效果。

（2）用户行为分析：通过对用户行为数据进行可视化分析，企业可以了解用户的访问路径、停留时间、转化行为等，从而深入了解用户需求，优化网站或应用的用户体验，提高转化率。

（3）推广渠道分析：通过对推广渠道数据进行可视化分析，企业可以了解不同推广渠道的转化效果、成本等，从而选择最有效的推广渠道，提高推广效果。

（4）营销活动效果分析：通过对营销活动数据进行可视化分析，企业可以了解营销活动的曝光量、参与率、转化率等，从而调整活动策略，提高营销活动效果。

（5）社交媒体效果分析：通过对社交媒体数据进行可视化分析，企业可以了解社交媒体的粉丝数量，以及互动率、曝光量等，从而了解社交媒体对品牌产生的影响，调整社交媒体策略，提高品牌的影响力和转化率。

四、销售数据分析

销售数据分析是指对销售过程中产生的数据进行收集、整理、分析和可视化展示的过程。销售数据分析有助于企业深入了解销售趋势、产品销售、客户消费等方面的情况,从而优化销售策略、提高客户满意度和营销效果,降低成本。销售数据分析主要包括以下4种应用场景。

(1)销售趋势分析:通过对销售数据进行可视化分析,企业可以了解销售趋势,如销售金额、销售量等,以及销售趋势的变化情况,从而制定符合当下情况的销售策略。

(2)产品销售分析:通过对产品销售数据进行可视化分析,企业可以了解不同产品的销售情况,如销售量、销售金额、销售占比等,从而优化产品组合和定价策略。

(3)客户消费分析:通过对客户消费数据进行可视化分析,企业可以了解不同客户的消费习惯和消费偏好,如消费时间、消费金额、消费频次等,从而提供个性化服务和优惠活动,提高客户满意度和忠诚度。

(4)营销效果分析:通过对营销数据进行可视化分析,企业可以了解不同营销渠道的营销效果,如广告投放、促销活动等,从而优化营销策略,提高转化率和ROI。

五、服务数据分析

服务数据分析是指对营销过程中产生的数据进行收集、整理、分析和可视化展示的过程。服务数据分析有助于企业深入了解用户需求和服务状况,发现运营过程中的潜在问题,并及时反馈给客服或运营人员,从而提高服务质量和客户满意度,引导企业向正确的方向发展。服务数据分析主要包括以下两种应用场景。

(1)服务评价分析:买家在收到货物后,一般会给予评价。买家对于服务的评价会直接影响服务评分。通过对服务评价数据的可视化分析,企业可以从整体层面了解影响企业或客户最终决策的信息,包括客户服务问题、物流问题和产品问题。分析导致这些问题的原因,进一步实施相应的改善措施,提高企业整体的服务质量。

(2)客户服务数据分析:企业管理层通过客户服务关键绩效考核(KPI)制度,将客服人员的业绩目标与企业的整体运营目标相结合,分析客户满意度、客服响应时间、客服服务质量评价、客户反馈和投诉等相关信息,及时了解客户对服务的反馈与需求,同时实现对客服KPI的评价和管理,进一步改善服务质量,提高客户满意度。

六、供应链数据分析

供应链数据分析是指对营销过程中产品在采购、物流、库存方面产生的数据进行收集、整理、分析和可视化展示的过程。供应链数据分析主要包括以下3种应用场景。

(1)采购分析:企业对产品采购数量、采购单价、供应商等采购相关信息进行可视化分析,有助于企业优化采购策略,降低采购成本,提高采购效率。

(2)物流分析:企业对物流时效、物流成本、物流路径、物流异常量等物流数据进行可视化分析,有助于企业优化物流管理策略,提高物流效率,降低物流成本。

(3)仓储分析:企业对库存周转率、库存量、残次库存量等库存数据进行可视化分析,有助于企业优化库存管理策略,减少库存积压,缓解滞销情况。

项目一　数据可视化概述

> 知识链接

一、Power BI 获取网页数据

使用 Power BI 不仅可以打开 Excel 工作簿，还可以打开 txt 文件及各种数据库文件，同时还可以获取一些公开的网页数据。下面以获取热门图书为例，介绍 Power BI 获取网页数据的流程和方法。

步骤一：启动 Power BI，选择"主页"选项卡下"获取数据"下拉按钮中的"Web"选项，即从网页导入数据，如图 1-46 所示。

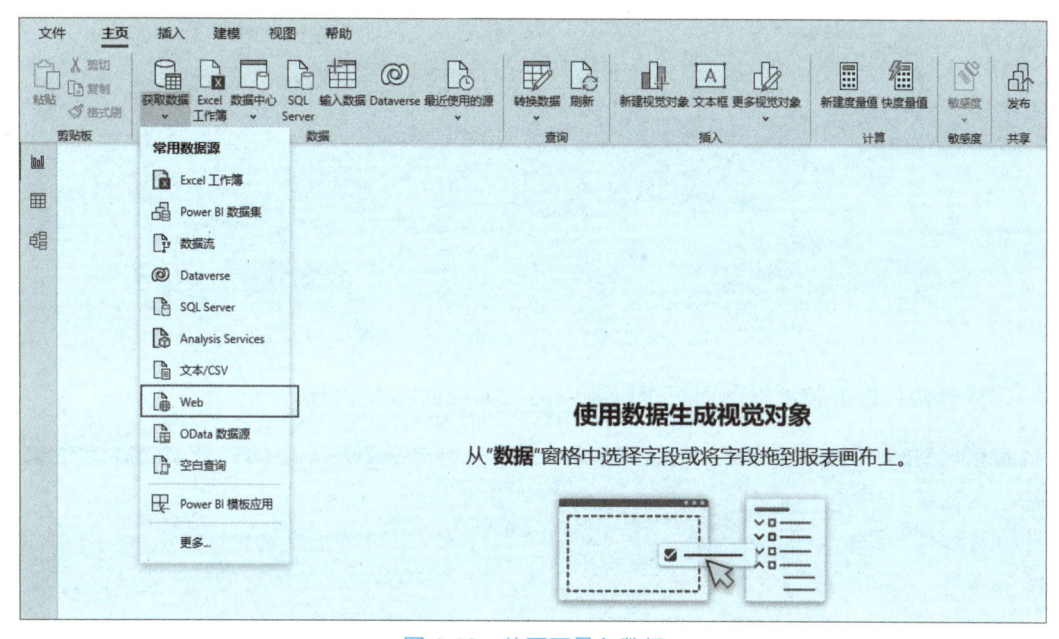

图 1-46　从网页导入数据

步骤二：将复制的"豆瓣读书 Top 250"网址粘贴至弹出的 URL 编辑窗口中，如图 1-47 所示，网址确认无误后单击"确定"按钮进入下一步。

图 1-47　粘贴网址

步骤三：在弹出的"导航器"对话框中选择"建议的表格"选项，如图 1-48 所示，

通过右侧的"表视图"窗口可以看出成功获取了网址中的图书数据,确认无误后单击"加载"按钮或"转换数据"按钮。

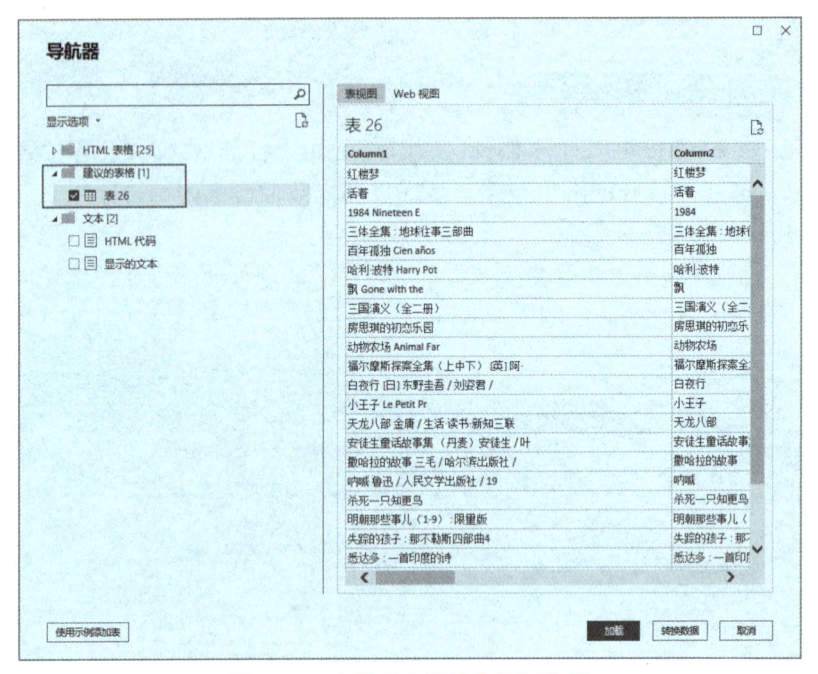

图 1-48　选择"建议的表格"选项

步骤四:进入数据视图即可查看获取的数据,如图 1-49 所示。

图 1-49　获取的数据

二、数据可视化的价值

1. 数据可视化可辅助大脑快速处理信息

人类的大脑天生具有对视觉信息的高响应性和高处理能力,数据可视化正是利用了这个优势。在数据可视化的过程中,通过将大量数据转换为图表形式,将抽象的数据"可视化",从而让人类的大脑更容易理解和掌握这些数据所传达的信息。数据可视化可以减少烦琐的数据处理流程和分析流程，让用户可以更专注于高层次的数据洞察和业务决策。数据可视化有助于用户快速、深入地理解数据，发现数据间的关联性，从而提高工作效率和学习效果。

2. 大屏图表有助于显示问题和趋势

业务数据可视化可以从各个角度呈现观测指标，帮助用户更好地进行数据挖掘，洞察数据背后的信息，实现关键信息可视化。提前预测到的信息往往具有指引企业发展，增加业务效益，降低业务风险的作用。

3. 数据大屏有助于提升关键信息的可读性

数据可视化是一种将大量信息可视化呈现的技术，可以有效消除数据的复杂性和抽象性。通过将数据转换为图表的形式，可以让人们更好地理解和洞察数据。这样的呈现方式比较通俗易懂，且具有高度吸引力，所呈现的内容具有极强的可读性，可以帮助用户更好地理解数据信息，有助于业务研究和决策制定。

4. 数据大屏有助于提高团队合作效率

在团队合作时使用数据可视化大屏，不仅可以让团队成员更直观地理解业务流程，还可以方便地进行数据分析和历史数据查看，加强团队协作。通过将分析结果传递给决策者来帮助他们掌握业务动向、洞察市场变化，并据此优化业务成果。同时，这些数据也可作为跨部门沟通、展示的依据，有效减少了信息传递的障碍和成本，确保了信息在组织内部的一致性和传递效率。这样的团队协作和数据共享方式有助于在不同部门之间更好地进行信息交流与共享，提高内部协作水平与效率，加强企业内部信息资源的整合与管理。

素养园地

《中华人民共和国数据安全法》是为了规范数据处理活动，保障数据安全，促进数据开发利用，保护个人、组织的合法权益，维护国家主权、安全和发展利益而制定的一部法律。本法的适用对象是在中华人民共和国境内开展数据处理活动及其安全监管的个人或集体。另外，在中华人民共和国境外开展数据处理活动，损害中华人民共和国国家安全、公共利益或者公民、组织合法权益的，也将依据本法追究法律责任。法则第八条表示：开展数据处理活动，应当遵守法律、法规，尊重社会公德和伦理，遵守商业道德和职业道德，诚实守信，履行数据安全保护义务，承担社会责任，不得危害国家安全、公共利益，不得损害个人、组织的合法权益。法则第二十七条表示：开展数据处理活动应当依照法律、法规的规定，建立健全全流程数据安全管理制度，组织开展数据安全教育培训，采取相应的技术措施和其他必要措施，保障数据安全。利用互联网等信息网络开展数据处理活动，应当在网络安全等级保护制度的基础上，履行上述数据安全保护义务。重要数据的处理者应当明确数据安全负责人和管理机构，落实数据安全保护责任。

数据可视化处理

同步实训

一、实训概述

本实训要求学生以认识数据可视化、学习数据可视化的流程与方法及熟悉数据可视化的应用场景为主，并结合本书内容完成数据可视化分析的前期准备工作，掌握数据可视化分析的流程与方法。

二、实训步骤

实训一：认识数据可视化

学生可以根据本书所讲内容对数据可视化有一个基础认知，可以通过网络资源深入了解数据可视化的相关知识，并对 Power BI 有一定的认识。

步骤一：通过网络了解数据可视化的常见应用，并分析其特点和优势。

步骤二：通过网络了解除本书所讲内容之处的图表类型，思考数据可视化还会用到哪些图表并列举。

实训二：进行数据可视化操作练习

由教师提供原始数据，学生根据本书所讲的关于数据可视化的流程与方法下载并安装 Power BI，同时进行初步的操作练习。

学生可以从以下基本步骤着手准备。

步骤一：确定数据可视化分析目标。

步骤二：安装并登录 Power BI。

步骤三：初步完成数据清洗和数据整理。

步骤四：明确数据关系。

步骤五：初步完成数据可视化呈现。

项目二　产品数据可视化

学习目标

知识目标

1. 熟悉产品数据分析的相关指标与常用平台。
2. 熟悉产品获客数据分析的相关指标。
3. 掌握提高复购率的方法。
4. 了解SKU和SPU的概念与区别。
5. 认识Power BI中的切片器工具。

技能目标

1. 能够按步骤完成产品搜索指数分析。
2. 能够按步骤完成产品市场数据分析中的产品市场排行分析和市场细分数据分析。
3. 能够借助访客数、平均停留时长、详情页跳出率等指标完成店铺产品的访问数据分析。
4. 能够借助新客点击率、复购率、访客平均价值和获客成本等指标完成店铺产品的交易数据分析。
5. 能够对店铺产品的盈利能力与利润产品的SKU进行分析。

素养目标

1. 将数据工作无小事的原则贯穿产品数据可视化的整个流程。
2. 在产品数据可视化分析过程中培养认真、细致、严谨、负责的工作态度。
3. 具备遵守《中华人民共和国消费者权益保护法》《中华人民共和国数据安全法》等相关法律法规的职业操守。

项目任务分解

本项目包含三个任务，具体内容如下。
任务一：产品行业数据可视化。
任务二：产品获客能力数据可视化。
任务三：产品盈利能力数据可视化。

数据可视化处理

本项目旨在引导学生掌握产品数据可视化的实际操作流程。通过对本项目的学习，学生能够具备选取合适的数据指标的能力，能够利用数据分析软件完成产品搜索指数分析、产品市场数据分析、产品访问数据分析、产品交易数据分析、店铺产品盈利分析、利润产品 SKU 分析等数据分析工作，并将数据进行可视化展示。

项目情境

产品数据具体分为产品行业数据、产品获客能力数据、产品盈利能力数据三大类，它们是企业制定产品组合决策的基础。北京某女装企业为优化旗下店铺的产品结构，计划对店铺某段时间内的产品数据进行分析。运营人员小赵接受了本次任务，他计划借助 Power BI 对店铺产品数据进行深入挖掘、展开分析并做出判断。

任务一　产品行业数据可视化

任务分析

产品行业数据分析是指为达到一定的商业目的，对产品搜索指数、产品市场数据等进行分析之后，利用分析结果帮助企业进行店铺的选品优化。小赵所在的企业计划将店铺的主推产品暂定为连衣裙，因此小赵需要对连衣裙的行业数据进行分析，并根据分析结果判断连衣裙的市场情况。在具体实施数据分析工作时，小赵先对连衣裙的搜索指数进行了分析，明确了连衣裙的搜索热度变化趋势及搜索人群分布，再对连衣裙的产品市场数据进行了分析，进一步明确了行业变化趋势、市场排行等情况。

任务实施

一、产品搜索指数分析

产品搜索指数是用户搜索相关产品关键词热度的数据化体现，侧面反映了用户对产品的关注度和兴趣度。它是根据搜索频次等因素综合计算得出的数值，数值越大搜索热度越高。

步骤一：明确产品搜索指数分析维度

通常来说，产品搜索指数分析维度包括以下 5 个方面。

（1）搜索词。搜索词是指用户搜索产品时，在搜索框中输入的词语。搜索词直接代表了用户的搜索意图，可用于制作标题、分析用户行为动机、确定推广关键词、设定着陆页内容等。

（2）长尾词。对搜索词进行分词，可分出 3 个以上词语的搜索词被称为长尾词。虽然使用长尾词进行搜索得到的搜索量不固定，但匹配度高、需求明确，所带来的转化率也高，适用于精准优化。

（3）品牌词。对搜索词进行分词后，取分词中的品牌名称作为品牌词。品牌词的点击率高、转化率高、转化成本低，适用于品牌知名度较高且能够拓展出其他有价值的品牌词的搜索词。

（4）核心词。对搜索词进行分词后，取分词中的产品名称作为核心词，这类词属于行业主词。核心词的搜索量大、曝光力度强且流量高，但精准度和转化率较低。

（5）修饰词。对搜索词进行分词后，取分词中用于描述、修饰核心词的词语作为修饰词，这类词以名词居多，适用于在制作标题时修饰核心词。

步骤二：开展产品搜索指数分析

在进行产品搜索指数分析时，可以通过百度指数、360 趋势或其他数据分析平台（如生意参谋、京东商智等），获取产品相关关键词的搜索指数。

小赵计划选择百度指数作为分析工具，"连衣裙"作为搜索词，完成对连衣裙的搜索指数分析。

（1）输入搜索词。在百度指数网站首页（以本书编写时的页面内容为准，下同）中直接输入关键词"连衣裙"，如图 2-1 所示，单击"开始探索"按钮进入"连衣裙"的百度搜索指数分析页面。

图 2-1 在百度指数网站首页中输入关键词"连衣裙"

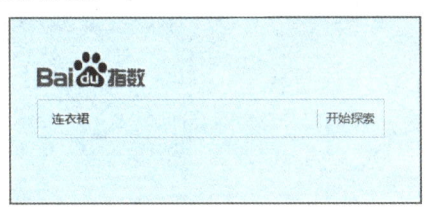

（2）搜索趋势分析。在"搜索指数"区域中，可以看到该关键词近一个月内的搜索指数趋势图，也可以根据需求自定义时间、时长、地域等，如图 2-2 所示。

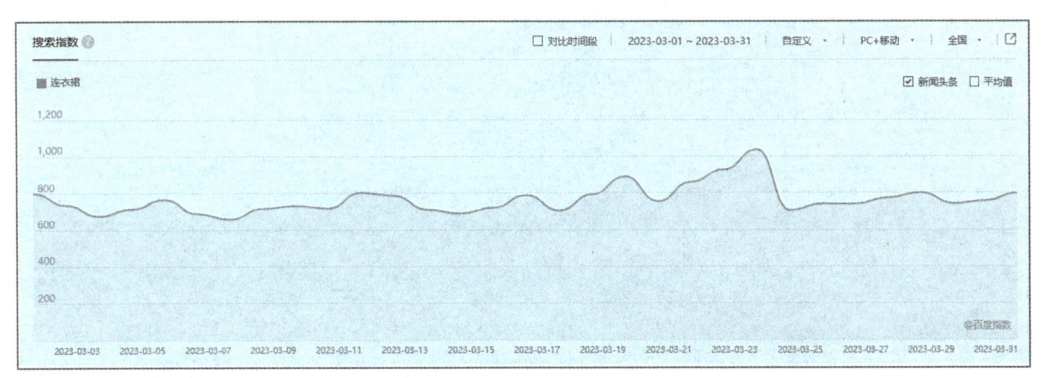

图 2-2 搜索指数

在"搜索指数概览"区域中，可以查看所选时间段内关键词的总体搜索指数表现，如图 2-3 所示，各指标含义如下。

① 日均值：一段时间内搜索指数的每日平均值。

② 同比：与去年同期相比的变化率。
③ 环比：与上一个相邻时间段（如上一个 7 天、30 天）相比的变化率。

图 2-3　搜索指数概览

由图 2-2 和图 2-3 可知，近一个月内搜索词"连衣裙"的搜索指数基本上在 600～1000 范围内波动；搜索词"连衣裙"的搜索指数在 2023 年 3 月 23 日达到最高，也是近 30 天内搜索指数唯一超过 1000 的一天；搜索词"连衣裙"的搜索指数与去年同期相比下降 26%，与上一个相邻时间段（上一个 30 天）相比上升 2%。

（3）人群画像分析。单击工具栏中的"人群画像"按钮，即可得到"连衣裙"搜索用户的地域分布、人群属性等数据，如图 2-4、图 2-5 所示。企业或商家通过分析人群画像数据，可以针对不同年龄段的用户特点推出不同卖点的产品，并指导商家进行数据化运营。

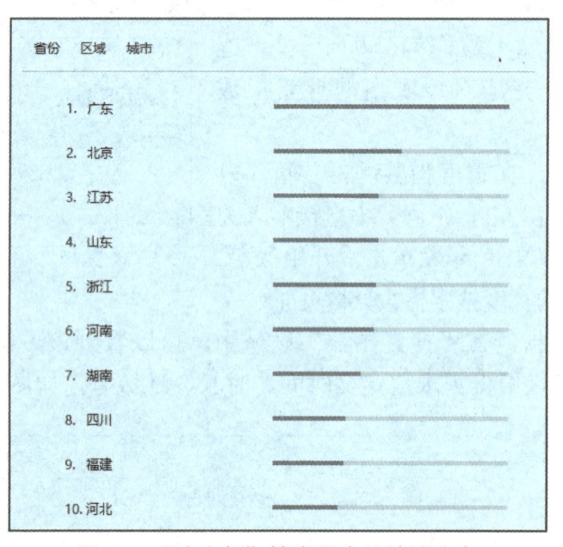

图 2-4　"连衣裙"搜索用户的地域分布

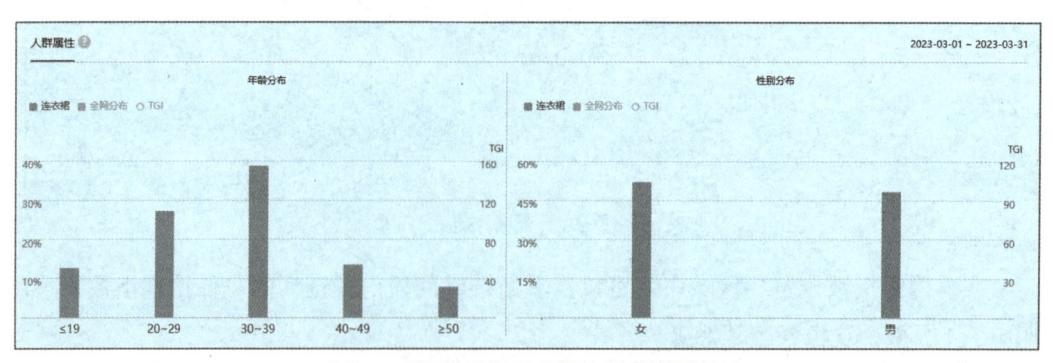

图 2-5　"连衣裙"搜索用户的人群属性

由图 2-4 和图 2-5 可知，在近一个月内搜索"连衣裙"的用户中，位于广东、北京、江苏的用户所占比例较大，后期企业可以在这几个省份重点投放广告；搜索"连衣裙"的用户中女性用户所占比例大于男性用户。一般来说，女性用户搜索"连衣裙"大多是出于个人喜好，其购买动机是自穿，而男性用户的购买动机大多是送给自己的女性亲友，因此企业后期可根据男女用户不同的购买动机设计不同的营销文案。

二、产品市场数据分析

小赵计划借助生意参谋工具完成连衣裙的产品市场排行分析和市场细分数据分析，最后根据已采集的数据完成连衣裙的市场细分数据分析。

步骤一：产品市场排行分析

（1）了解产品市场排行分析。产品市场排行分析是以单日、7 天为单位，对店铺、产品、短视频等 3 个维度进行指定终端下的交易数据、流量数据等指标的对比分析。接下来，小赵决定借助生意参谋工具对 7 天内连衣裙无线端的交易数据进行分析。

（2）通过"生意参谋"→"市场"→"市场排行"命令进入目标页面，在"女装/女士精品"类目下选择连衣裙。将统计时间设置为 7 天，终端设置为无线端，选择"商品"选项卡下的"高交易"类目，如图 2-6 所示。

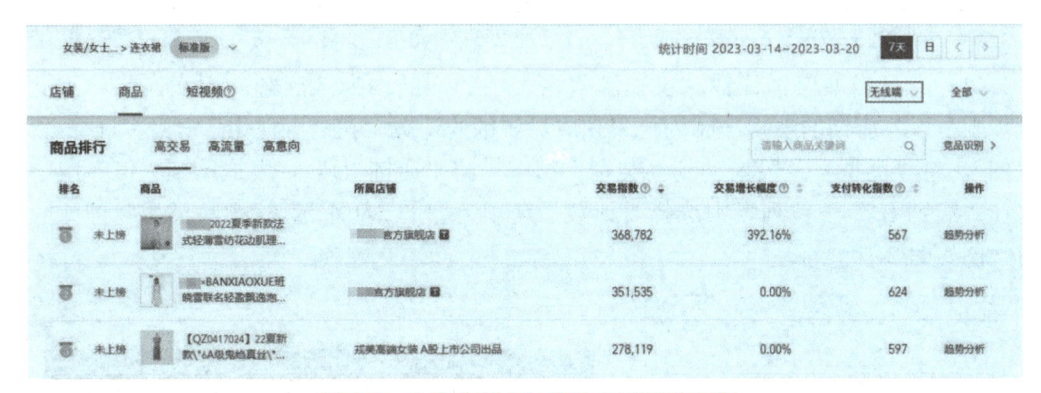

图 2-6　生意参谋中的产品交易周排行榜

由图 2-6 可知，在交易指数排名前三的产品中，第一名的交易增长幅度高达392.16%，其他两个产品虽然并未增长，但依旧维持着较高的交易量。企业可以进一步分析排名靠前的产品的其他数据，分析其优势，并根据自家店铺情况灵活取舍，进行学习，提升自家店铺产品的市场竞争力。

步骤二：市场细分数据分析

（1）了解市场细分数据分析。市场细分是指营销人员通过市场调研、市场数据分析等分析结果，根据消费者的需要和购买欲望、购买行为和购买习惯等方面的差异，将某一产品的市场整体划分为若干消费者群体的市场分类过程。

（2）网店注册城市分布。打开 Power BI，导入数据表。在"可视化"窗格中选择"堆积条形图"，将"注册城市"字段依次拖动到"Y 轴"和"图例"组中，将"店铺 ID"字段拖动到"X 轴"组中，并在"店铺 ID"下拉列表中选择"计数"选项，如图 2-7 所示。

"网店注册城市分布"堆积条形图如图 2-8 所示。

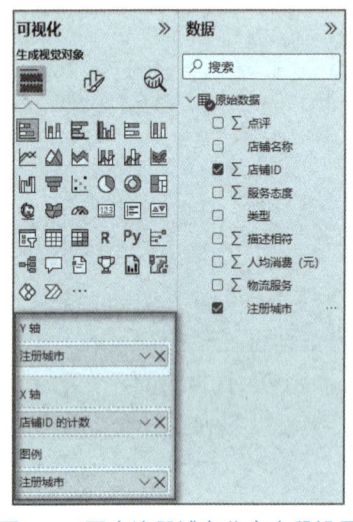

图 2-7　网店注册城市分布字段设置 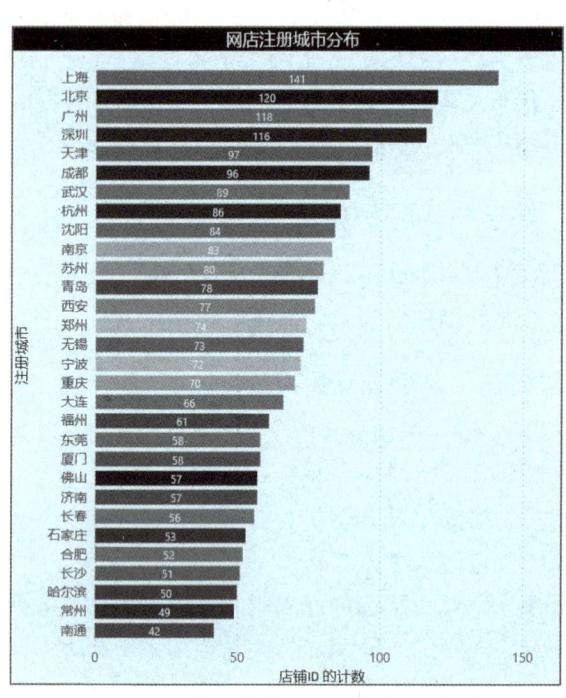　　图 2-8　"网店注册城市分布"堆积条形图

（3）产品类型店铺计数。已知源数据表中的产品均为各店铺的主卖产品，因此，此步骤是以各店铺的主卖产品为代表完成对店铺的计数。在"可视化"窗格中选择"树状图"，将"类型"字段拖动到"类别"组中，将"店铺 ID"字段拖动到"值"组中，并在"店铺 ID"下拉列表中选择"计数"选项，如图 2-9 所示。"产品类型店铺计数"树状图如图 2-10 所示。

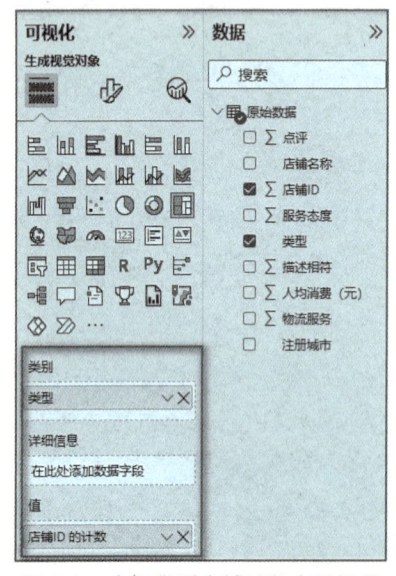

图 2-9　产品类型店铺计数字段设置 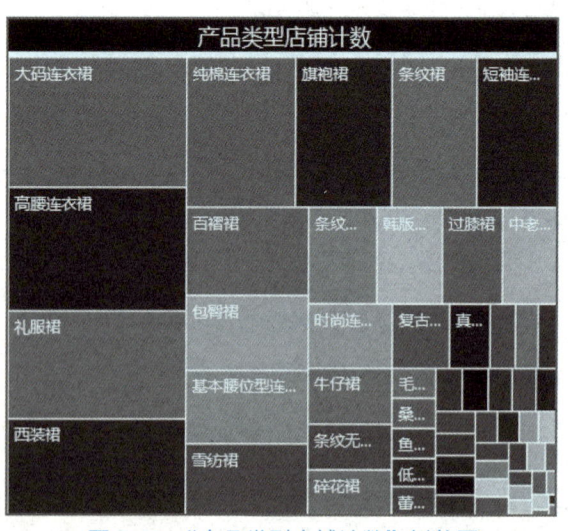　　图 2-10　"产品类型店铺计数"树状图

（4）店铺评价统计。在"可视化"窗格中选择"表"，将"店铺名称"和"点评"

项目二　产品数据可视化

字段依次拖动到"列"组中，如图 2-11 所示。在"点评"下拉列表中选择"不汇总"选项，如图 2-12 所示。单击"更多选项"按钮，选择"以降序排序"命令，如图 2-13 所示。

图 2-11　店铺评价统计字段设置 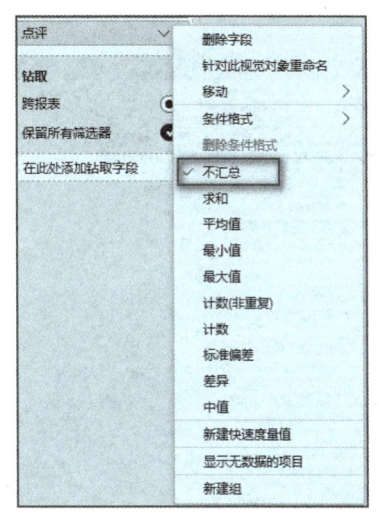　　　　图 2-12　在"点评"下拉列表中选择"不汇总"选项

（5）关键值可视化。在"可视化"窗格中选择"卡片图"，将"人均消费（元）"字段拖动到"字段"组中，并在"人均消费"下拉列表中选择"平均值"选项，如图 2-14 所示。

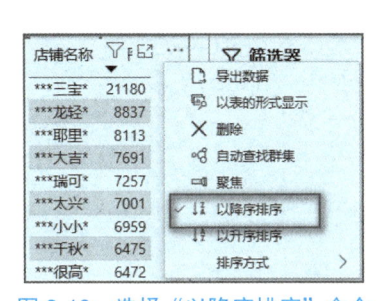

图 2-13　选择"以降序排序"命令 　　　　图 2-14　关键值可视化字段设置

对店铺的"描述相符"、"物流服务"和"服务态度"3 个评分指标重复上述操作步骤。"关键值可视化"卡片图如图 2-15 所示。

82.58	4.56
人均消费（元）的平均值	描述相符 的平均值
4.54	4.55
物流服务 的平均值	服务态度 的平均值

图 2-15　"关键值可视化"卡片图

37

数据可视化处理

切换至"可视化"窗格下的"设置视觉对象格式"选项卡,对各个视觉对象的图例、详细信息、标题等进行调整。至此,可得到连衣裙各细分市场的可视化分析结果图,如图 2-16 所示。

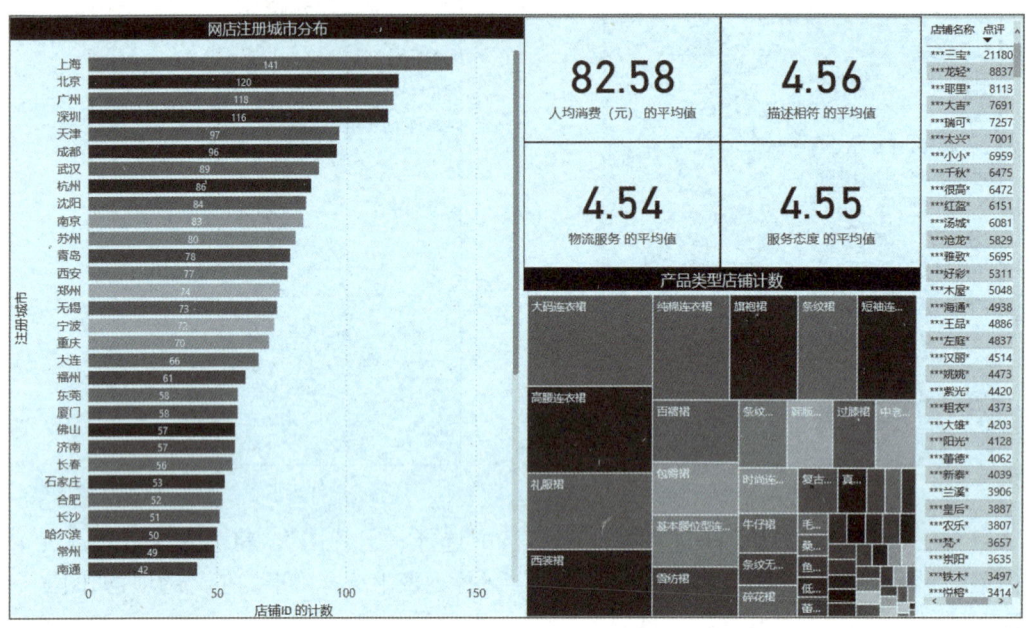

图 2-16　连衣裙各细分市场的可视化分析结果图

(6) 查看图表效果。由图 2-16 可知,网店注册分布排名前三的城市分别为上海、北京、广州;销售大码连衣裙、高腰连衣裙、礼服裙的店铺数量较多;获得点评最多的店铺为 *** 三宝 *;连衣裙的人均消费金额为 82.58 元;各店铺的服务态度、描述相符、物流服务的平均得分依次为 4.55、4.56、4.54。企业可结合实际情况,选择并进入合适的目标市场。

> 知识链接

一、产品行业数据分析相关指标

产品行业数据分析相关指标如表 2-1 所示。

表 2-1　产品行业数据分析相关指标

指标名称	指标定义
搜索人气	在统计周期内,根据该行业的搜索客户数进行指数化后的指数类指标。搜索人气越高,搜索人数就越多
搜索热度	在统计周期内,对通过搜索引导至该行业下的产品详情页的访问次数进行指数化后的指标。搜索热度越高,由搜索引导至该行业下的产品详情页的访问次数就越多;反之,搜索热度越低,由搜索引导至该行业下的产品详情页的访问次数就越少
访问人气	根据统计周期内的访客数拟合出的指数类指标。访问人气越高,访客数就越多

续表

指标名称	指标定义
浏览热度	根据统计周期内的浏览量拟合出的指数类指标。浏览热度越高，浏览量就越多
收藏人气	根据统计周期内的收藏人数拟合出的指数类指标。收藏人气越高，收藏人数就越多
收藏热度	根据统计周期内的收藏次数拟合出的指数类指标。收藏热度越高，收藏次数就越多
加购人气	根据统计周期内的加购人数拟合出的指数类指标。加购人气越高，加购人数就越多
加购热度	根据统计周期内的加购次数拟合出的指数类指标。加购热度越高，加购次数就越多
客群指数	在统计周期内，根据该行业的支付客户数进行指数化的指数类指标。客群指数上升，则代表该行业的支付客户数在增加
交易指数	在统计周期内，根据产品交易过程中的核心指标（如订单数、买家数、支付件数、支付金额等）进行综合计算得出的数值，不等同于交易金额。 如果交易指数过高，则代表该行业的交易类数值增加；反之，则代表该行业的交易类数值降低

二、产品行业数据分析的常用平台

1. 百度指数

百度指数（Baidu Index）是以百度海量的网民行为数据为基础的数据分析平台，是当前互联网乃至整个数据时代最重要的统计分析平台之一，如图 2-17 所示。

当用户进入百度指数首页并输入关键词进行搜索后，会弹出关键词搜索页面，如图 2-18 所示。在该页面中，可以查看所搜索关键词的趋势研究、需求图谱和人群画像。

图 2-17 百度指数

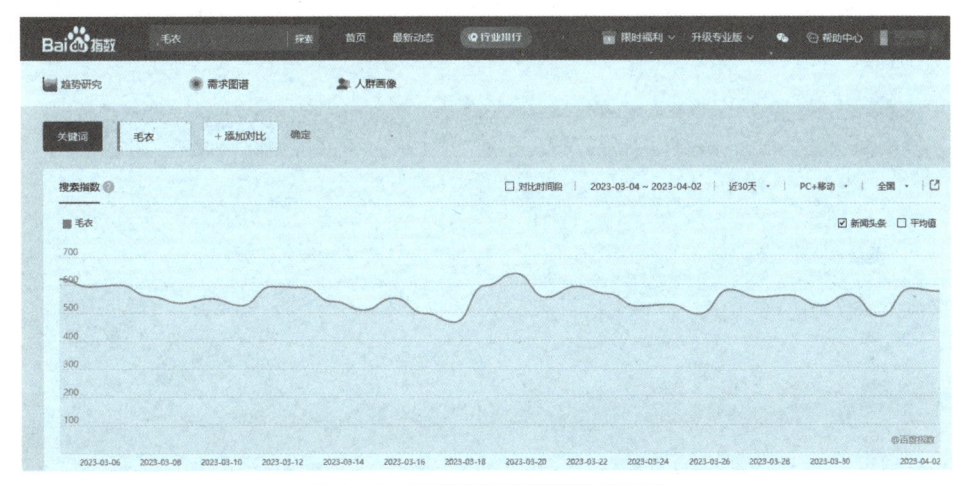

图 2-18 百度指数关键词搜索页面

趋势研究可以展现多时间段的数据，百度指数的 PC 端趋势积累了 2006 年 6 月至今的数据，移动端趋势积累了 2011 年 1 月至今的数据。用户在查看数据趋势时，可进行自定义时间设置。

需求图谱可以明确所搜索关键词的搜索热度、搜索趋势等，进而判断所搜索关键词背后隐藏的关注焦点、消费欲望等。

人群画像可以轻松获得消费者的年龄、性别、所在区域、兴趣爱好等数据的分布情况。

2. 360 趋势

360 趋势是 360 搜索推出的关键词搜索数据分析工具，其首页的搜索数据为用户使用 360 搜索搜索关键词而产生的数据，如图 2-19 所示。360 趋势与百度指数、搜狗指数一样，都是 SEO 与 SEM 必备的关键词搜索数据分析工具。通过 360 趋势可以更好地对使用 360 搜索的用户的搜索数据进行分析，帮助企业更好地进行关键词优化或广告投放。

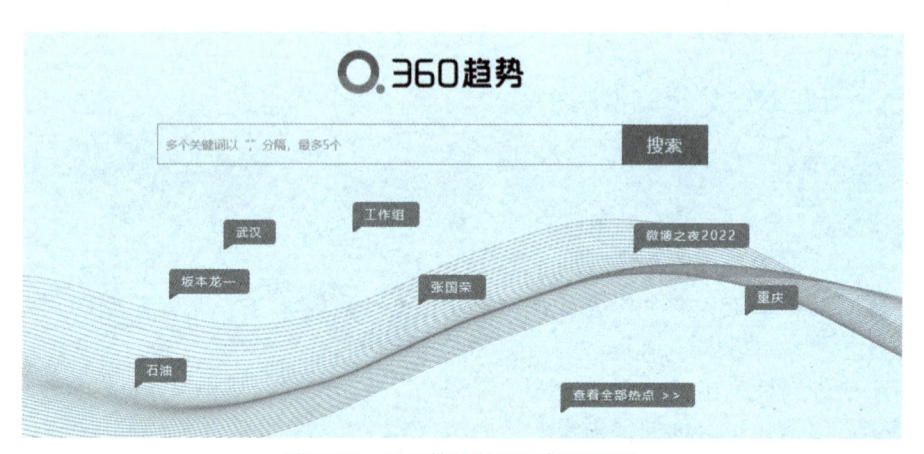

图 2-19　360 趋势首页的搜索数据

用户进入 360 趋势首页并输入关键词进行搜索后，会弹出 360 趋势关键词搜索页面，如图 2-20 所示。在该页面中，同样可以查看所搜索关键词的变化趋势、需求分布和用户画像。

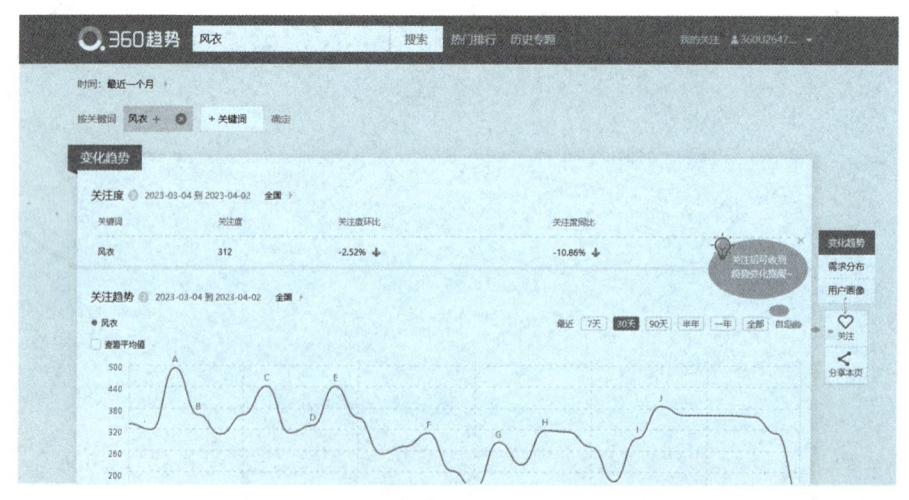

图 2-20　360 趋势关键词搜索页面

3. 生意参谋

生意参谋是阿里巴巴商家端的统一数据产品平台，也是大数据时代下赋能商家的重要平台，它集数据作战室、市场行情、装修分析、来源分析、竞争情报等数据产品于一体。生意参谋服务于广大商家，为商家的数据分析提供极大的便利，如图2-21所示。

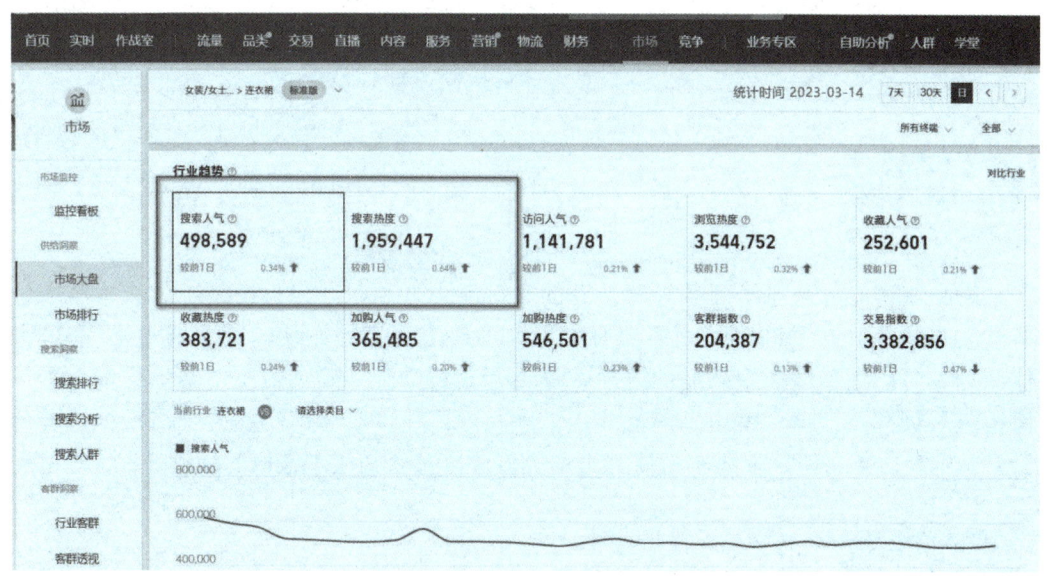

图2-21 生意参谋的市场大盘页面

4. 巨量算数

巨量算数是巨量引擎旗下的内容消费趋势洞察品牌。以今日头条、抖音、西瓜视频等内容消费场景为依托，承接巨量引擎的数据与技术优势，输出内容趋势、产业研究、广告策略等规律和趋势。同时，开放算数指数、算数榜单等数据分析工具，可满足品牌创始人、营销从业者、创作者的数据洞察需求，如图2-22所示。

图2-22 巨量算数的关键词搜索页面

数据可视化处理

任务二　产品获客能力数据可视化

任务分析

产品获客能力是电子商务经营活动的关键能力之一，如何付出最小的成本获取最多的客户是提升产品获客能力的核心指标。小赵需对店铺产品的获客能力进行分析，他计划先对店铺不同类型产品的访问数据进行分析，分别确定带来访客数最多、平均停留时长最久及详情页跳出率最低的店铺产品，再通过对店铺产品的交易数据进行分析，确定新客点击率、复购率、访客平均价值最高及获客成本最低的店铺产品。

任务实施

一、产品访问数据分析

小赵决定采用访客数、平均停留时长、详情页跳出率等指标对店铺产品的访问数据进行分析。

步骤一：访客数分析

（1）打开 Power BI，导入数据表。在"可视化"窗格中选择"簇状柱形图"，将"产品名称"字段拖动到"X 轴"组中，将"访客数"字段拖动到"Y 轴"组中，并在"访客数"下拉列表中选择"求和"选项，如图 2-23 所示。一般情况下，Power BI 会自动设置"求和"选项，若未自动设置，则需在对应字段的下拉列表中手动选择"求和"选项，此后不再赘述。

切换至"可视化"窗格下的"设置视觉对象格式"选项卡，对视觉对象的坐标轴字体大小、单位等进行设置，显示数据标签，并设置图表的标题文本为"不同产品访客数分析"。

（2）查看图表效果。结合呈现效果，继续调节视觉对象的数据标签、标题等元素的格式，调整视觉对象的位置和大小，最终的簇状柱形图效果如图 2-24

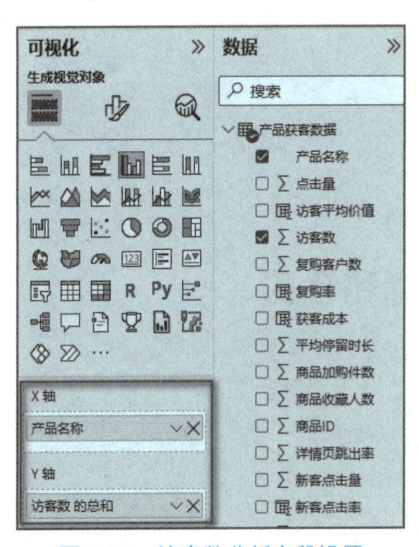

图 2-23　访客数分析字段设置

所示。由图 2-24 可知，吸引访客数最多的产品为肌理感连衣裙，随后依次是国风气质旗袍、高腰不规则碎花裙。吸引访客数最少的产品为泡泡袖中长裙。

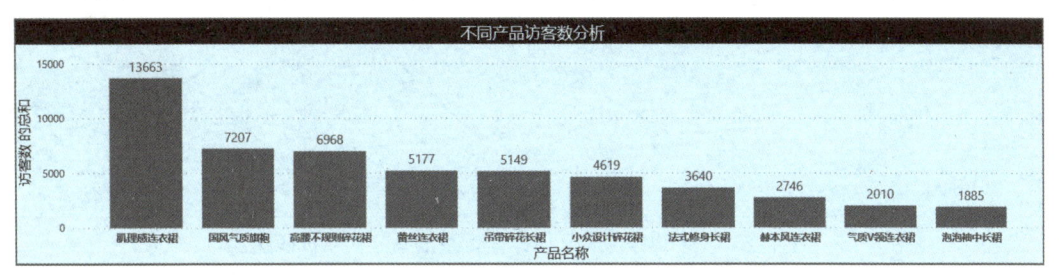

图 2-24 "不同产品访客数分析" 簇状柱形图

步骤二：平均停留时长与详情页跳出率分析

（1）平均停留时长越长或详情页跳出率越低，页面对用户的吸引力就越强，输出的有用信息越多，访客的转化率就越大。

在"可视化"窗格中选择"折线图"，将"产品名称"字段拖动到"X 轴"组中，将"平均停留时长"字段拖动到"Y 轴"组中，将"详情页跳出率"字段拖动到"辅助 Y 轴"组中，如图 2-25 所示。

图 2-25 平均停留时长与详情页跳出率分析字段设置

切换至"可视化"窗格下的"设置视觉对象格式"选项卡，对视觉对象的坐标轴字体大小进行设置，显示数据标签，并设置图表的标题文本为"平均停留时长与详情页跳出率分析"。

（2）查看图表效果。结合呈现效果，继续调节视觉对象的数据标签、标题等元素的格式，调整视觉对象的位置和大小，最终的折线图效果如图 2-26 所示。由图 2-26 可知，平均停留时长最久的产品是蕾丝连衣裙，详情页跳出率最低的产品是国风气质旗袍。

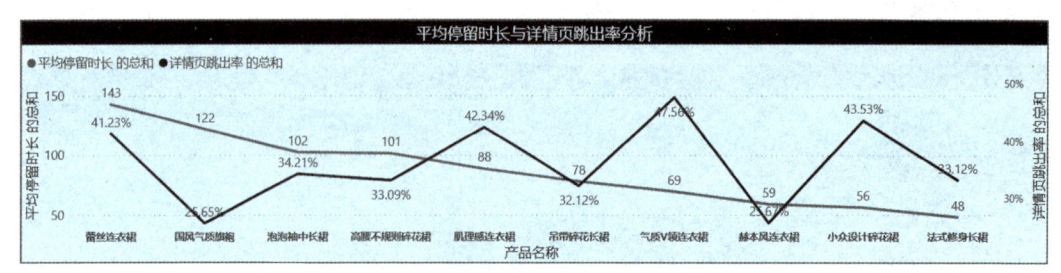

图 2-26 "平均停留时长与详情页跳出率分析"折线图

二、产品交易数据分析

小赵现需对店铺产品的交易数据进行分析，他决定选择新客点击率、复购率、访客平均价值和获客成本为此次分析的数据指标。

步骤一：新客点击率与复购率分析

（1）计算新客点击率、复购率。切换至 Power BI 数据视图，在"表工具"选项卡下单击"计算"组中的"新建列"按钮，如图 2-27 所示。新建两列，随后分别在公式栏中填入以下公式。

新客点击率 = ' 产品获客数 '[新客点击量]/' 产品获客数 '[点击量]
复购率 = ' 产品获客数 '[复购客户数]/' 产品获客数 '[支付买家数]

新建列中显示的结果如图 2-28 所示。

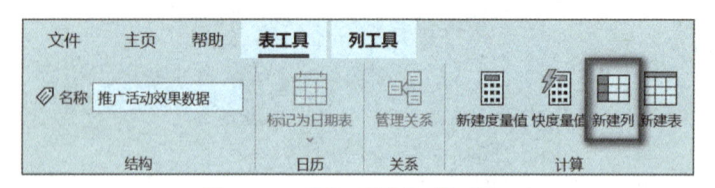

图 2-27 单击"新建列"按钮

图 2-28 新客点击率与复购率分析新建列

（2）切换至 Power BI 报表视图，在"可视化"窗格中选择"折线图"，将"产品名称"字段拖动到"X 轴"组中，将"新客点击率"和"复购率"字段拖动到"Y 轴"组中，如图 2-29 所示。

切换至"可视化"窗格下的"设置视觉对象格式"选项卡，对视觉对象的坐标轴字体大小进行设置，显示数据标签，并设置图表的标题文本为"新客点击率、复购率分析"。

项目二 产品数据可视化

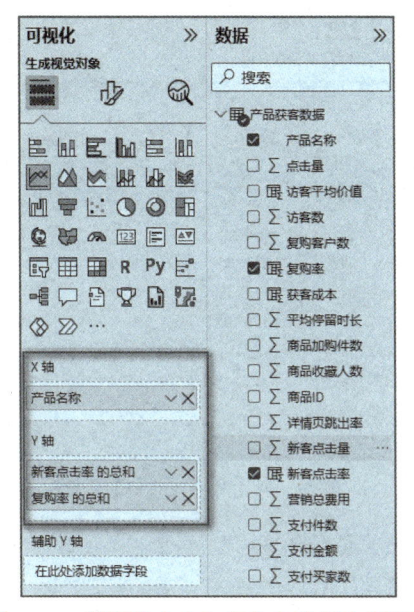

图 2-29 新客点击率和复购率分析字段设置

（3）查看图表效果。结合呈现效果，继续调节视觉对象的数据标签、标题等元素的格式，调整视觉对象的位置和大小，最终的折线图效果如图 2-30 所示。由图 2-30 可知，蕾丝连衣裙的新客点击率与复购率均为最高，如果仅用这两个指标来衡量产品的获客能力，则该产品表现优秀；新客点击率与复购率最低的产品分别为泡泡袖中长裙和吊带碎花长裙，企业需进一步分析导致指标数据低的原因，随后对该指标进行优化。例如，产品质量会影响产品的复购率，因此，如果是因产品质量差而导致的复购率过低，则企业可从优化产品质量入手，提高产品复购率。

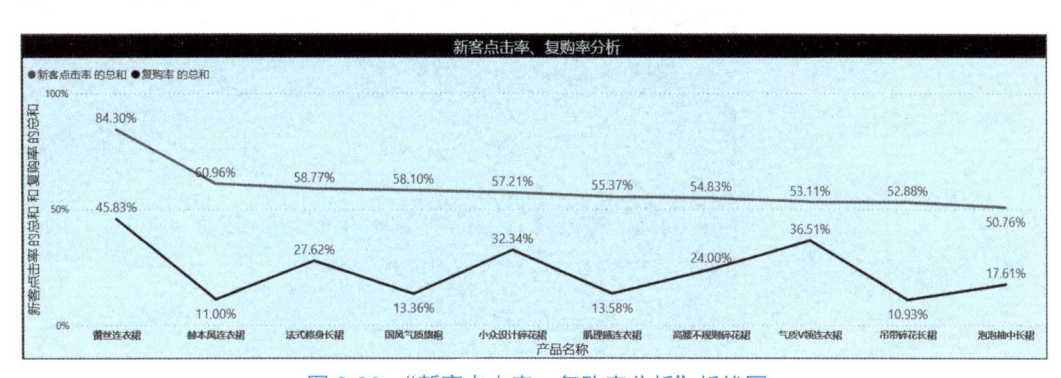

图 2-30 "新客点击率、复购率分析"折线图

步骤二：访客平均价值与获客成本分析

（1）计算访客平均价值与获客成本。切换至 Power BI 数据视图，在"表工具"选项卡下的"计算"组中单击"新建列"按钮，新建两列，随后分别在公式栏中填入以下公式。

```
访客平均价值 = '产品获客数'[支付金额]/'产品获客数'[访客数]
获客成本 = '产品获客数'[营销总费用]/'产品获客数'[支付买家数]
```

45

新建列中显示的结果如图 2-31 所示。

复购客户数	支付件数	支付金额	营销总费用	新客点击率	复购率	访客平均价值	获客成本
25	197	9851.01	1066.26	50.76%	17.61%	5.23	7.51
143	635	33433.57	986.88	84.30%	45.83%	6.46	3.16
55	763	31445.66	5566.37	55.37%	13.58%	2.30	13.74
34	766	16072.21	2234.58	52.88%	10.93%	3.12	7.19
41	631	13843.34	1798.1	58.10%	13.36%	1.92	5.86
76	325	17582.52	1526.92	57.21%	32.34%	3.81	6.50
46	201	7077.76	698.42	53.11%	36.51%	3.52	5.54
58	360	15551.84	1453.46	58.77%	27.62%	4.27	6.92
78	642	20962.77	2471.83	54.83%	24.00%	3.01	7.61
23	294	16125.52	1740.69	60.96%	11.00%	5.87	8.33

图 2-31　访客平均价值与获客成本分析新建列

（2）切换至 Power BI 的报表视图，在"可视化"窗格中选择"簇状柱形图"，将"产品名称"字段拖动到"X 轴"组中，将"访客平均价值"和"获客成本"字段拖动到"Y 轴"组中，如图 2-32 所示。

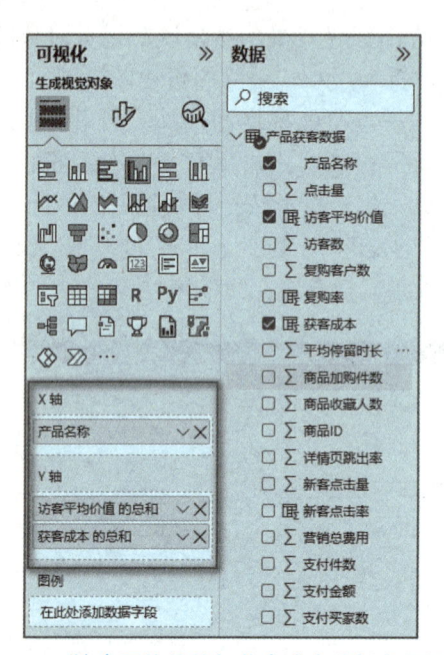

图 2-32　访客平均价值与获客成本分析字段设置

切换至"可视化"窗格下的"设置视觉对象格式"选项卡，对视觉对象的坐标轴字体大小、单位等进行设置，显示数据标签，并设置图表的标题文本为"访客平均价值与获客成本分析"。

（3）查看图表效果。结合呈现效果，继续调节视觉对象的数据标签、标题等元素的格式，调整视觉对象的位置和大小，最终的簇状柱形图效果如图 2-33 所示。由图 2-33 可知，访客平均价值最高的产品是蕾丝连衣裙，但其获客成本最低，综合来看，该产品的获客能力较强。

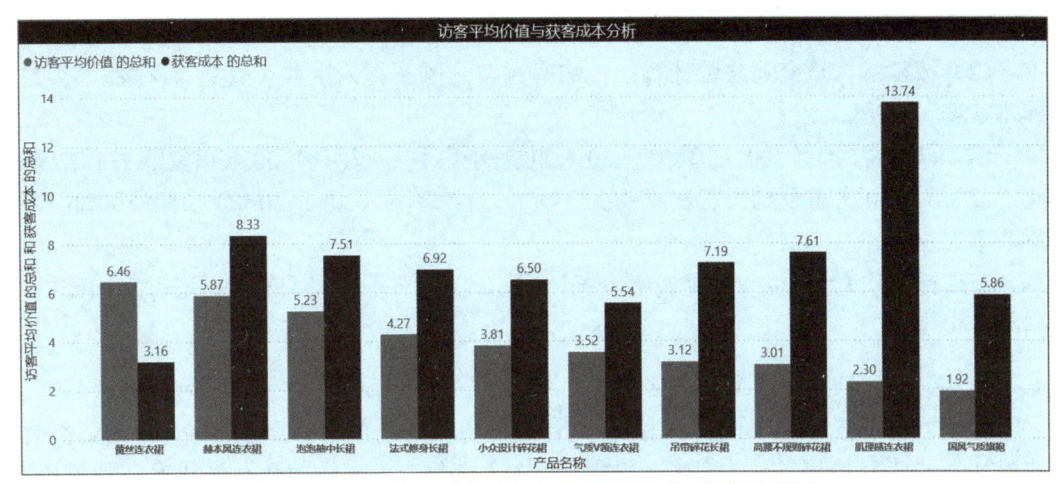

图 2-33 "访客平均价值与获客成本分析"簇状柱形图

> **知识链接**

一、产品获客数据分析相关指标

1. 平均停留时长

平均停留时长 = 访问店铺的所有访客的总停留时长 / 访客数（单位为秒）。

2. 详情页跳出率

详情页跳出率是指在浏览详情页后没有继续浏览店铺内的其他页面，而是直接打开其他店铺或关闭浏览器的访客占总访客的比例。

3. 新客点击量

新客点击量是指针对首次访问网站或首次使用网站服务的访客进行的点击量统计。分析该指标对于抢占市场份额、评估网站推广效果和加快发展速度至关重要。

4. 新客点击率

新客点击率是指新客点击量占总点击量的比例。新客点击率越高，则产品的拉新能力、获客能力越强。新客点击率的计算公式：新客点击率 = 新客点击量 / 点击量 × 100%。

5. 复购率

复购率全称为重复购买率，是指针对某时期内有两次或两次以上购买行为的客户进行的比例统计。客户的复购率越高，老客户的黏性就越高，也就意味着该产品的获客能力越强。

复购率的计算方式有以下两种。

（1）按复购客户数量计算：复购率 = 复购客户数量 / 客户样本数量 × 100%。

例如，客户样本有 200 人，其中有 50 人重复购买（不用考虑重复购买了几次），

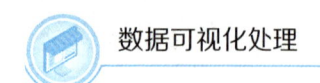

复购率 =50/200×100%=25%，即复购率为 25%。

（2）按复购客户交易次数计算：复购率 = 客户购买行为次数（或交易次数）/ 客户样本数量 ×100%。

例如，客户样本有 200 人，其中有 50 人重复购买，这 50 人中有 20 人重复购买 1 次（购买 2 次），有 30 人重复购买 2 次（购买 3 次），复购率 =（20×1+30×2）/200×100%，即复购率为 40%。

在进行复购率计算时，一定要确定统计周期，以便对不同周期的数据进行对比分析，判断购买趋势。

6. 访客平均价值（UV 价值）

访客平均价值（UV 价值）是指平均计算的每个进店的访客产生的价值。UV 价值的计算公式：UV 价值 = 销售金额 / 访客数，由于销售金额 = 访客数 × 转化率 × 客单价，所以，UV 价值 = 转化率 × 客单价。UV 价值与转化率和客单价息息相关，高转化率和高客单价能带来更高的 UV 价值。

7. 获客成本

获客成本（CAC）是指获取付费客户的成本。获客成本是评价产品获客能力的关键指标之一。获客成本的计算公式：获客成本 = 营销总费用 / 付费客户数。

降低获客成本的方法有以下 3 种。

（1）通过创意营销以低成本带来广泛传播的效果。

（2）重视老客户管理，提升单个客户价值。

（3）加强后续的客户服务，提高转化率，用高留存保证获得更多的有效顾客。

二、提高复购率的方法

客户产生复购行为是向企业或店铺传递对产品或服务满意的信号，客户的每一次复购都在无形中对产品进行了免费宣传，激起了一些潜在客户的兴趣。因此，提高复购率的重要性不言而喻。

提高复购率的方法有以下 3 种。

1. 把握产品质量

企业要想打造爆款产品，首先需要在产品质量上下工夫。客户不会愿意花钱购买劣质产品，所以如果因为产品质量问题而失去客户口碑，那么再想让客户复购就比较困难了。因此，企业如果想让产品长期发展下去，让客户持续产生复购行为，就一定要确保产品质量过关，这也是产品营销中最重要的一点。

2. 增强服务体验

除了产品质量方面，服务体验也是客户较为关注的一个方面。企业需要对客户提出的问题及时做出答复，更需要从客户的角度出发，提前考虑客户可能出现的问题，准备好完善的解决方案，提供全面的服务，这对提高复购率来说是非常重要的。

3. 扩大品牌影响力

品牌影响力是决定复购率高低的一大因素，因此，在制定产品营销策略时对于品牌的推广必不可少。企业要讲好品牌故事，让客户产生联想，潜移默化地提高产品复购率。

任务三　产品盈利能力数据可视化

任务分析

产品盈利能力数据可视化分为店铺产品盈利分析和利润产品 SKU 分析两个环节。在进行店铺产品盈利分析时，小赵需先对店铺不同产品的利润进行分析，确定为店铺创造利润最高的产品品类，然后借助帕累托图对该品类下不同产品的销售金额进行对比分析，完成产品分类，以便企业在后期运营过程中区别管理。小赵在对店铺利润产品进行 SKU 分析时，主要选取加购件数、支付金额、支付件数、支付买家数等指标，判断客户更倾向于哪种颜色、尺码，为后期调整店铺库存提供依据。

任务实施

一、店铺产品盈利分析

产品盈利能力是指产品为店铺获取利润的能力。产品为店铺创造的利润越高，盈利能力就越强；产品为店铺创造的利润越低，盈利能力就越弱。

步骤一：不同产品的利润排行分析

（1）打开 Power BI，导入数据表。在"可视化"窗格中选择"簇状柱形图"，在"数据"窗格中选择"店铺不同产品利润"工作表，将"产品"字段拖动到"X 轴"组中，将"利润"字段拖动到"Y 轴"组，如图 2-34 所示。

切换至"可视化"窗格下的"设置视觉对象格式"选项卡，对视觉对象的坐标轴字体大小、单位等进行设置，显示数据标签，并设置图表的标题文本为"不同产品利润排行分析"。

（2）查看图表效果。结合呈现效果，继续调节视觉对象的数据标签、标题等元素的格式，调整视觉对象的位置和大小，最终的簇状柱形图效果如图 2-35 所示。由图 2-35 可知，在店铺产品中，连衣裙创造的利润最高，其盈利能力最强；风衣创造的利润最低，其盈利能力最弱。

图 2-34 不同产品利润排行分析字段设置

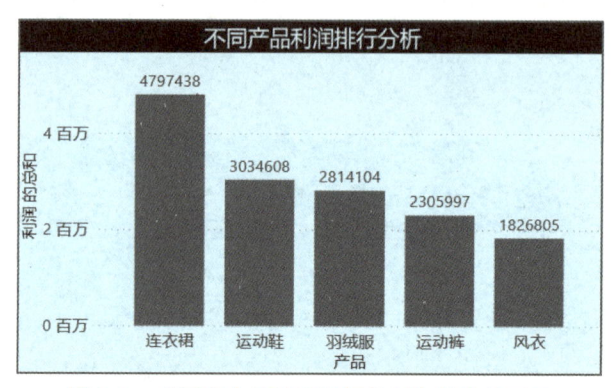

图 2-35 "不同产品利润排行分析"簇状柱形图

步骤二：不同连衣裙产品的销售金额分析

（1）明确分析方法。经过上一步骤，小赵已经知晓在店铺所销售的产品品类中，连衣裙创造的利润最高，现在他想进一步明确不同类型的连衣裙的销售情况，于是他计划根据近 30 天内的不同类型的连衣裙的累计销售情况，对其进行 AB 分类，以便在后期运营过程中区别管理。小赵计划按照累计销售金额占比将连衣裙分为 A 类和 B 类，其中，A 类产品的累计销售金额占比在总销售额的 80% 以内，在后期管理及营销过程中应给予重点关注；B 类产品的累计销售金额占比在总销售额的 80% 以外，在后期管理及营销过程中应给予一般关注。

（2）单击"Excel 工作簿"按钮，在弹出的对话框中选择"任务三 产品盈利能力数据可视化（源数据）"数据表并打开，在"导航器"对话框中选择"连衣裙产品销售金额"工作表，随后单击"加载"按钮，加载后的数据视图如图 2-36 所示。

序号	商品编号	商品名称	订单量	销售金额
1	210932	泡泡袖中长裙	163	358437
2	210933	蕾丝连衣裙	98	685902
3	210934	肌理感连衣裙	183	384117
4	210935	吊带碎花裙	92	285108
5	210936	国风气质旗袍	382	305218
6	210937	小众设计碎花裙	983	225107
7	210938	气质V领连衣裙	1038	113142
8	210939	法式修身长裙	287	28413
9	210940	高腰不规则碎花裙	3987	55419.3
10	210941	赫本风连衣裙	3973	989277
11	210942	真丝连衣裙	763	189987
12	210943	纯棉连衣裙	562	44398
13	210944	香云纱连衣裙	287	25543
14	210945	复古连衣裙	1093	21750.7
15	210946	条纹裙	983	49051.7
16	210947	牛仔裙	1983	19631.7
17	210948	雪纺裙	98	411502
18	210949	荷叶边连衣裙	4	33996
19	210950	包臀裙	2	25996
20	210951	百褶裙	309	76941

图 2-36 "连衣裙产品销售金额"数据视图

（3）建立基础度量值。为了便于后续操作，需建立一个基础度量值，如图 2-37 所示。
商品销售金额 = SUM(' 连衣裙产品销售金额 '[销售金额])。

图 2-37　新建"连衣裙产品销售金额"基础度量值

（4）计算累计销售金额。单击"列工具"选项卡下"计算"组中的"新建列"按钮，借助 CALCULATE 函数添加"累计销售金额"计算列，如图 2-38 所示。

累计销售金额 =
CALCULATE(
　[商品销售金额],
　　FILTER(' 连衣裙产品销售金额 ',
　　' 连衣裙产品销售金额 '[销售金额]>=EARLIER(' 连衣裙产品销售金额 '[销售金额])))

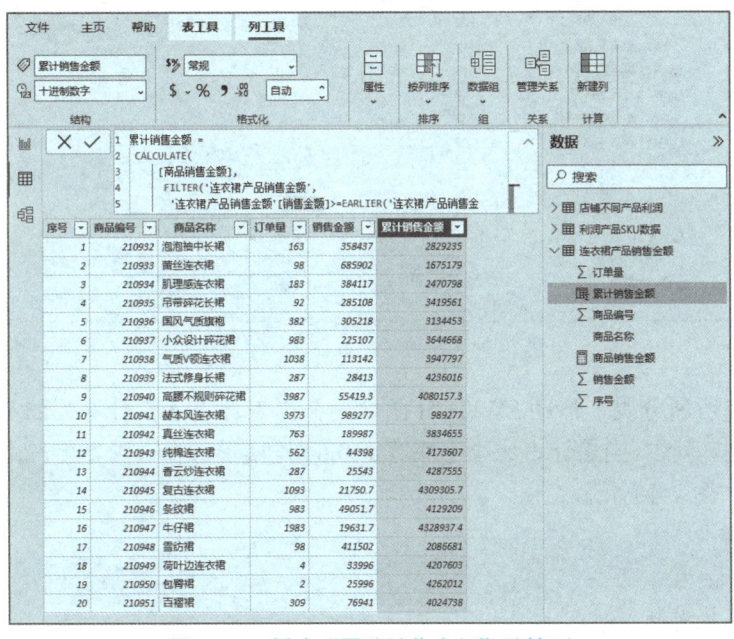

图 2-38　新建"累计销售金额"计算列

累计销售金额的计算逻辑是，将大于或等于本行销售金额的产品销售金额全部累加。这里求累计销售金额的方法与每行的顺序无关。

（5）计算累计占比。单击"列工具"选项卡下"计算"组中的"新建列"按钮，在上一步骤中计算出的"累计销售金额"计算列的基础上，使用 DIVIDE 函数计算产品的累计销售金额与所有连衣裙产品的汇总销售额的比值。

累计占比 =
DIVIDE(
　　[累计销售金额],
　　SUM(' 连衣裙产品销售金额 '[销售金额]
　　))

完成后，选择"累计占比"计算列，调整其显示格式为"百分比"，操作完成后的效果如图 2-39 所示。

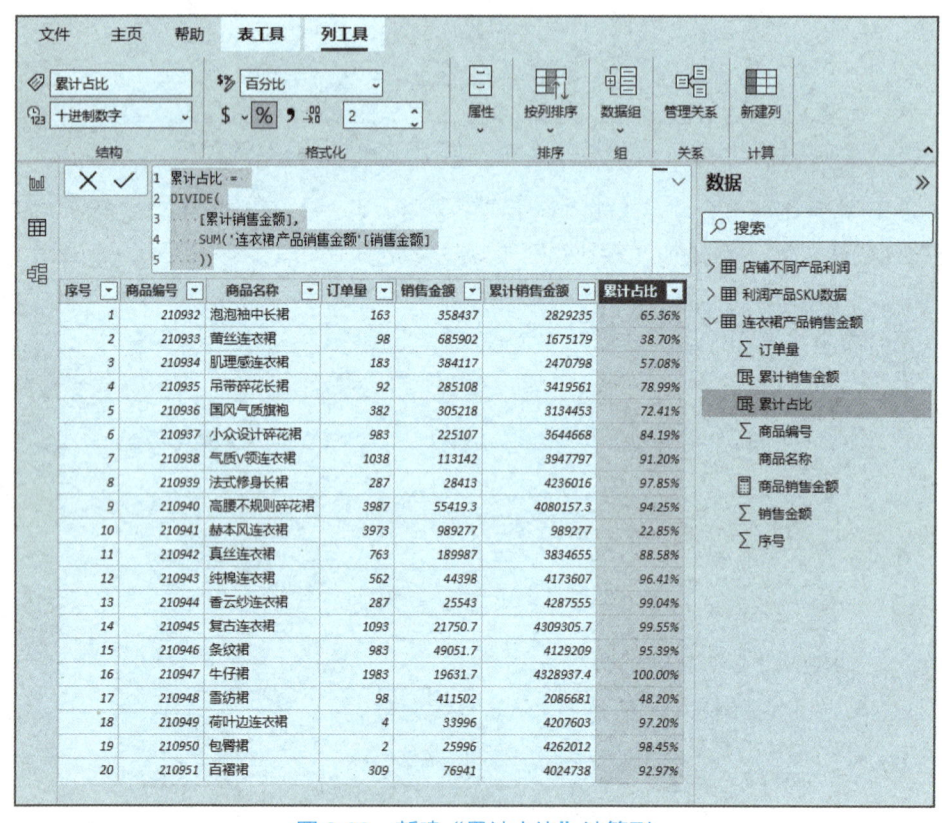

图 2-39　新建"累计占比"计算列

（6）计算所属分类。借助 SWITCH 函数，在"累计占比"计算列的基础上判断其属于哪个类型。其中，当累计占比小于或等于 0.8 时，属于 A 类；当累计占比大于 0.8 时，属于 B 类，如图 2-40 所示。

AB 分类 =
SWITCH(TRUE(),
[累计占比]<=0.8,"A",
"B")

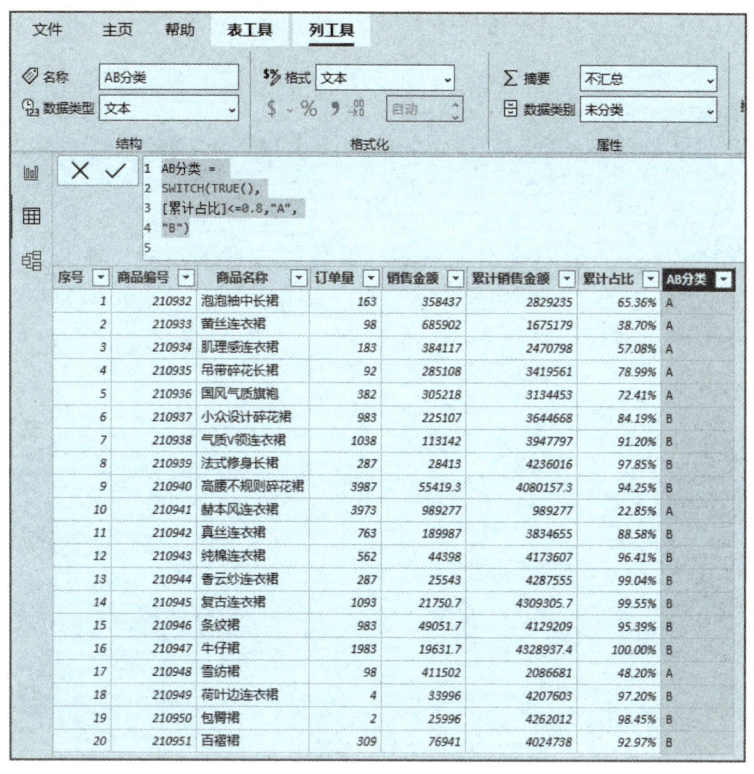

图2-40 新建"AB分类"计算列

（7）在报表视图的画布上添加"折线和簇状柱形图"，在"数据"窗格中选择"连衣裙产品销售金额"工作表，将"商品名称"字段拖动到"X轴"组中，将"销售金额"字段拖动到"列y轴"组中，将"累计占比"字段拖动到"行y轴"组中，如图2-41所示。

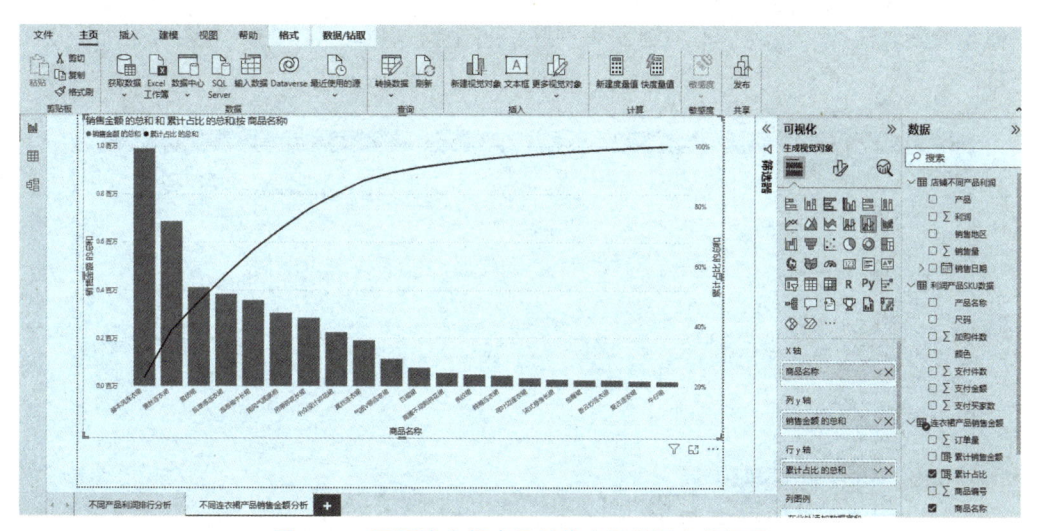

图2-41 不同连衣裙产品销售金额分析字段设置

（8）对不同分类进行区别显示。要想在图表中清晰地反映出每个产品的类别，可以通过添加度量值的方式为不同的类别分配不同的颜色。单击"主页"选项卡下"计算"组中的"新建度量值"按钮，新建"分类配色"度量值，借助SWITCH函数和

数据可视化处理

SELECTEDVALUE 函数使用不同的颜色代码设置配色。

```
分类配色 =
SWITCH(TRUE(),
SELECTEDVALUE(' 连衣裙产品销售金额 '[AB 分类 ])="A","#ff9900",
"0099cc"
)
```

（9）调整配色。在"可视化"窗格的"设置视觉对象格式"选项卡中单击"列"组下方"颜色"选项中的"条件格式"按钮，在弹出的"默认颜色 - 列"窗口中，设置"格式样式"为"字段值"，并应用于"分类配色"字段，设置完成后单击"确定"按钮，如图 2-42 所示。

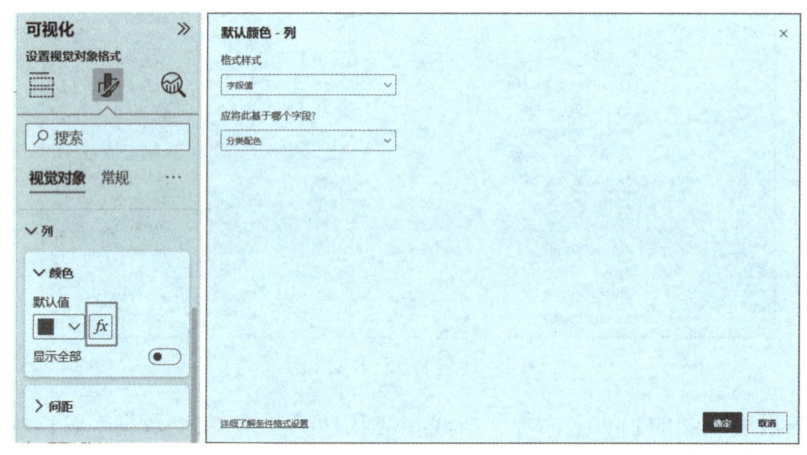

图 2-42　为不同产品分类配色

随后，通过"可视化"窗格下的"设置视觉对象格式"选项卡调整数据标签、标题、字体等元素，至此，完成了不同连衣裙产品销售金额分析，最终的组合图效果如图 2-43 所示。

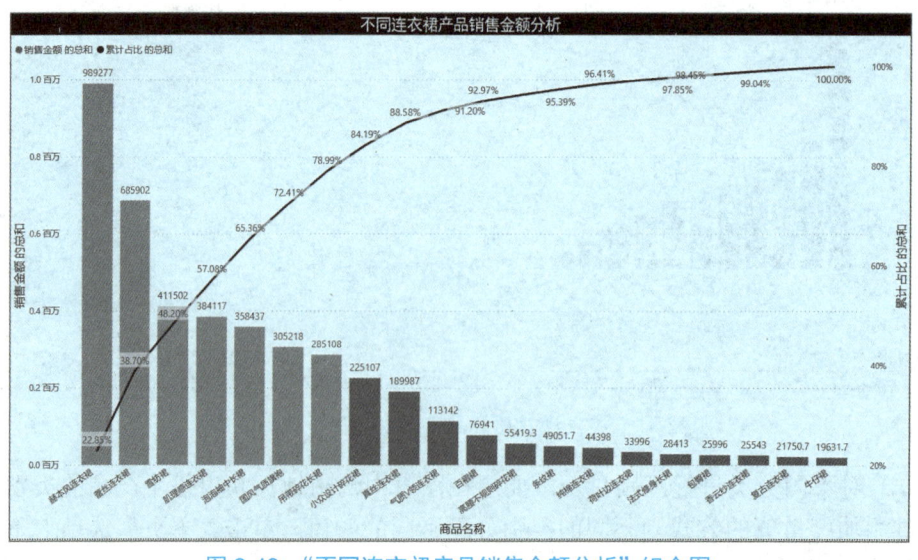

图 2-43　"不同连衣裙产品销售金额分析"组合图

项目二　产品数据可视化

结合分析结果，小赵决定在后续的营销过程中，对赫本风连衣裙、蕾丝连衣裙、雪纺裙等 7 款产品给予重点关注，其余 14 款产品给予一般关注。

二、利润产品 SKU 分析

小赵所在的企业将店铺中销售金额最高的产品——赫本风连衣裙作为店铺的利润产品进行销售。现在小赵需要继续对该产品进行 SKU 分析，以判断消费者更喜欢哪种颜色、尺码，为后期调整店铺库存提供依据。

步骤一：利润产品 SKU 数据可视化

（1）打开 Power BI，导入数据表。在"可视化"窗格中选择"折线和簇状柱形图"，在"数据"窗格中选择"利润产品 SKU 数据"工作表，将"颜色"和"尺码"字段拖动到"X 轴"组中，将"加购件数"、"支付件数"和"支付买家数"字段拖动到"列 y 轴"组中，将"支付金额"字段拖动到"行 y 轴"组中，如图 2-44 所示。

切换至"可视化"窗格下的"设置视觉对象格式"选项卡，对视觉对象的坐标轴字体大小、单位等进行设置，显示数据标签，并设置图表的标题文本为"利润产品 SKU 数据分析"。

（2）查看图表效果。结合呈现效果，继续调节视觉对象的数据标签、标题等元素的格式，调整视觉对象的位置和大小，最终的组合图效果如图 2-45 所示。

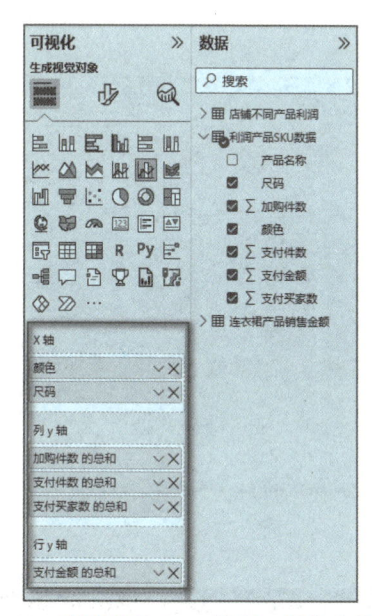

图 2-44　利润产品 SKU 数据可视化字段设置

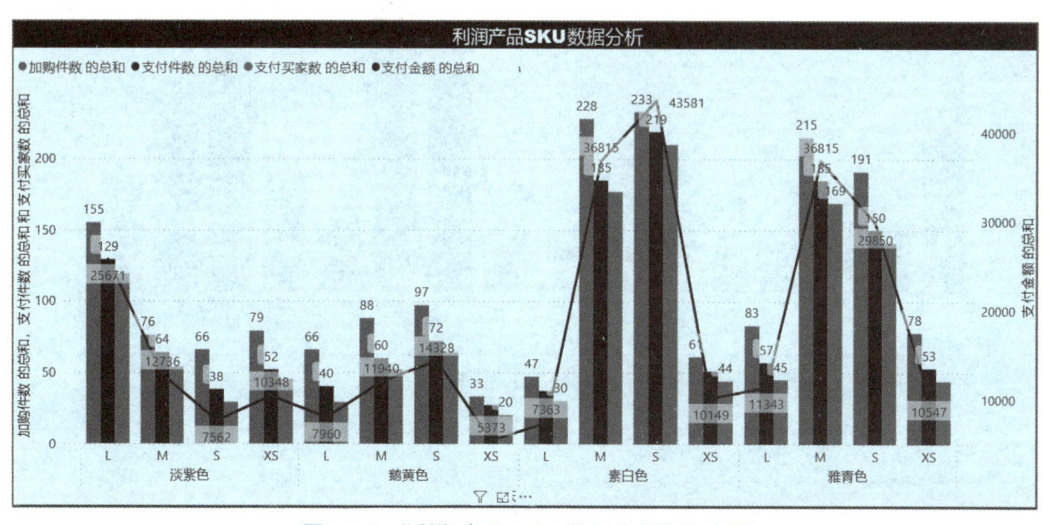

图 2-45　"利润产品 SKU 数据分析"组合图

步骤二：插入"颜色"和"尺码"切片器

（1）在"可视化"窗格中选择"切片器"，将"颜色"字段拖动到"字段"组中，如图2-46所示。切换至"可视化"窗格下的"设置视觉对象格式"选项卡，在"切片器设置"组中将"样式"设置为"磁贴"，如图2-47所示。至此，"颜色"切片器插入完成。使用同样的方法插入"尺码"切片器，完成切片器插入后的效果如图2-48所示。

图2-46 颜色字段设置

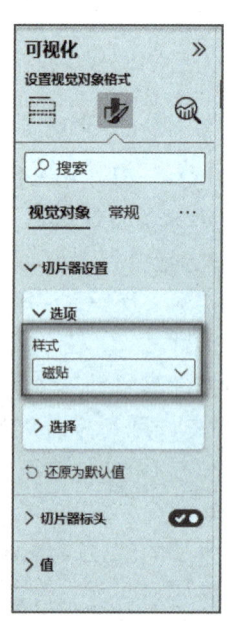

图2-47 设置切片器样式

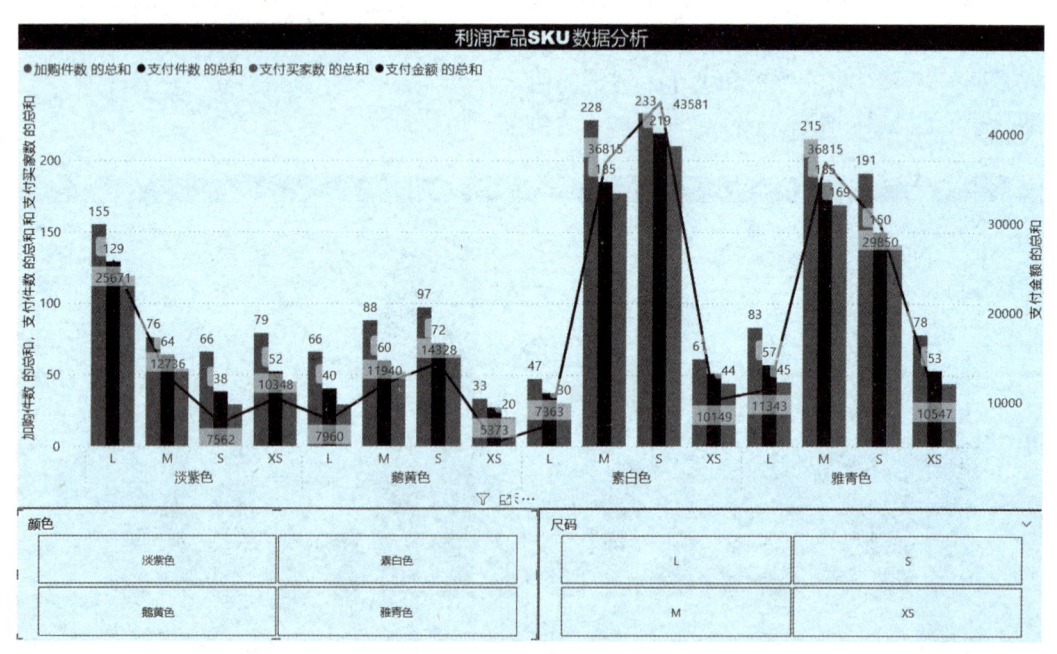

图2-48 完成切片器插入

（2）查看图表效果。在"颜色"切片器中选择"淡紫色"，可以筛选出淡紫色连衣裙不同尺码的销售数据，如图 2-49 所示。参考如上操作，也可以筛选出其他颜色的连衣裙不同尺码的销售数据。

单击"颜色"切片器右上角的"清除筛选"按钮，随后在"尺码"切片器中任选一个尺码，可以筛选出该尺码下不同颜色连衣裙的销售数据。

以淡紫色连衣裙为例，该颜色连衣裙 L 尺码的加购件数、支付件数、支付买家数和支付金额均为最高，所以可以判断该尺码连衣裙的销售表现最好；S 尺码的加购件数、支付件数、支付买家数和支付金额均为最低，所以可以判断该尺码连衣裙的销售表现最差。企业可根据上述分析结果调整后期的进货比例和库存比例，如增加淡紫色连衣裙 L 码的进货比例和库存比例，同时适当减少 S 码连衣裙的进货比例和库存比例。

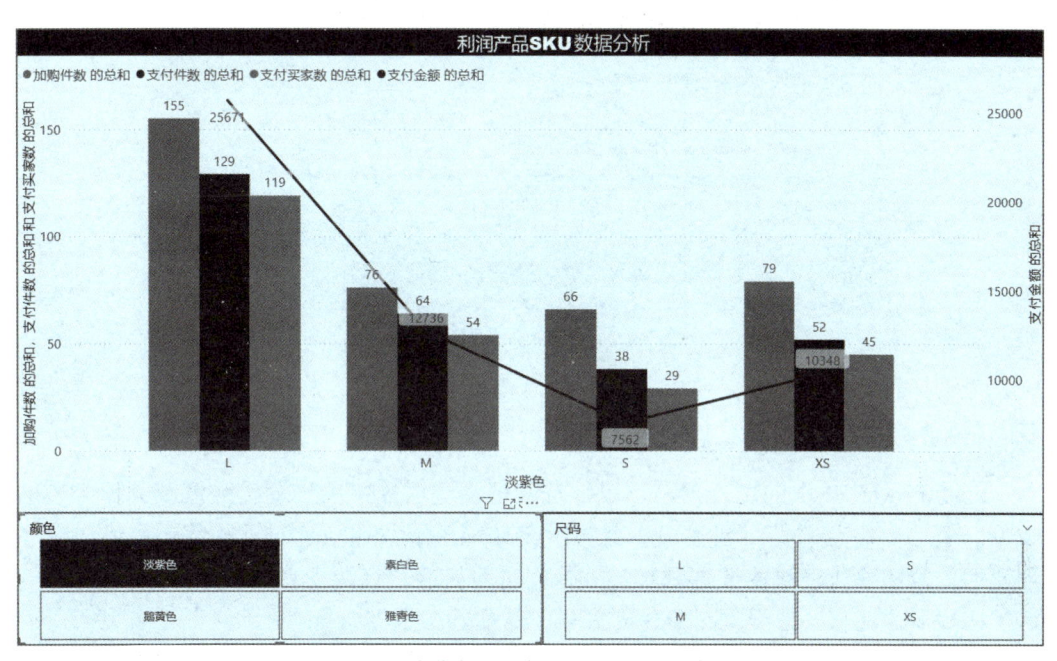

图 2-49　淡紫色连衣裙不同尺码的销售数据

> **知识链接**

一、SKU 与 SPU 解读

1. SPU 的概念

SPU（Standard Product Unit）即标准化产品单元，它是产品信息聚合的最小单位，是一组可复用、易检索的标准化信息集合，该集合描述了一个产品的特性。通俗来讲，属性值和特性相同的产品就可以称为一个 SPU。

2. SKU 的概念

SKU（Stock Keeping Unit）即库存量单位，它是物理上不可分割的最小存货单元，它以件、盒、托盘等为单位。在使用 SKU 时要根据不同业态、不同管理模式来处理。

SKU 在服装类、鞋类产品中使用最为普遍。

3. SPU 与 SKU 的区别

SPU 与 SKU 是一对多的关系，一个 SPU 对应多个 SKU。例如，对图 2-50 所示的连衣裙来说，它属于一个 SPU，该 SPU 的销售属性有颜色和尺码两种类型，其中，颜色有两种选择，尺码有 4 种选择，则该 SPU 一共有 8（2×4=8）个 SKU，SKU 一般是根据 SPU 的销售属性进行组合的结果。

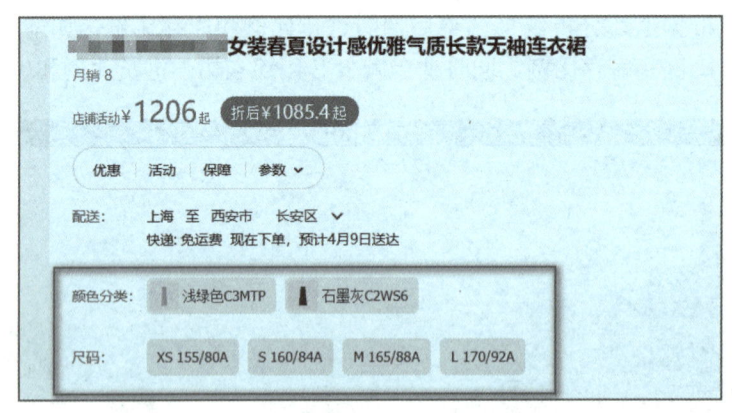

图 2-50　SKU 与 SPU 的区别

二、Power BI 基础知识——切片器

借助 Power BI 中的切片器，可以筛选其他视觉对象中的日期、数值或其他类型的数据。但需要注意的是，创建切片器的字段必须源于其他视觉对象的数据源表，或者创建切片器的字段所属的数据源表与其他视觉对象的数据源表之间必须存在数据关系，这样切片器才能与其他视觉对象建立关联，从而筛选数据内容。

这里以一个案例来演示切片器的使用。已知某企业全年的商品销售数据，并已将该企业全年所有商品的销售利润、销售金额、销售成本、销售数量通过卡片图展示，如图 2-51 所示。此时，如果要在报表中灵活查看某种商品类别下的某个商品的销售数据，则可以在可视化图表中插入切片器。

图 2-51　"所有商品的销售数据"卡片图

步骤一：创建切片器

打开原始文件，在"可视化"窗格中选择"切片器"，如图 2-52 所示，将"商品类别"字段拖动到"字段"组中，如图 2-53 所示。随后，切换至"可视化"窗格的"设置视觉对象格式"选项卡，在"切片器设置"组中将"样式"设置为"磁贴"，如图 2-54 所示。

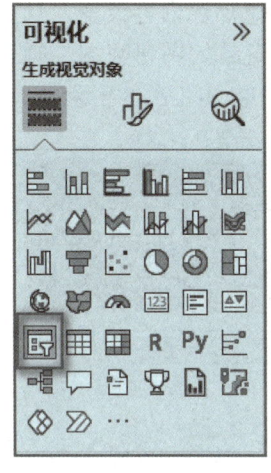

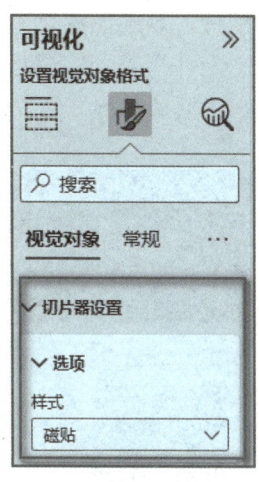

图 2-52 选择"切片器"　　图 2-53 商品类别字段设置　　图 2-54 设置切片器样式

步骤二：设置切片器标头和格式

在"可视化"窗格的"设置视觉对象格式"选项卡下的"切片器标头"组中，可以设置标题文本、字体、字体颜色等，如图 2-55 所示。也可以在"边框"或"背景"组中，为标头添加边框或背景颜色。

步骤三：继续创建切片器

在画布的空白位置单击，在"可视化"窗格中选择"切片器"，将"商品名称"字段拖动到"字段"组中，如图 2-56 所示。随后，对新创建的切片器进行格式设置，完成"商品名称"切片器的创建。

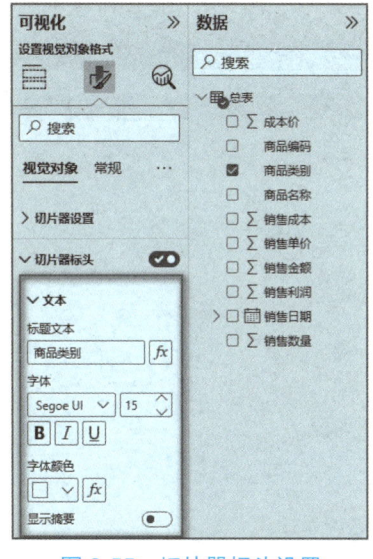

图 2-55 切片器标头设置　　图 2-56 商品名称字段设置

步骤四：筛选字段

如果要在切片器中筛选字段，则可在"商品类别"切片器中选择要查看的类别，如配件，效果如图 2-57 所示。此时可看到 4 个卡片图会自动跟随筛选内容改变，只显示"配件"类别的销售数据。如果要查看"配件"类别中某个商品的销售数据，则可以在"商品名称"切片器中选择要查看的商品名称，如车把，效果如图 2-58 所示。

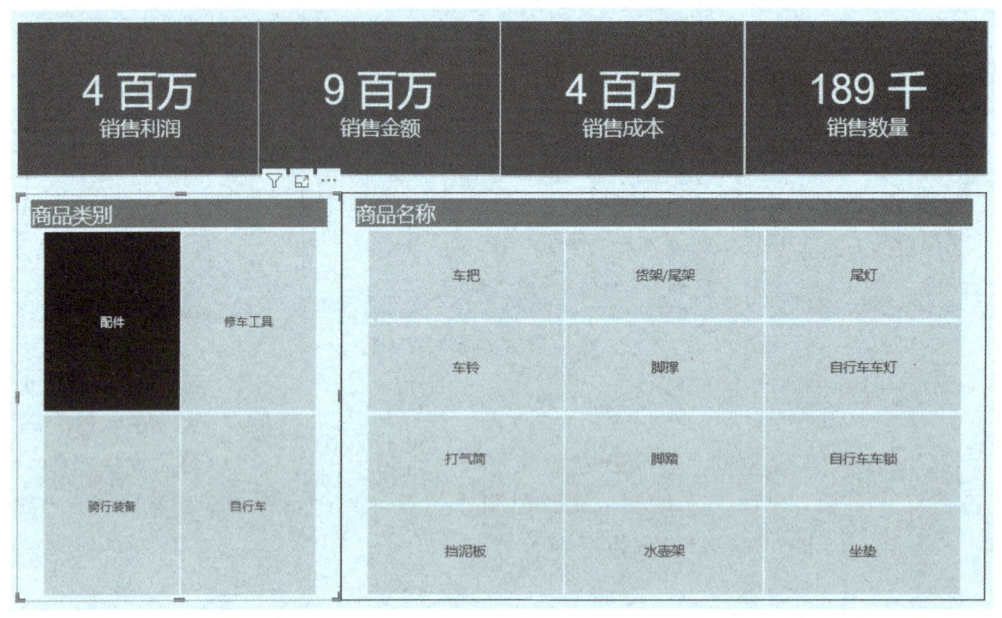

图 2-57 筛选商品类别

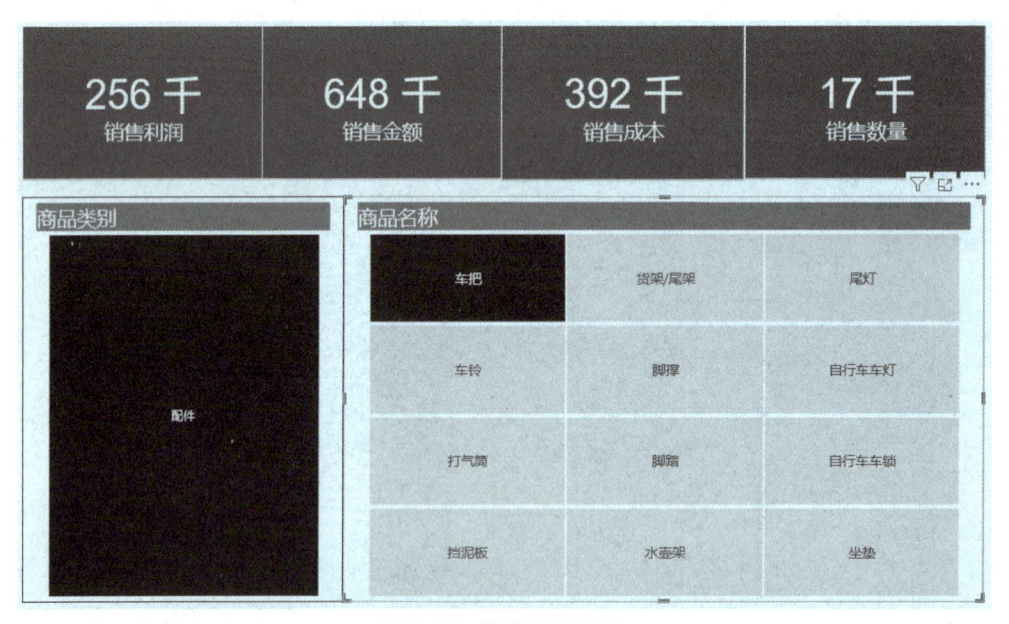

图 2-58 筛选商品名称

步骤五：清除筛选

如果要清除某项筛选，返回未筛选时的效果，则可单击对应切片器右上角的"清除筛选"按钮，如图 2-59 所示。

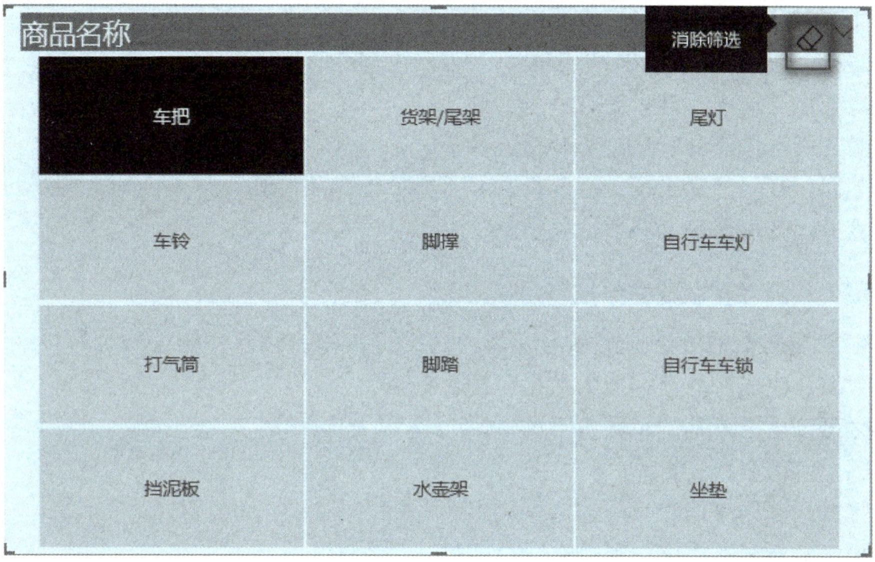

图 2-59　清除筛选

素养园地

《中华人民共和国消费者权益保护法》是为了保护消费者的合法权益，维护社会经济秩序，促进社会主义市场经济健康发展而制定的一部法律。法则第二十条表示：经营者向消费者提供有关商品或者服务的质量、性能、用途、有效期限等信息，应当真实、全面，不得作虚假或者引人误解的宣传。经营者对消费者就其提供的商品或者服务的质量和使用方法等问题提出的询问，应当作出真实、明确的答复。经营者提供商品或者服务应当明码标价。

同步实训

一、实训概述

本实训要求学生以产品数据可视化为主题，通过教师提供的产品数据并结合本书内容，完成产品数据的可视化分析。

二、实训步骤

实训一：产品行业数据可视化

学生需根据本书所讲的产品行业数据可视化流程，并结合教师提供的产品行业数据，完成产品行业数据可视化分析。

学生可以从以下基本步骤着手准备。
步骤一：明确产品数据分析维度。
步骤二：开展产品搜索指数分析。
步骤三：开展产品行业趋势分析。
步骤四：开展产品市场排行分析。
步骤五：开展市场细分数据分析。

实训二：产品获客能力数据可视化

学生需根据本书所讲的产品获客能力数据可视化流程，并结合教师提供的产品获客能力数据，完成产品获客能力数据可视化分析。

学生可以从以下基本步骤着手准备。
步骤一：访客数分析。
步骤二：平均停留时长与详情页跳出率分析。
步骤三：新客点击率与复购率分析。
步骤四：访客平均价值与获客成本分析。

实训三：产品盈利能力数据可视化

学生需根据本书所讲的产品盈利能力数据可视化流程，并结合教师提供的产品盈利能力数据，完成产品盈利能力数据可视化分析。

学生可以从以下基本步骤着手准备。
步骤一：不同产品的利润排行分析。
步骤二：不同连衣裙产品的销售金额分析。
步骤三：利润产品 SKU 数据可视化。

项目三　用户数据可视化

学习目标

知识目标

1. 了解用户画像数据分析的常见维度。
2. 掌握用户行为数据优化的方法。
3. 掌握不同价值用户的应对策略。
4. 掌握 Power BI 中列、漏斗图等函数的功能。

技能目标

1. 能够按步骤完成用户基础画像数据分析。
2. 能够按步骤完成用户兴趣画像数据分析。
3. 能够对用户选购的产品数据进行可视化分析。
4. 能够对用户的行为轨迹数据进行可视化分析。
5. 能够利用 DAX 函数构建 RFM 值。
6. 能够根据计算的 RFM 值进行会员分类及价值分析。

素养目标

1. 具备数据意识和数据敏感度，能够有效且恰当地获取、分析、处理、利用和展现数据。
2. 具备较强的理解能力、分析能力和实践能力，能够借助工具、第三方平台等，完成用户数据可视化分析。
3. 具备遵守《中华人民共和国电子商务法》《中华人民共和国数据安全法》等相关法律法规的职业操守。

项目任务分解

本项目包含三个任务，具体内容如下。
任务一：用户画像数据可视化。
任务二：用户行为数据可视化。
任务三：用户价值数据可视化。

数据可视化处理

本项目旨在引导学生掌握用户数据可视化的实际操作流程。通过对本项目的学习，学生能够具备选取合适的数据指标的能力，能够利用数据分析软件完成用户基础画像数据分析、用户兴趣画像数据分析、用户选购产品数据分析、用户行为轨迹数据分析等工作，能够利用 DAX 函数构建 RFM 值并完成会员分类及价值分析，并且能够将数据进行可视化展示。

项目情境

电子商务企业对用户数据的分析可以帮助企业更好地了解其用户群体，进而针对不同的用户制定差异化的运营策略，以便更好地进行精准营销。北京某服装企业为了全方位了解企业所面对的用户群体，计划对企业用户的画像数据、行为数据和价值数据进行系统分析。领导安排小张完成此次的用户数据分析工作，为企业精准营销提供数据支持。

任务一　用户画像数据可视化

任务分析

用户画像在网络上被广泛定义为"根据用户社会属性、生活习惯和消费行为等信息抽象出的一个标签化的用户模型。"总体来说，用户画像的核心是为用户贴标签。也就是将用户的每个具体信息抽象成标签，之后利用这些标签将用户信息具象化，从而为用户提供个性化服务，但其最终导向还是提取用户共性信息，提供战略决策。

小张调用了企业某日的用户画像数据，他计划主要从用户基础画像分析、用户兴趣画像分析两个方面展开对用户画像数据的可视化分析。在进行用户基础画像分析时，主要对用户的年龄、性别、地域、终端、职业等方面进行分析；在进行用户兴趣画像分析时，主要对用户产品偏好和用户消费层级偏好进行分析。

任务实施

一、用户基础画像数据分析

对电子商务企业来说，进行用户基础画像数据分析是帮助企业管理人员和运营人员从整体上了解用户特征的必经过程。结合用户基础画像数据分析的结果，帮助企业定位品牌形象，打造企业理念，确定企业的选品、营销等经营策略。在实施用户基础画像数据分析时，小张计划从用户年龄、性别、地域、终端、职业等方面展开。

步骤一：用户年龄分析

（1）单击"Excel 工作簿"按钮，在弹出的对话框中选择"任务一 用户画像数据可视化（源数据）"数据表并打开，在"导航器"对话框中选择"用户基础画像数据"工作表，随后单击"加载"按钮，如图 3-1 所示。

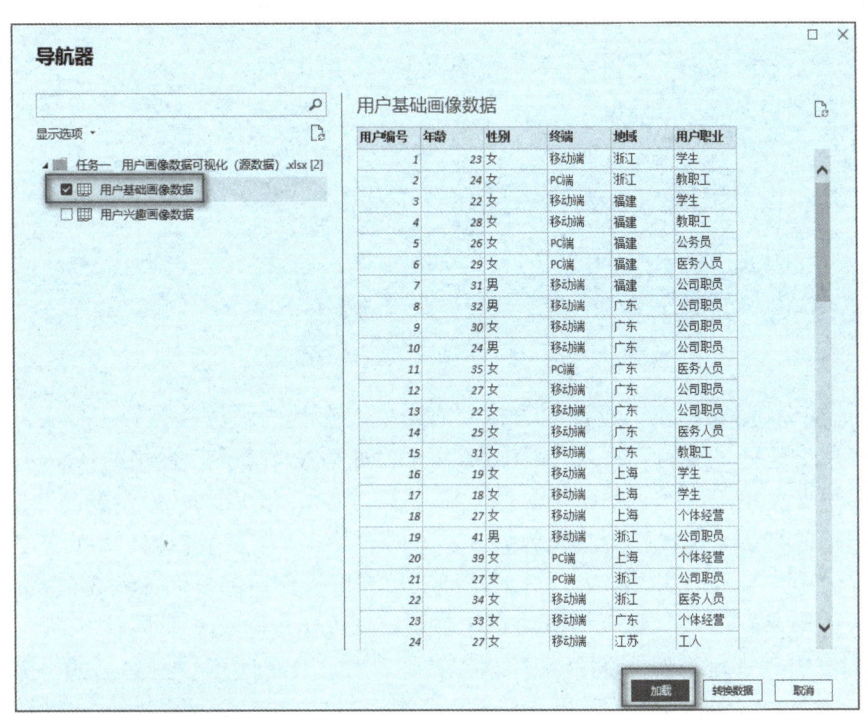

图 3-1 在"导航器"对话框中选择工作表

（2）单击"主页"选项卡下"查询"组中的"转换数据"按钮，进入 Power Query 编辑器，如图 3-2 和图 3-3 所示。

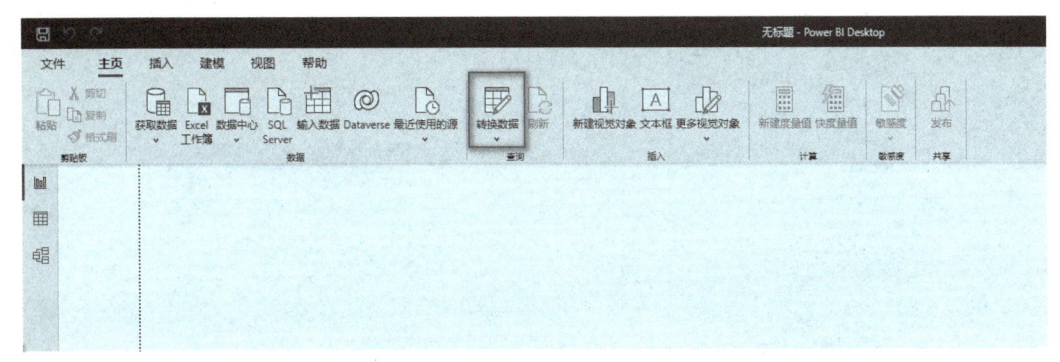

图 3-2 单击"转换数据"按钮

数据可视化处理

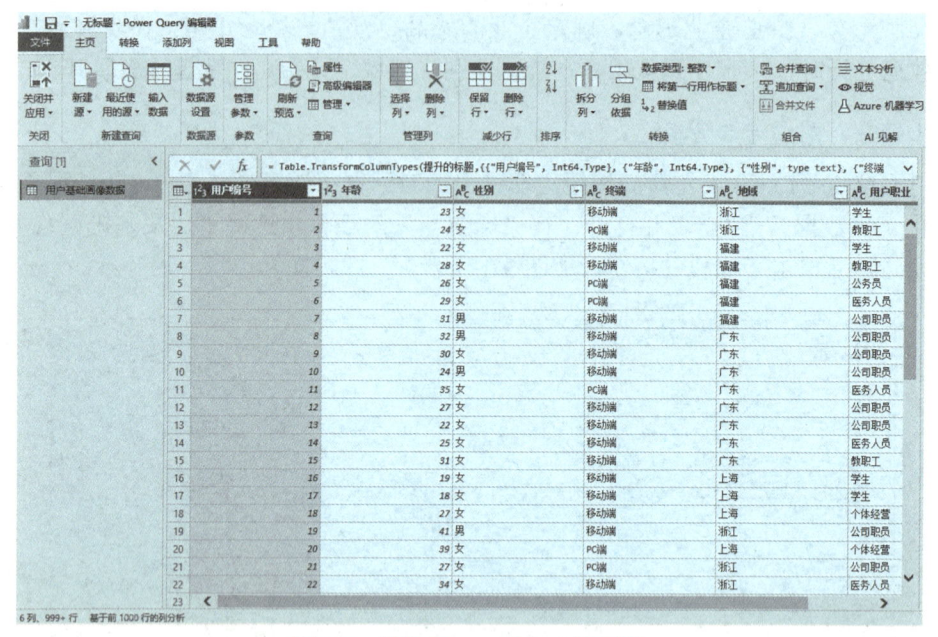

图 3-3 进入 Power Query 编辑器

（3）复制粘贴表。在"查询"窗格中右击"用户基础画像数据"工作表，在弹出的快捷菜单中选择"复制"命令，如图 3-4 所示。之后在"查询"窗格的任意位置右击，在弹出的快捷菜单中选择"粘贴"命令，如图 3-5 所示。随后，可在"查询"窗格中看到一个新增的名为"用户基础画像数据（2）"的表，修改该表名称为"用户年龄分析"，并删除除"用户编号"和"年龄"外的其他列，完成操作后的页面如图 3-6 所示。

（4）使用"条件列"命令分析用户年龄层。在 Power Query 编辑器中的"添加列"选项卡下单击"常规"组中的"条件列"按钮，如图 3-7 所示。在弹出的"添加条件列"对话框中输入新列名"用户年龄层"，将用户按年龄层划分为"25 岁及以下"、"26～35 岁"、"36～45 岁"和"46 岁及以上"4 个不同的年龄层，并完成对应列名、运算符、值和输出的选定，如图 3-8 所示。完成设置后单击"确定"按钮，即可添加条件列，如图 3-9 所示。

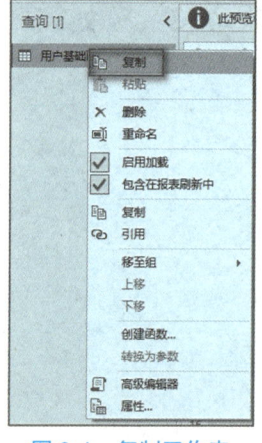

图 3-4 复制工作表　　　　图 3-5 粘贴工作表

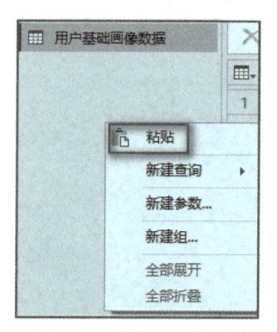

项目三　用户数据可视化

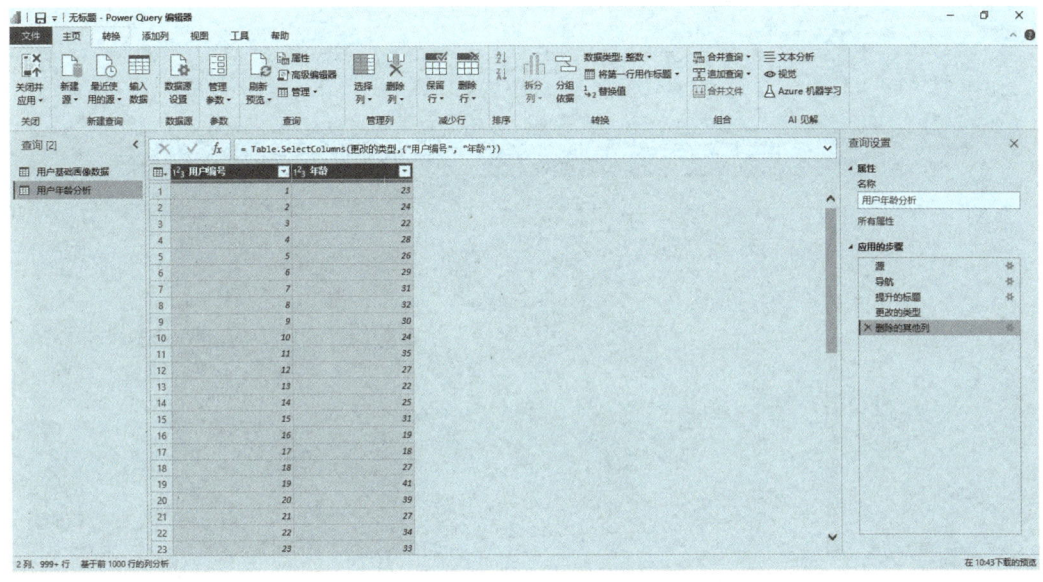

图 3-6　修改表名称并删除其他列

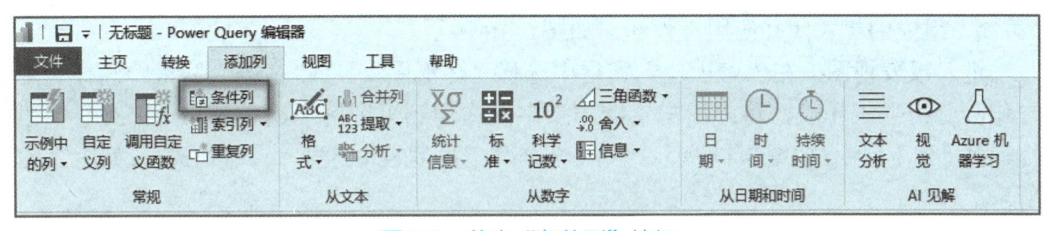

图 3-7　单击"条件列"按钮

图 3-8　设置条件列内容

数据可视化处理

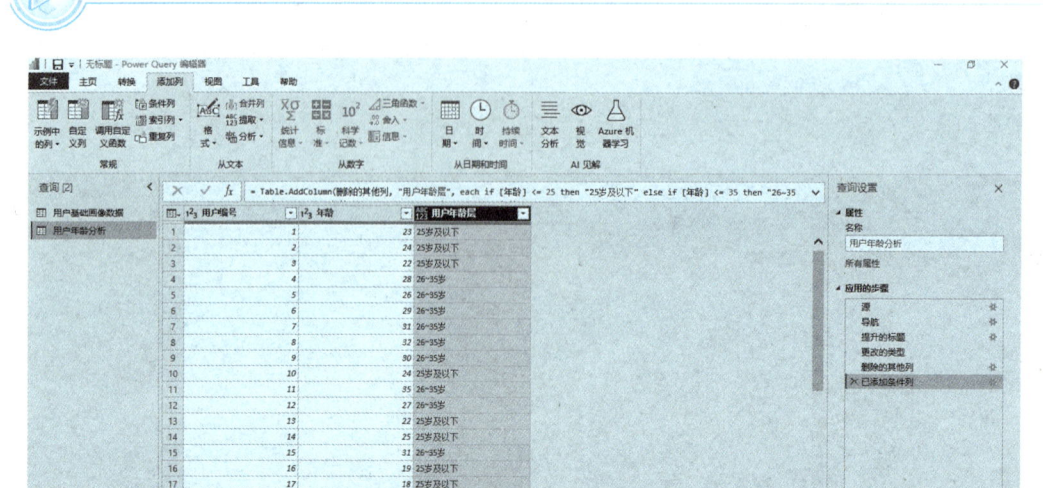

图 3-9　完成条件列添加

（5）制作用户年龄可视化图表。确定条件列添加无误后，单击"主页"选项卡下"关闭"组中的"关闭并应用"按钮，如图 3-10 所示。

进入报表视图，在"可视化"窗格中选择"环形图"，在"数据"窗格中选择"用户年龄分析"工作表，将"用户年龄层"字段拖动到"图例"组中，将"年龄"字段拖动到"值"组中，如图 3-11 所示。在"年龄"下拉列表中选择"计数"选项，如图 3-12 所示。

切换至"可视化"窗格下的"设置视觉对象格式"选项卡，对视觉对象的图例、扇区、详细信息标签等进行调节，如图 3-13 所示。

（6）查看图表效果。结合呈现效果，继续调节视觉对象的数据标签、标题等元素的格式，调整视觉对象的位置和大小，最终的环形图效果如图 3-14 所示。由图 3-14 可知，在统计当日，店铺用户中占比最大的年龄层是 26～35 岁，其次是 25 岁及以下，两个年龄层占比合计超 90%。因此，企业后期在进行产品设计、价格定位、图片页面设计、促销活动等策划时，应重点考虑这两个年龄层的用户的特征及消费需求。

图 3-10　单击"关闭并应用"按钮

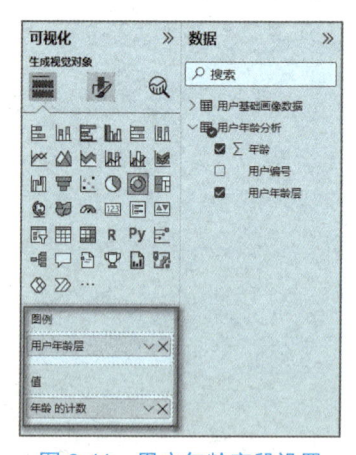

图 3-11　用户年龄字段设置

项目三　用户数据可视化

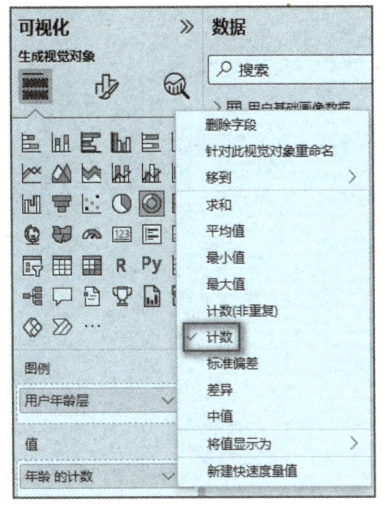

图 3-12　选择"计数"选项

图 3-13　设置环形图格式

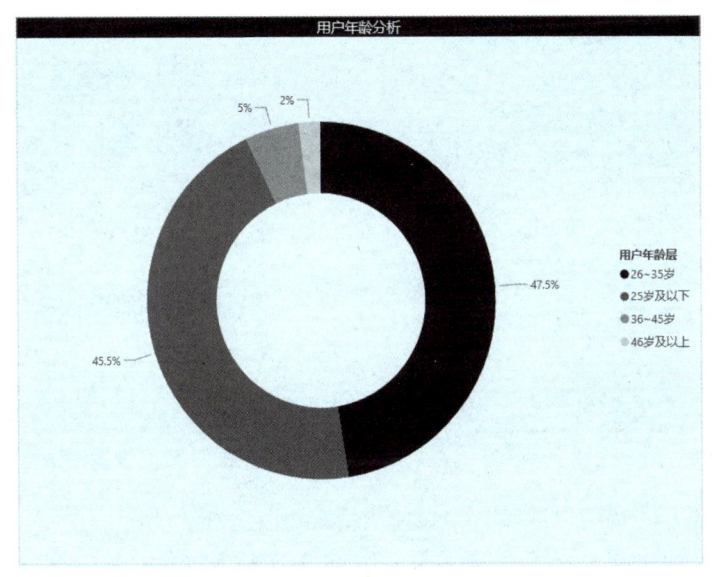

图 3-14　"用户年龄分析"环形图

步骤二：用户性别、地域、终端分析

（1）单击"主页"选项卡下"查询"组中的"转换数据"按钮，进入 Power Query 编辑器。将"用户基础画像数据"工作表再次复制并重命名为"用户其他基础画像数据分析"，如图 3-15 所示。

（2）数据可视化分析。单击"主页"选项卡下"关闭"组中的"关闭并应用"按钮。进入报表视图，在"可视化"窗格中选择"饼图"，在"数据"窗格中选择"用户其他基础画像数据分析"工作表，将"性别"字段分别拖动到"图例"组和"值"组中，在"值"组的"性别"下拉列表中选择"计数"选项，如图 3-16 所示。

切换至"可视化"窗格下的"设置视觉对象格式"选项卡，修改标题文本，对视觉对象的图例、扇区、详细信息标签等进行调节，如图 3-17 所示。

数据可视化处理

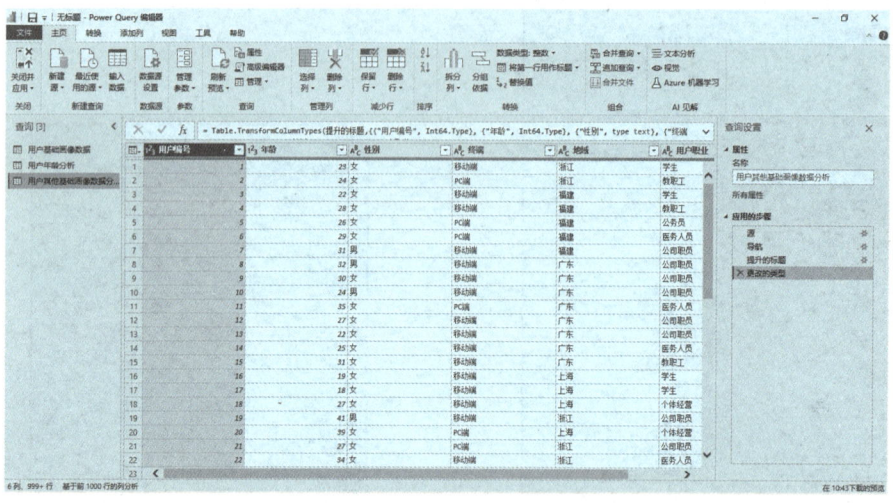

图 3-15　再次复制工作表

图 3-16　用户性别字段设置

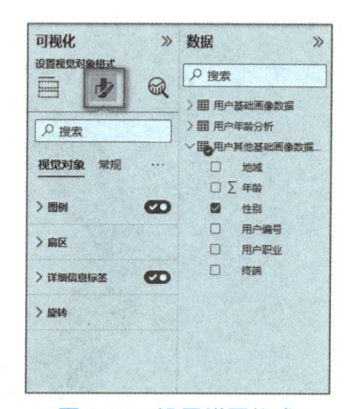

图 3-17　设置饼图格式

采用同样的方法对用户地域、终端使用情况进行分析。

（3）查看图表效果。结合呈现效果，继续调节视觉对象的数据标签、标题等元素的格式，调整视觉对象的位置和大小，最终的饼图效果如图 3-18、图 3-19 和图 3-20 所示。

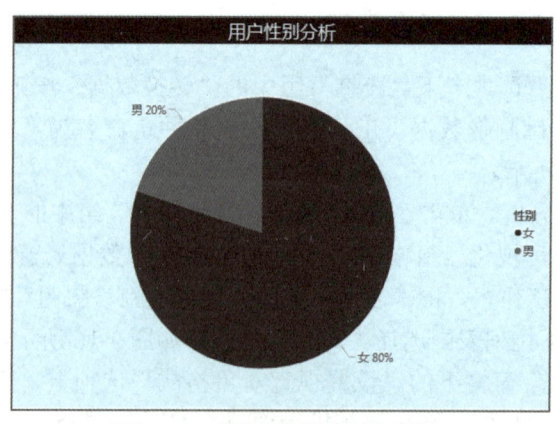

图 3-18　"用户性别分析"饼图

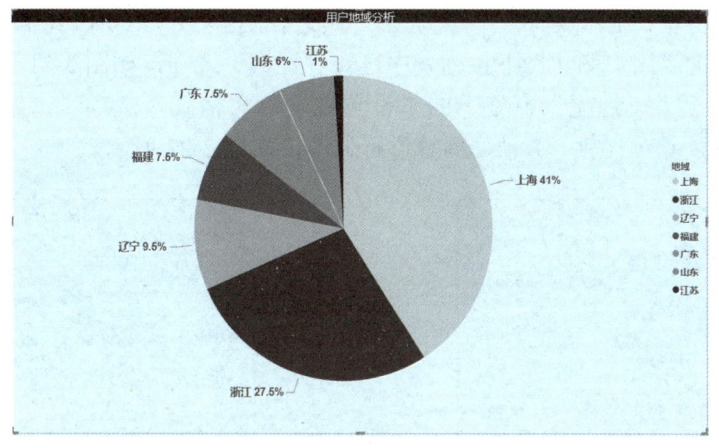

图 3-19 "用户地域分析"饼图

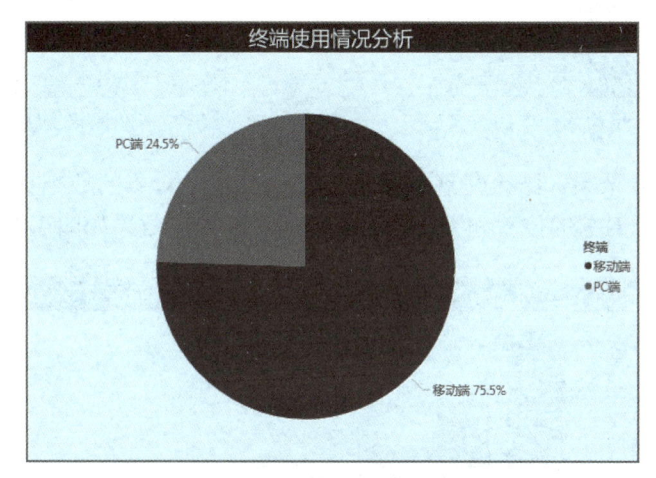

图 3-20 "终端使用情况分析"饼图

由图 3-18 可知，女性用户的占比为 80%，男性用户的占比为 20%，可见主要用户群体为女性，因此企业在后期优化店铺和制定营销策略时，可以适当侧重女性用户有针对地优化产品方案和营销活动。

由图 3-19 可知，浙江、上海的成交用户数量占比较大，这两个地域的成交数量占比超过总用户数量的一半，属于转化率较高的地域；江苏、山东的成交用户数量占比较少，属于转化率较低的地域，企业对不同转化比率的地域可选择不同的营销方式。例如，企业在进行付费流量投放时，可以为转化率较高的地域单独新建一个投放计划，实现更加精准的投放。而在转化率较低的地域，可结合这些地域的用户特征实施定向推广，以调动这部分用户的购买积极性。

由图 3-20 可知，移动端的访客数高于 PC 端的访客数，这得益于移动设备的便利性及企业对移动端店铺的精心经营，这也提醒企业在今后的经营中仍要重视移动端的运营。

步骤三：用户职业分析

（1）在"可视化"窗格中选择"簇状柱形图"，在"数据"窗格中选择"用户其他基础画像数据分析"工作表,将"用户职业"字段分别拖动到"X 轴"组和"Y 轴"组中,在"Y 轴"组的"用户职业"下拉列表中选择"计数"选项,如图 3-21 所示。

(2)切换至"可视化"窗格下的"设置视觉对象格式"选项卡,选择数据标签、修改标题文本,并对 X 轴、Y 轴、列等进行调节,如图 3-22 所示。

图 3-21 用户职业字段设置

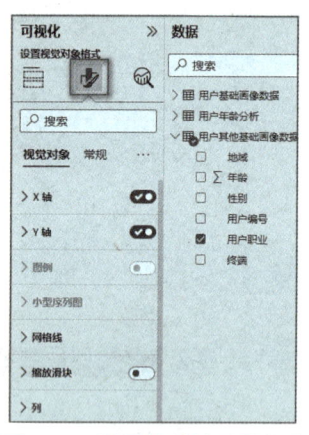

图 3-22 设置簇状柱形图格式

(3)查看图表效果。结合呈现效果,继续调节视觉对象的数据标签、标题等元素的格式,调整视觉对象的位置和大小,最终的簇状柱形图效果如图 3-23 所示。

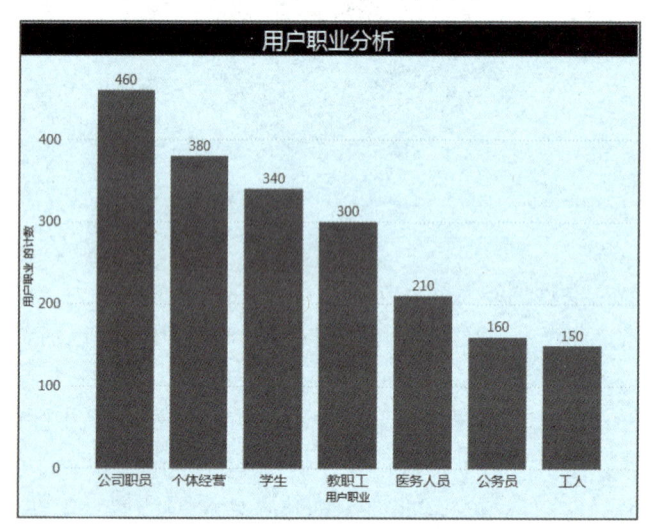

图 3-23 "用户职业分析"簇状柱形图

由图 3-23 可知,用户职业排名前三的是公司职员、个体经营和学生,因此企业后期可针对以上职业加大营销力度。

二、用户兴趣画像数据分析

用户兴趣画像数据分析包括用户产品偏好分析和用户消费层级偏好分析。其中,用户产品偏好分析是对一段时间内店铺中不同产品的销售数据进行分析。分析结果可以帮助企业判断哪些产品更受用户欢迎,哪些产品不太受用户欢迎,从而更好地优化产品结构，提高店铺销量。用户消费层级偏好分析是对用户一段时间内的消费金额进行分析，分析结果可以帮助企业了解该时间段内用户的普遍消费能力，并根据用户的消费能力调整产品结构。现小张需要对用户兴趣画像数据进行分析，他计划从用户产品偏好和用户消费层级偏好两个方面展开分析。

步骤一：用户产品偏好分析

（1）单击"Excel 工作簿"按钮，在弹出的对话框中选择"任务一　用户画像数据可视化（源数据）"数据表并打开，在"导航器"对话框中选择"用户兴趣画像数据"工作表，随后单击"加载"按钮，如图 3-24 所示。

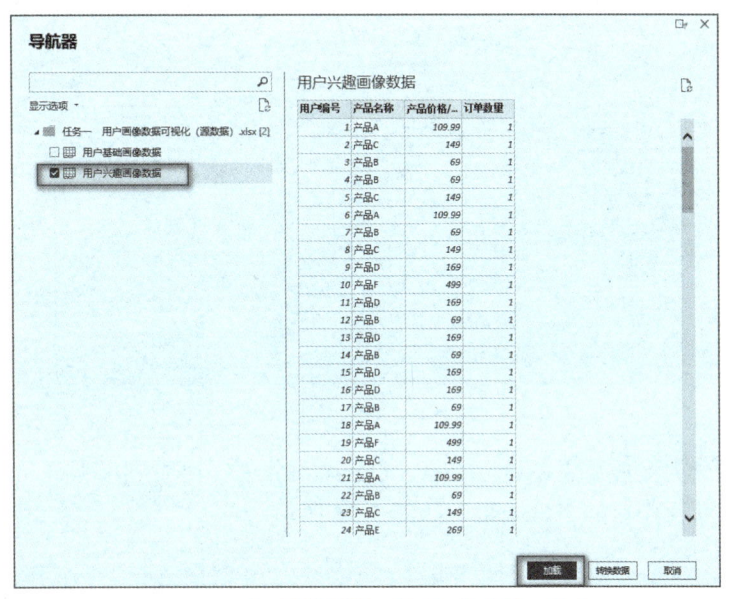

图 3-24　在"导航器"对话框中选择工作表

（2）单击"主页"选项卡下"查询"组中的"转换数据"按钮，进入 Power Query 编辑器。复制"用户兴趣画像数据"工作表并重命名为"用户产品偏好分析"，如图 3-25 所示。

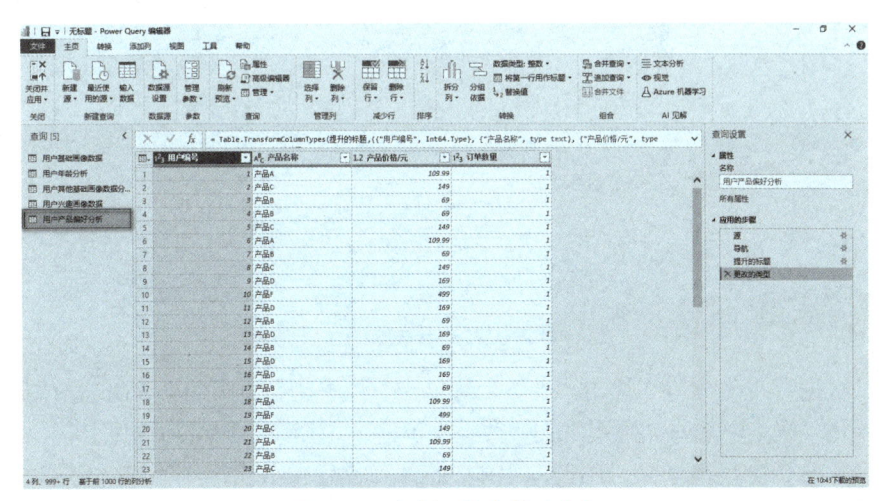

图 3-25　复制工作表并重命名

(3) 在"用户产品偏好分析"工作表中切换至"转换"选项卡,在"表格"组中单击"分组依据"按钮,如图3-26所示。打开"分组依据"对话框,设置"分组依据"为"产品名称",对"新列名"及新列对应的"操作"和"柱"进行相应设置,操作完成后单击"确定"按钮,如图3-27所示。

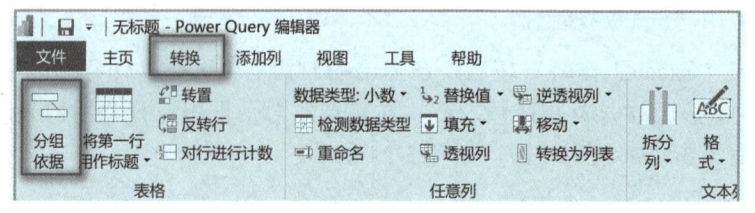

图3-26 单击"分组依据"按钮

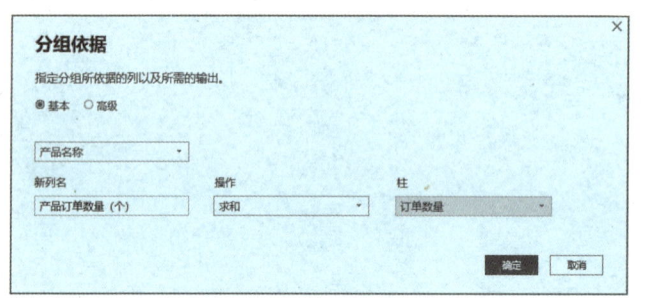

图3-27 设置分组依据

(4) 查看分类汇总结果。返回Power Query编辑器,可看到根据产品名称对产品订单数量进行求和操作后的表格效果,如图3-28所示。

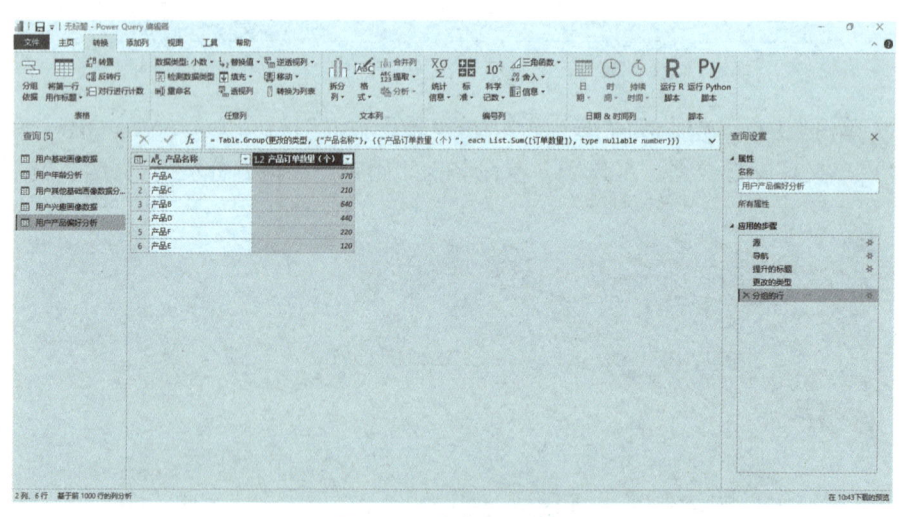

图3-28 分类汇总结果

(5) 数据可视化分析。单击"主页"选项卡下"关闭"组中的"关闭并应用"按钮。在"可视化"窗格中选择"饼图",在"数据"窗格中选择"用户产品偏好分析"工作表,将"产品名称"字段拖动到"图例"组中,将"产品订单数量(个)"字段拖动到"值"组中,如图3-29所示。

切换至"可视化"窗格下的"设置视觉对象格式"选项卡,对视觉对象的图例、扇区、详细信息标签等进行调节,如图 3-30 所示。

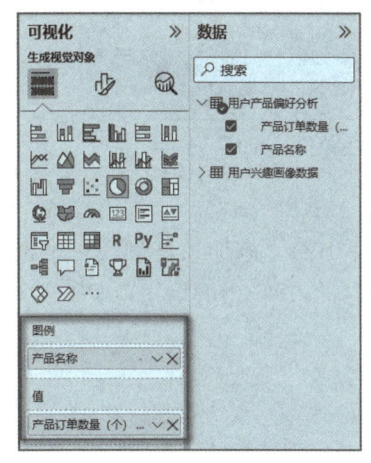

图 3-29　用户产品偏好分析字段设置　　　图 3-30　设置饼图格式

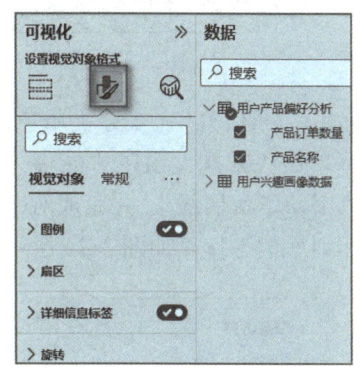

（6）查看图表效果。结合呈现效果,继续调节视觉对象的数据标签、标题等元素的格式,调整视觉对象的位置和大小,最终的饼图效果如图 3-31 所示。

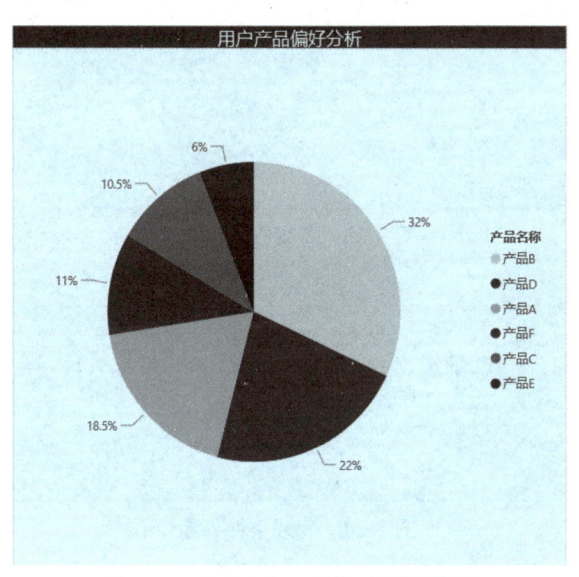

图 3-31　"用户产品偏好分析"饼图

由图 3-31 可知,产品 B 的销量最高,占所有产品销量总和的 32%；产品 E 的销量最低,占所有产品销量总和的 6%。因此建议企业在后续的经营中,增加产品 B 的生产量或进货量,同时减少产品 E 的生产量或进货量。

步骤二：用户消费层级偏好分析

（1）单击"主页"选项卡下"查询"组中的"转换数据"按钮,进入 Power Query 编辑器。复制"用户产品偏好分析"工作表并重命名为"用户消费层级偏好分析"。之后在表中添加新列"产品单价（元）",并依次输入 6 种产品的单价,如图 3-32 所示。

图 3-32　复制工作表并添加"产品单价（元）"列

（2）使用"条件列"命令分析用户消费层级偏好。在 Power Query 编辑器的"添加列"选项卡下单击"常规"组中"条件列"按钮。在弹出的"添加条件列"对话框中输入新列名"用户消费层级"，并完成对应列名、运算符、值和输出的选定，如图 3-33 所示。添加条件列后的工作表如图 3-34 所示。

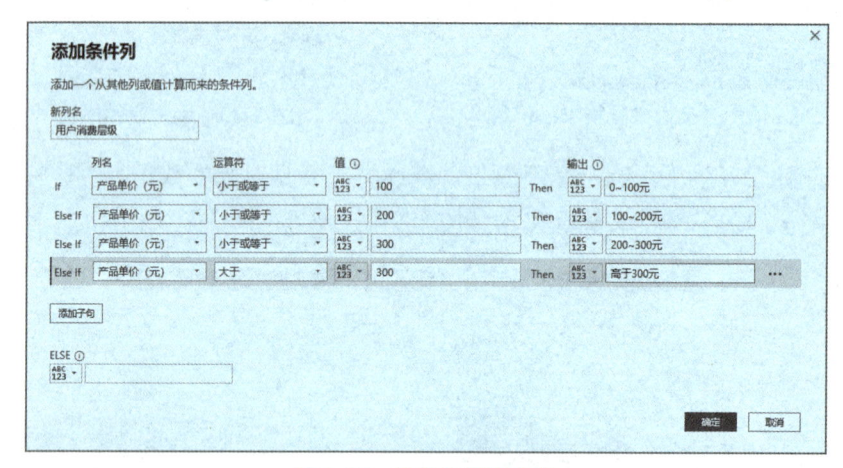

图 3-33　设置条件列内容

图 3-34　完成条件列添加

（3）制作用户消费层级偏好可视化图表。确定条件列添加无误后，单击"主页"选项卡下"关闭"组中的"关闭并应用"按钮。

在"可视化"窗格中选择"环形图"，在"数据"窗格中选择"用户消费层级偏好分析"工作表，将"用户消费层级"字段拖动到"图例"组中，将"产品订单数量（个）"字段拖动到"值"组中，如图 3-35 所示。

切换至"可视化"窗格下的"设置视觉对象格式"选项卡，对视觉对象的图例、扇区等进行调节。

（4）查看图表效果。结合呈现效果，继续调节视觉对象的数据标签、标题等元素的格式，调整视觉对象的位置和大小，最终的环形图效果如图 3-36 所示。

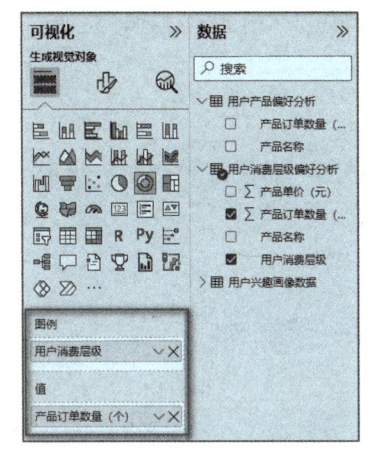

图 3-35 用户消费层级偏好分析字段设置

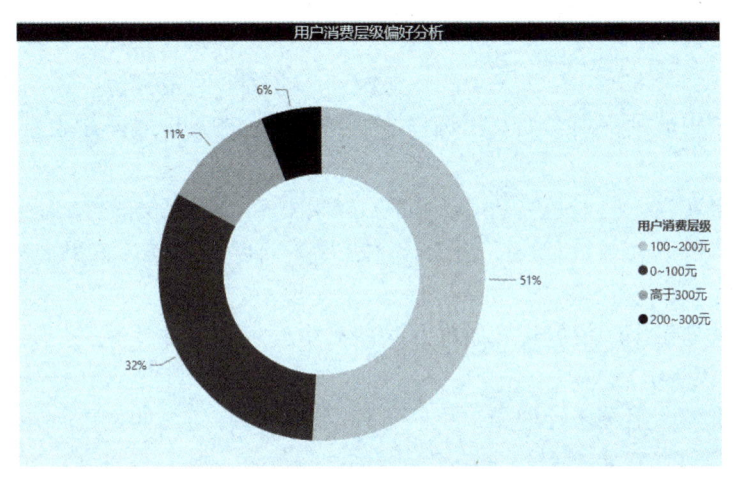

图 3-36 "用户消费层级偏好分析"环形图

由图 3-36 可知，用户消费层级排名靠前的是"0～100 元"和"100～200 元"，占总体的百分比分别是 32% 和 51%；用户消费层级排名靠后的是"200～300 元"和"高于 300 元"，占总体的百分比分别是 6% 和 11%。由此可见，企业用户的消费水平普遍偏低，消费集中在 0～200 元范围内，较高消费层级的用户订单量较少。综合分析以上结果，企业可以调整产品结构，多上架单价在 0～200 元范围内的产品，减少单价高于 300 元的产品上架。

知识链接

一、用户画像数据分析的常见维度

1. 用户基础属性维度

用户基础属性维度是指用户的基本信息，它是用户画像建立的基础，也是最基本的用户信息记录。性别、年龄、教育程度、收入、地域、星座、婚姻状况等均可作为用户基础属性分析的内容。当然，在实际分析时，可依据不同的产品进行不同信息的权重划分。

2. 用户兴趣维度

用户兴趣维度主要从用户的产品偏好、消费层级偏好等方面进行分析。其中，产品偏好是指用户更倾向购买的产品类型；消费层级偏好是指利用系统算法计算的用户消费水平的指标，可以将其理解为该行业的用户更倾向购买的产品的价格区间。

二、Power BI 基础知识——添加列

进入 Power BI 的 Power Query 编辑器，在"添加列"选项卡中，不仅可以添加常见的示例中的列、自定义列、调用自定义函数，还可以根据自身需求添加条件列、索引列、重复列等，如图 3-37 所示。

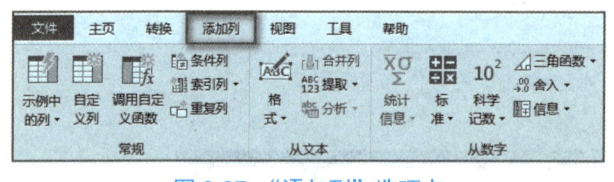

图 3-37 "添加列"选项卡

（1）"示例中的列"用于通过所选内容创建新列示例，或者基于表中的所有现有列提供输入。

（2）"自定义列"用于通过 Power Query M 公式来查询定义的自定义列。

（3）"调用自定义函数"用于创建一个可根据需要重复使用的 Power Query 自定义函数。

（4）"条件列"用于根据指定条件从某些列中获取数据并计算来生成新列，该命令等同于 Excel 中的 IF 函数。

（5）"索引列"用于为行增加一个序号列，记录每行所在的位置。起始序号可以从 0 或 1 开始，也可以自定义起始序号和序号的间隔值。

（6）"重复列"用于复制选中的列，以便对复制列的数据进行处理，且不损坏原有列的数据。例如，若想对某列数据进行提取操作，但又想保持该列的原有内容不变，则可以先使用"重复列"命令复制生成相同内容的列，再对复制列进行提取操作。

任务二　用户行为数据可视化

任务分析

用户行为数据可视化主要分析用户的选购产品数据和用户的行为轨迹数据。小张在分析用户的选购产品数据时，首先获取了店铺在某周内从浏览产品到完成交易的各

个阶段的人数数据，然后借助漏斗图展示了从浏览产品到完成交易的业务流程情况，并从中找出了需要优化的环节。小张在分析用户的行为轨迹数据时，获取了店铺某产品一个月内的流量数据，计划先对用户入口页面占比进行分析，以此判断各渠道的具体引流情况，再对各渠道访客下单的情况进行分析，明确各渠道的转化情况，以此预测用户需求，帮助企业优化运营策略。

任务实施

一、用户选购产品数据分析

在开始进行用户选购产品数据分析之前，小张了解到漏斗图适用于有顺序、多阶段的流程分析，通过各流程的数据变化及初始阶段至最终目标两端的漏斗差距，可快速发现问题所在。于是他计划采用漏斗图进行用户选购产品数据分析。

步骤一：创建漏斗图

（1）单击"Excel工作簿"按钮，在弹出的对话框中选择"任务二 用户行为数据可视化（源文件）"数据表并打开，在"导航器"对话框中选择"用户选购产品数据"工作表，随后单击"加载"按钮，如图3-38所示。

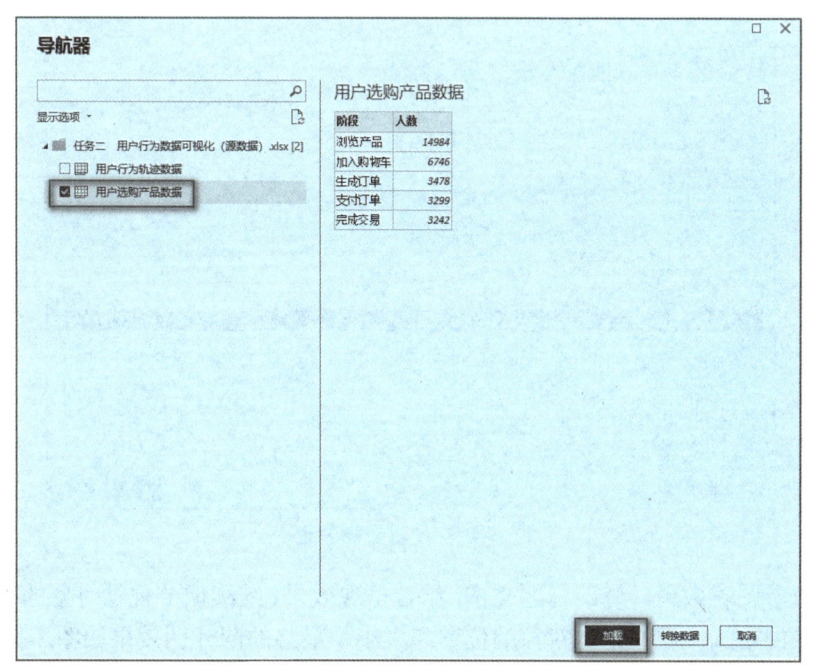

图 3-38 在"导航器"对话框中选择工作表

（2）在"可视化"窗格中选择"漏斗图"，在"数据"窗格中选择"用户选购产品数据"工作表，将"阶段"字段拖动到"类别"组中，将"人数"字段拖动到"值"组中，如图3-39所示。

（3）设置数据颜色。切换至"可视化"窗格下的"设置视觉对象格式"格式选项卡，在"颜色"组中单击"fx"按钮(见图3-40),打开"默认颜色-颜色"对话框,在该对话框中设置"格式样式"、"应将此基于哪个字段?"、"摘要"、"最小值"和"最大值",如图3-41所示,完成操作后单击"确定"按钮。

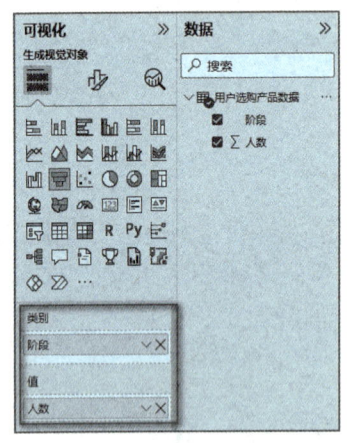

图3-39 用户选购产品数据分析字段设置

图3-40 单击"fx"按钮

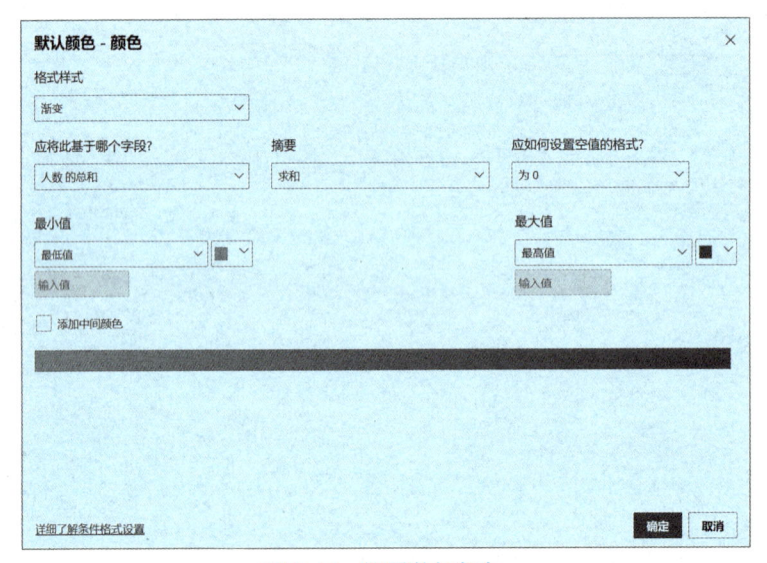

图3-41 设置数据颜色

(4)查看图表效果。修改标题文本,结合呈现效果,继续调节视觉对象的数据标签、标题等元素的格式,调整视觉对象的位置和大小,最终的漏斗图效果如图3-42所示。

步骤二:漏斗图分析

(1)分析"加入购物车"阶段的数据。将鼠标指针置于视觉对象的"加入购物车"阶段,此时在浮动的工具提示中会显示阶段、人数、第一个的百分比和上一个的百分比,如图3-43所示。从工具提示信息中可以发现,从"浏览产品"阶段到"加入购物车"阶段,人数减少了一大半,用户流失率较高。此时可以考虑优化商品详情页的内容,激发用户将产品加入购物车的欲望，从而提高这一阶段的转化率。

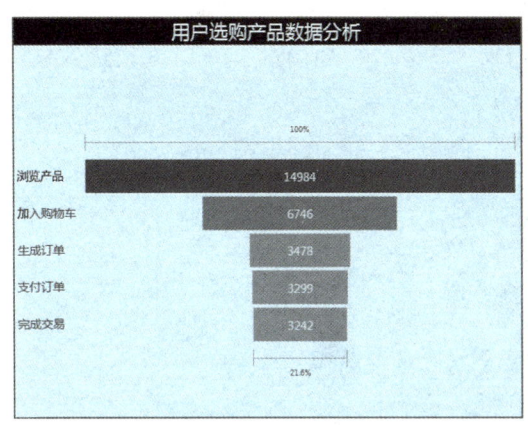

图 3-42　用户选购产品数据分析漏斗图 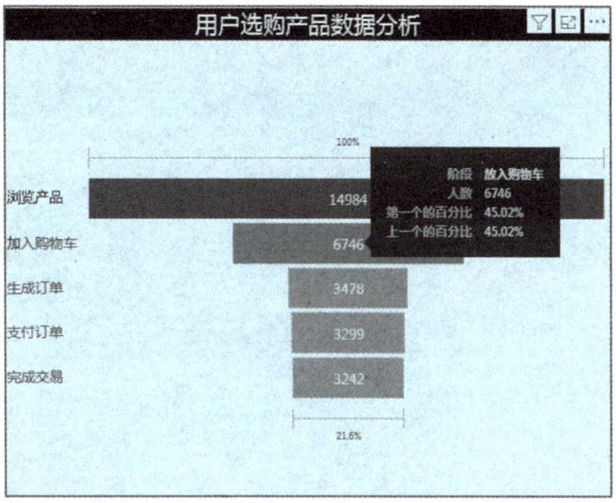　　　图 3-43　"加入购物车"阶段的数据分析

（2）分析"生成订单"阶段的数据。将鼠标指针置于视觉对象的"生成订单"阶段，在浮动的工具提示中会显示阶段、人数、第一个的百分比和上一个的百分比，如图 3-44 所示。根据上一个的百分比数据可以发现，在这一阶段被产品的展示效果打动并将其加入购物车的用户中，只有一半的用户提交了订单。此时可从评价、物流、价格、存货等方面入手，查找影响用户提交订单的原因。

（3）分析"支付订单"阶段的数据。将鼠标指针置于视觉对象的"支付订单"阶段，在浮动的工具提示中会显示阶段、人数、第一个的百分比和上一个的百分比，如图 3-45 所示。根据上一个的百分比数据可以发现，并不是所有提交订单的用户都会完成订单支付。此时可从优惠券的使用说明和交易软件的开通方面入手（如信用卡、花呗等支付服务的开通等），查找影响用户支付订单的原因。

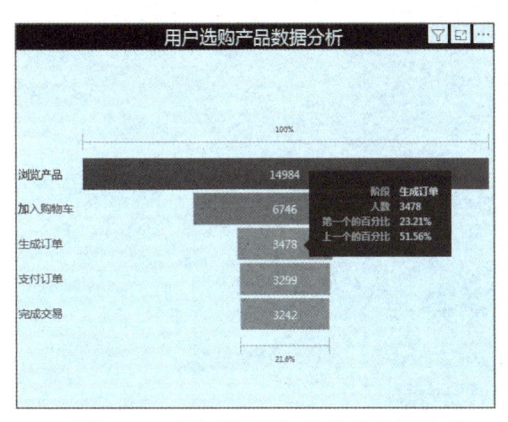

图 3-44　"生成订单"阶段的数据分析 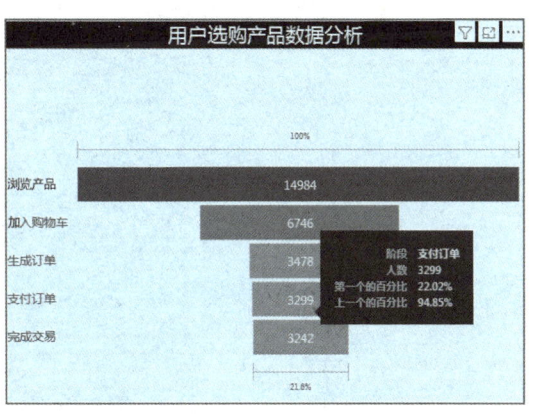　　　图 3-45　"支付订单"阶段的数据分析

二、用户行为轨迹数据分析

在开始进行用户行为轨迹数据分析之前，小张了解到用户入口页面是指用户进入企业网站或店铺的页面。常见的用户入口页面有导购页面、内容页面、首页、商品详情页、搜索结果页、其他页面等。

步骤一：用户入口页面占比分析

（1）单击"Excel 工作簿"按钮，在弹出的对话框中选择"任务二　用户行为数据可视化（源数据）"数据表并打开，在"导航器"对话框中选择"用户行为轨迹数据"工作表，随后单击"加载"按钮，如图 3-46 所示。

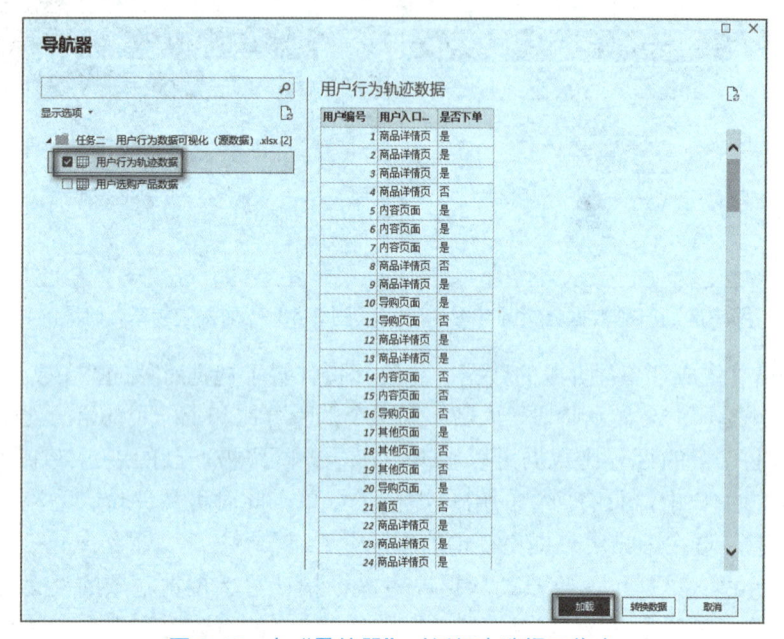

图 3-46　在"导航器"对话框中选择工作表

（2）在"可视化"窗格中选择"饼图"，在"数据"窗格中选择"用户行为轨迹数据"工作表，将"用户入口页面"字段分别拖动到"图例"组、"值"组和"详细信息"组中。在"值"组的"用户入口页面"下拉列表中选择"计数"选项，如图 3-47 所示。

图 3-47　用户入口页面占比分析字段设置

切换至"可视化"窗格下的"设置视觉对象格式"选项卡，对视觉对象的图例、扇区、详细信息标签、标题等进行修改。

（3）查看图表效果。结合呈现效果，继续调节视觉对象的数据标签、标题等元素的格式，调整视觉对象的位置和大小，最终的饼图效果如图 3-48 所示。由图 3-48 可知，用户从商品详情页进入企业网站或店铺的可能性最大，访客数占总访客数的 38.1%，说明企业网站或店铺的商品详情页对用户的吸引力较大。用户选择从首页进入企业网站或店铺的可能性最小，访客数占总访客数的 4.76%，说明企业网站或店铺的首页设计存在一定的问题，需要进一步分析原因并优化。

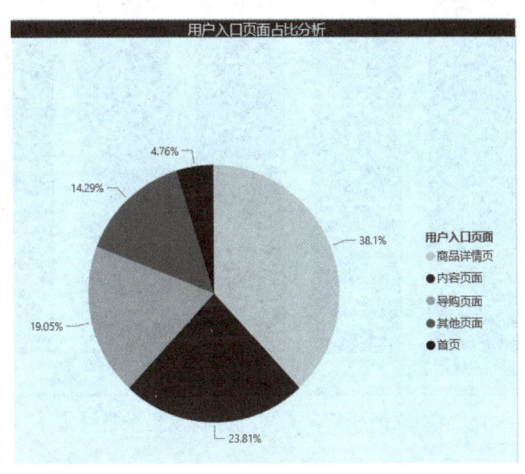

图 3-48 "用户入口页面占比分析"饼图

步骤二：各渠道访客下单情况分析

（1）在"可视化"窗格中选择"百分比堆积柱形图"，在"数据"窗格中选择"用户行为轨迹数据"工作表，将"用户入口页面"字段拖动到"X 轴"组中，将"是否下单"字段分别拖动到"Y 轴"组和"图例"组中。在"Y 轴"组的"是否下单"下拉列表中选择"计数"选项，如图 3-49 所示。

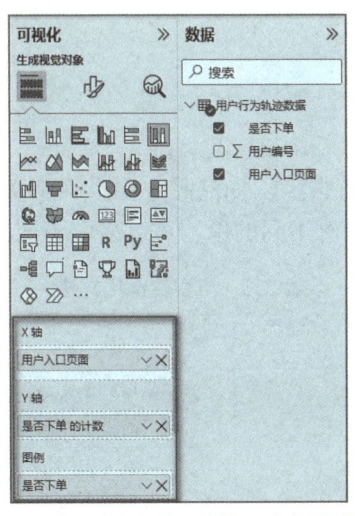

图 3-49 各渠道访客下单情况分析字段设置

切换至"可视化"窗格的"设置视觉对象格式"选项卡，对视觉对象的图例、数据标签、标题等进行修改。

（2）查看图表效果。结合呈现效果，继续调节视觉对象的数据标签、标题等元素的格式，调整视觉对象的位置和大小，最终的百分比堆积柱形图效果如图 3-50 所示。

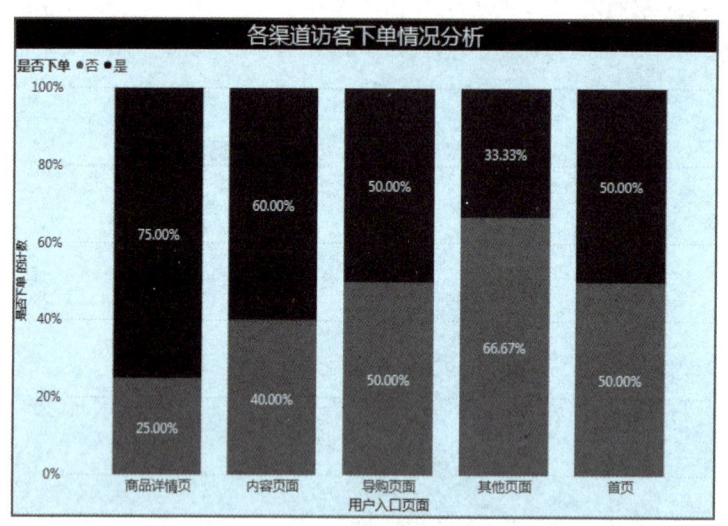

图 3-50 "各渠道访客下单情况分析"百分比堆积柱形图

由图 3-50 可知，通过商品详情页进入企业网站或店铺的用户有 75% 成功下单，通过内容页面进入企业网站或店铺的用户有 60% 成功下单，说明这两个页面均拥有较高的转化率。转化率处于中间位置的是导购页面和首页，下单用户和未下单用户各占 50%，转化率表现较差的是其他页面，下单用户只占 33.33%，原因可能是其他页面与商品详情页存在信息偏差，需要进一步分析原因并优化。

知识链接

一、用户行为数据优化的方法

1. 访客量优化

影响店铺访客量的原因有很多，如商品主图或详情页不够有吸引力、商品关键词不符合用户的搜索习惯等，针对不同的原因可以采取不同的优化方法，如表 3-1 所示。

表 3-1 访客量优化方法

访客量下降的原因	优化方法
商品主图不够有吸引力	从清晰度和美观度地角度出发优化商品主图，提高商品主图对用户的吸引力
商品关键词不符合用户的搜索习惯	进行商品关键词优化，使商品关键词在符合流行趋势的同时也符合用户的搜索习惯
橱窗推荐位的商品选择不合适	在橱窗推荐位放置的应为店铺内价格实惠且质量有保证的商品，可在提高店铺引流效果的同时提升销量

续表

访客量下降的原因	优化方法
无目的的上新导致店铺滞销商品越来越多，店铺的动销率越来越差，流量逐渐下滑	店铺要以"小而美"为宗旨，不要上架大量无意义商品，可对滞销商品进行下架处理

2. 支付转化率优化

在一般情况下，用户有进入店铺的举动，首先说明用户对店铺内的商品有需求，其次说明商品主图设计得比较成功，对用户具有一定的吸引力。但如果用户只是进入店铺但并未完成订单支付，那么产生这种情况的原因可能是商品详情页图片不够美观且缺少说服力、商品评价中差评较多、商品价值与价位不匹配等。支付转化率下降的原因及对应的优化方法如表 3-2 所示。

表 3-2　支付转化率下降的原因及对应的优化方法

支付转化率下降的原因	优化方法
商品详情页图片不够美观且缺少说服力	从清晰度和美观度的角度出发，优化商品详情页图片
商品评价中差评较多	优化商品质量与客户服务，为商品增加有说服力、能够打动用户的真实评价
商品价值与价位不匹配	参考市场行情，将商品定价合理化
促销活动或相关优惠活动少	增加店铺满减、红包、包邮等优惠活动
缺少运费险，用户担心退换货问题	赠送运费险，让用户购买无忧，不担心退换货的运费问题
可选择的付款方式有限	尽量开通信用卡、花呗等支付服务

二、Power BI 基础知识——漏斗图

1. 漏斗图的适用场景

漏斗图适用于业务流程较为规范、周期长、环节多的单流程单向分析，通过对各个环节中业务数据的比较，能够直观地发现和说明问题所在，进而帮助企业或店铺做出决策。

2. 漏斗图的特点

漏斗图用梯形面积来表示某个环节的业务量与上一个环节的业务量之间的差异，从上到下有逻辑上的顺序关系，它表现了随着业务流程的推进业务目标的完成情况，如图 3-51 所示。

漏斗图总是始于一个 100% 的数量，结束于一个较小的数量。在开始和结束之间有多个流程环节。每个环节都用一个梯形来表示，梯形的上底宽度表示当前环节的输入情况，梯形的下底宽度表示当前环节的输出情况，上底与下底之间的差值形象地表现了当

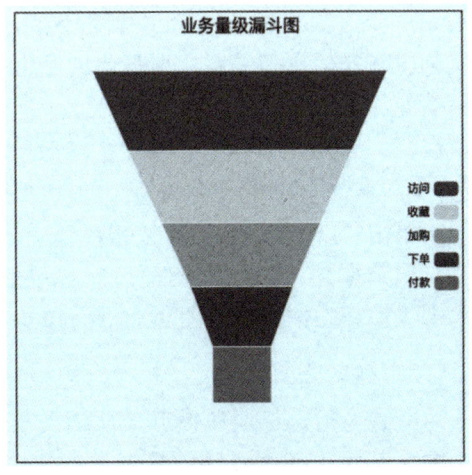

图 3-51　业务量级漏斗图

前环节业务量的减小量。通过为不同的环节配以不同的颜色,可以帮助用户更好地区分各个环节之间的差异。漏斗图中所有环节的流量都应使用同一个度量。

任务三 用户价值数据可视化

任务分析

RFM 模型是衡量用户价值的重要工具。该模型通过 R（Recency）、F（Frequency）、M（Monetary）三个要素来确定用户价值。其中，R 代表最近一次消费，理论上，距离上一次消费时间越近的用户越优质；F 代表消费频率，即用户购买商品的次数，购买次数越多的用户忠诚度越高；M 代表消费金额，消费金额越高的用户越优质。小张在进行用户价值衡量时，获取了企业近两年的用户销售明细数据，在分析这些数据时，计划从两个环节入手。第一个环节是利用 DAX 函数构建 RFM 值，第二个环节是将确定的 R 值、F 值、M 值分别与平均值进行比较，算出 RFM 值的得分，完成会员分类，从而指导企业优化资源配置和改善营销策略，使企业实现以用户为中心的个性化、精准化营销。

任务实施

一、DAX 函数构建 RFM 值

DAX 是 Data Analysis Expressions 的缩写，翻译为中文是"数据分析表达式"，它是一个专为数据模型及商业智能计算而设计的公式语言，可以帮助用户充分利用数据来创建新的信息和关系。小张计划使用 DAX 函数完成 RFM 值的构建。

步骤一：确定 RFM 值

1. 选择工作表

单击"Excel 工作簿"按钮，在弹出的对话框中选择"任务三 用户价值数据可视化（源数据）"数据表并打开，在"导航器"对话框中选择"销售明细"工作表，随后单击"加载"按钮，如图 3-52 所示。

2. 确定 R 值

R 值为指定日期和最近一次消费日期之间的间隔天数。在计算 R 值之前，小张首先需要计算出每个会员的最近一次消费日期。他计划使用 MAXX 函数、FILTER 函数与 EARLIER 函数对每个会员的最近一次消费日期进行嵌套。

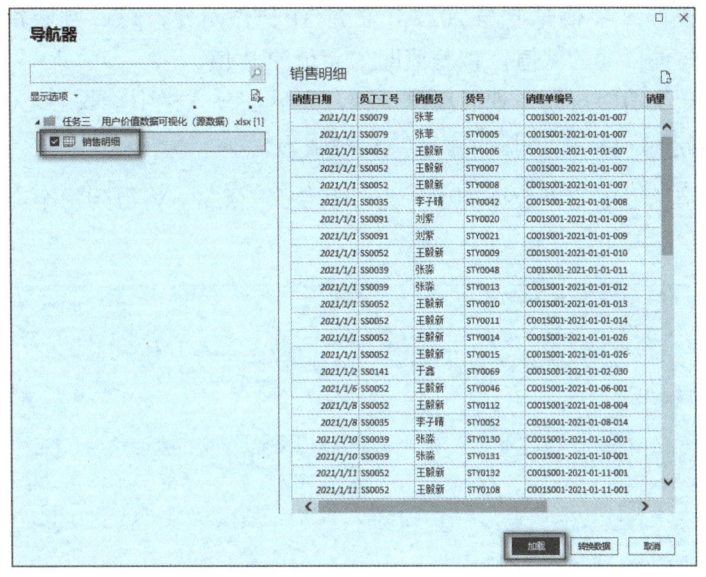

图 3-52 在"导航器"对话框中选择工作表

其中，FILTER 函数与 EARLIER 函数的作用是将"销售明细"工作表的范围确定在每个会员内部，MAXX 函数的作用是针对每个会员内部的销售日期进行对比，之后取其最大值，即该会员的最近一次消费日期。

（1）切换至 Power BI 数据视图，在"会员 ID"列后新建一列，之后在公式栏中输入 DAX 公式。

最近一次消费日期 = MAXX (FILTER('销售明细',EARLIER('销售明细'[会员ID])='销售明细'[会员ID]),'销售明细'[销售日期])

在输入公式时，注意引号与括号必须在英文状态下输入。修改日期的显示格式后可得到每个会员的最近一次消费日期，如图 3-53 所示。

图 3-53 计算每个会员的最近一次消费日期

（2）假设在计算 R 值时要与 2022 年 7 月 31 日做对比，以此判断每个会员的最近一次消费日期与该日期的差值，该差值即为会员的 R 值。

在"最近一次消费日期"列后新建一列，之后在公式栏中输入 DAX 公式。

R = DATE(2022,7,31)-' 销售明细 '[最后一次消费日期]

修改"结构"组中的"数据类型"为"整数"，至此，将得到每个会员的 R 值，如图 3-54 所示。

图 3-54　R 值计算结果

3. 确定 F 值

F 值为每个会员的交易次数的总和，因此，在进行 F 值计算时只需对每个会员的销售单编号进行非重复计数即可。

在"表工具"选项卡的"计算"组中单击"新建度量值"按钮，如图 3-55 所示，随后新增度量值。

F = DISTINCTCOUNT(' 销售明细 '[销售单编号])

图 3-55　计算 F 值

4. 确定 M 值

M 值为每个会员贡献的销售金额，因此在进行 M 值计算时只需对每个会员的销售金额进行求和即可。

在"表工具"选项卡的"计算"组中单击"新建度量值"按钮，随后新增度量值。

M = SUM('销售明细'[销售金额])

步骤二：进行 RFM 值打分

1. 新建 RFM 表

由于"销售明细"工作表中有很多后续分析不需要的数据，所以此时可以使用 SUMMARIZE 函数新建一张表并命名为"RFM"，在新建的表中只需要保留会员 ID、R 值、F 值、M 值。

在"表工具"选项卡的"计算"组中单击"新建表"按钮，随后在公式栏中输入 DAX 公式，如图 3-56 所示。

RFM = SUMMARIZE('销售明细','销售明细'[会员 ID],'销售明细'[R],"F",[F],"M",[M])

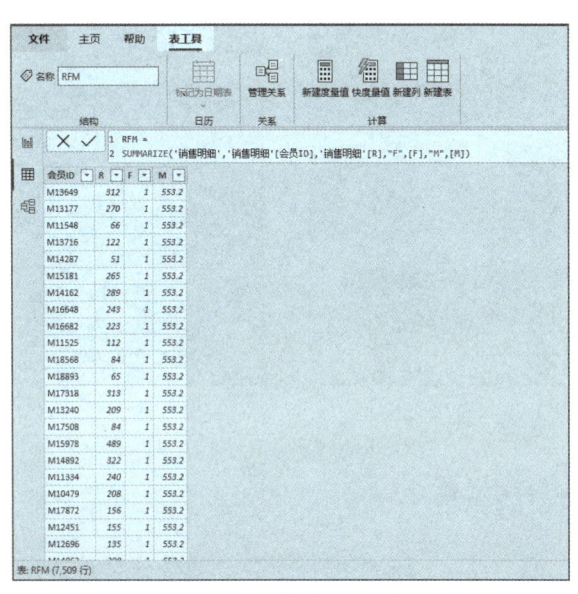

图 3-56　新建 RFM 表

2. 完成 RFM 值打分

小张在对 RFM 值打分时，计划用已确定的 R 值、F 值、M 值分别与组内平均值进行对比，并规定要素高于平均值记为 2 分，低于平均值记为 1 分。基于此规定进行排列组合，会员可获得的得分排列主要有 8 种，111、112、121、122、211、212、221、222。

在新建的 RFM 表中新建一列，随后在公式栏中输入 DAX 公式。

R 得分 = IF('RFM'[R]<=AVERAGE(RFM[R]),2,1)

使用同样的方法，再新建两列，依次在公式栏中输入 DAX 公式。

F 得分 = IF('RFM'[F]>=AVERAGE(RFM[F]),2,1)
M 得分 = IF('RFM'[M]>=AVERAGE(RFM[M]),2,1)

至此，R 值、F 值、M 值打分完成，得分如图 3-57 所示。这里需要注意的是，F 值与 M 值越大，得分越高。但是，R 值与以上两个要素刚好相反，R 值越小，得分越高。R 值越小就意味着距离会员的最后一次消费日期越近，因此在使用 AVERAGE 函数时需注意比较符号的使用。

新建一列，随后在公式栏中输入 DAX 公式。

RFM = 'RFM'[R 得分]& 'RFM' [F 得分]& 'RFM' [M 得分]

完成后 3 个值将合并，得分如图 3-58 所示。

图 3-57 R 值、F 值、M 值得分

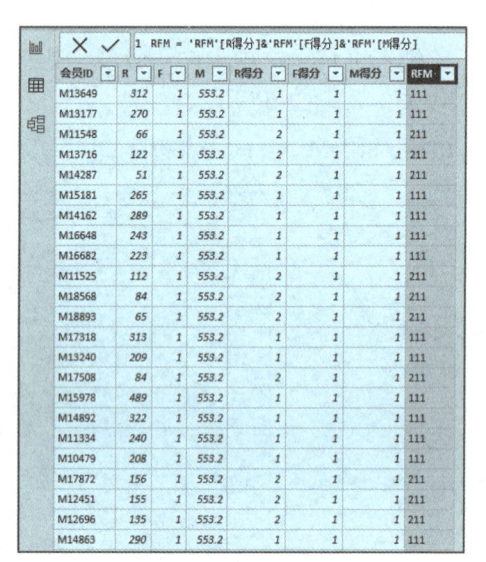

图 3-58 RFM 值得分

二、会员分类及其价值分析

在 RFM 值打分完成之后，可以根据每个会员的得分对其进行分类，以便后期有针对地制定营销决策，实现精细化运营。

步骤一：会员等级划分

小张根据会员的 RFM 值将会员分为 8 种类型，如表 3-3 所示。

表 3-3 会员等级划分

RFM 值	特征	会员类型
111	三项得分均低于平均值	流失会员
112	消费金额较高，但近期没有消费行为且消费频率很低	重要挽留会员
121	消费频率较高，但近期没有消费行为且消费金额较低	一般保持会员
122	消费频率和消费金额都较高，但近期无消费行为	重要保持会员
211	近期有消费行为，但消费频率和消费金额都偏低	新会员
212	消费频率较低，但近期有消费行为且消费金额较高	重要发展会员
221	尽管近期有消费行为，且消费频率较高，但消费金额偏低	一般价值会员
222	三个要素均表现良好	重要价值会员

步骤二：进行会员分类

1. 根据会员的 RFM 值对会员进行分类

在"RFM"列后新建一列，随后在公式栏中输入 DAX 公式。

> 会员分类 = SWITCH('RFM' [RFM], "111", "流失会员 ", "112", "重要挽留会员 ", "121", "一般保持会员 ", "122", "重要保持会员 ", "211", "新会员 ", "212", "重要发展会员 ", "221", "一般价值会员 ", "222"," 重要价值会员 ")

如此便完成了会员分类，结果如图 3-59 所示。

2. 不同类型会员的占比分析

（1）进入报表视图，在"可视化"窗格中选择"饼图"，在"数据"窗格中选择"RFM"工作表，将"会员分类"字段拖动到"图例"组中，将"会员 ID"字段拖动到"值"组中。在"会员 ID"下拉列表中选择"计数"选项，如图 3-60 所示。

切换至"可视化"窗格下的"设置视觉对象格式"选项卡，修改标题文本，对视觉对象的图例、扇区、详细信息标签等进行调节。

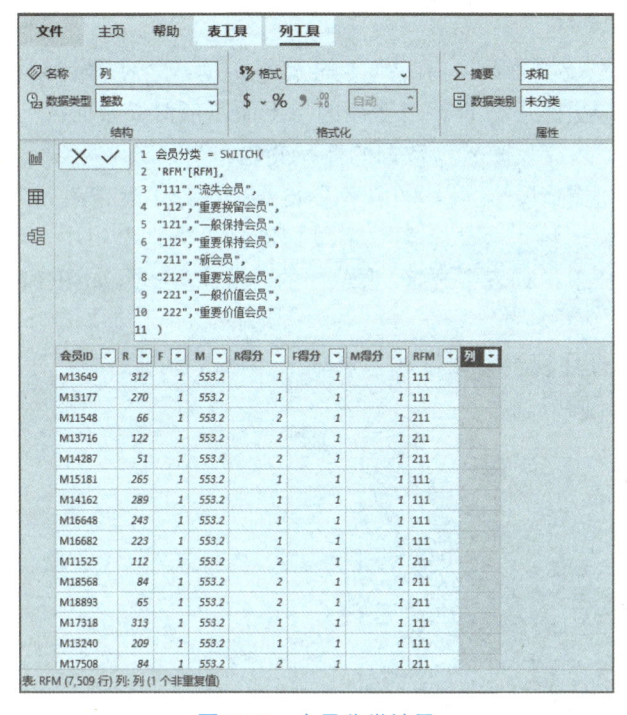

图 3-59　会员分类结果　　　　图 3-60　不同类型会员的占比分析字段设置

（2）查看图表效果。结合呈现效果，继续调节视觉对象的数据标签、标题等元素的格式，调整视觉对象的位置和大小，最终的饼图效果如图 3-61 所示。由图 3-61 可知，企业的重要价值会员与流失会员在用户总数中占比较高，重要挽留会员与重要发展会员（因数值过小，在图中并未显示）在用户总数中占比较低。企业可根据不同的会员类型制定不同的营销决策。例如，针对流失会员可以通过周期性的促销活动等方式刺激该类会员的消费行为，防止会员流失；针对重要挽留会员可以通过复购产品推荐、限时折扣等活动来激活这类会员等。

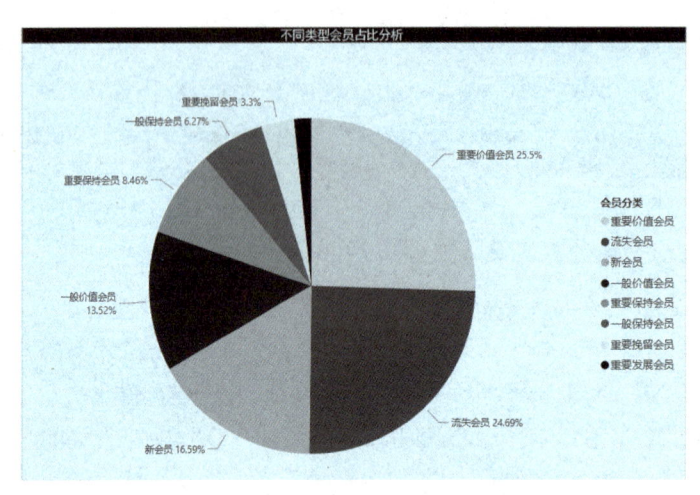

图 3-61 "不同类型会员的占比分析"饼图

3. 不同类型会员的业绩贡献度分析

会员的业绩贡献度主要与其销售金额总数（前文确定的 M 值）有关，小张计划利用瀑布图完成对不同类型会员的业绩贡献度分析。瀑布图因自上而下形似瀑布而得名，它不仅能直观反映各项数据的大小，还能反映各项数据的增减变化。

（1）新建页并命名为"会员业绩贡献度"。在"可视化"窗格中选择"瀑布图"，在"数据"窗格中选择"RFM"工作表，将"会员分类"字段拖动到"类别"组中，将"M"字段拖动到"Y 轴"组中。在"M"下拉列表中选择"占总计的百分比"选项，如图 3-62 所示。

切换至"可视化"窗格下的"设置视觉对象格式"选项卡，修改标题文本，对视觉对象的图例、列、数据标签等进行调节。

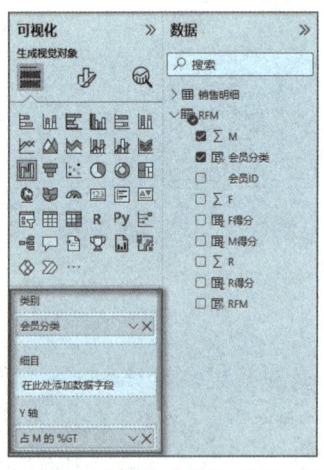

图 3-62 不同类型会员的业绩贡献度分析字段设置

（2）查看图表效果。结合呈现效果，继续调节视觉对象的数据标签、标题等元素的格式，调整视觉对象的位置和大小，最终的瀑布图效果如图 3-63 所示。由图 3-63 可知，不同类型会员的业绩贡献度由高到低排列依次为，重要价值会员、重要保持会员、流失会员、一般价值会员、新会员、重要挽留会员、一般保持会员、重要发展会员。其中，重要价值会员的业绩贡献度占总业绩的 46.74%，为最高值，这说明企业后期应加大对重要价值会员的维护，因为企业接近一半的业绩都来自该类会员。

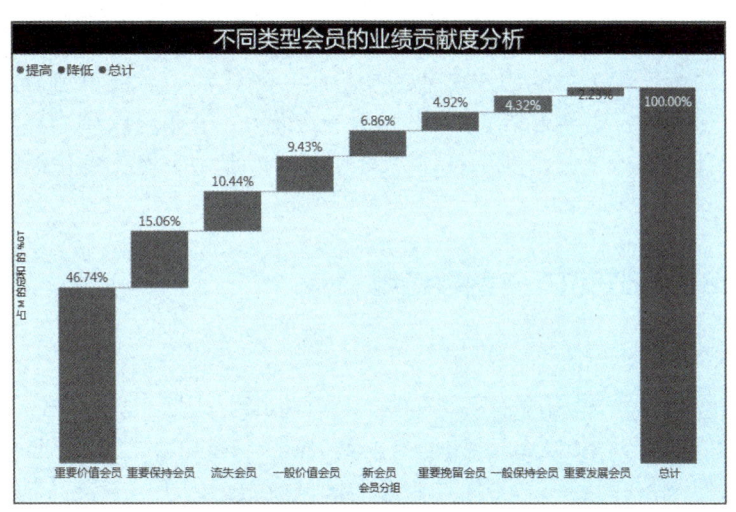

图 3-63　不同类型会员的业绩贡献度分析瀑布图

知识链接

一、不同价值用户的应对策略

1. 流失会员

流失会员 R、F、M 三项指标的得分均较低，因此这类会员能为企业创造的价值有限，但是该类会员基数庞大，拥有巨大的消费潜力，是企业需要长期维系且防止其流失的用户群体。企业可以通过周期性的促销活动等方式来刺激该类会员的消费行为，以防止会员流失。

2. 重要挽留会员

重要挽留会员能够为企业带来的收益接近峰值，是企业需要重点维系的对象。企业可以通过复购产品推荐、限时折扣等活动来激活这类会员。通过对比分析可知，重要挽留会员和重要保持会员与一般保持会员的行为导向相似，故该类方案同样适用于重要保持会员和一般保持会员。

3. 重要发展会员

重要发展会员近期有消费行为且消费金额较高，但其消费频率较低，说明该类会员的忠诚度不高，是企业需要重点发展的对象。企业对该类会员需要进一步优化服务质量，并通过新品推荐、精准营销等方式提升用户体验，从而引导该类会员向重要价值会员发展。

4. 一般价值会员

一般价值会员近期有消费行为，且消费频率较高，但消费金额偏低。针对这类会员可以用赠送优惠券或满元减钱的方式刺激消费，以达到提升客单价的目的。通过对比分析可知，新会员与一般价值会员的行为导向相似，故该类方案同样适用于新会员。

5. 重要价值会员

重要价值会员具有出色的用户生命周期价值，不仅能为企业创造更大的价值，还具有很高的潜在价值，甚至能吸引新用户来购买商品。企业可以通过持续关注该类会员的日常消费行为来挖掘其消费特征，并通过进一步提供个性化的优质服务来维系和发展这类重要价值会员。

二、Power BI 基础知识——函数应用

1. FILTER 函数

FILTER 函数通常用于根据条件筛选数据，可以将其理解成一个过滤器，留下的是需要的数据，被过滤的是不需要的数据。FILTER 函数公式：=FILTER(range, condition1, [condition2, ...])，其中，参数 range 为必填项，指要筛选的区域或数组，参数 condition1 也为必填项，指要筛选的条件 1，参数 condition2 及其后的参数为选填项，指要筛选的其他条件。

2. EARLIER 函数

EARLIER 函数通常在表达式中出现嵌套函数时使用，通过在内层函数中使用 EARLIER 函数来对外层函数的数据进行筛选。EARLIER 函数公式：=EARLIER(column, number)，其中，参数 column 为列名，参数 number 为外部计算传递的正数，一般可省略。

例如，本项目就在 FILTER 函数中嵌套使用了 EARLIER 函数。其中，FILTER 函数的作用是先创建一个与原有的"销售明细"工作表相同的虚拟工作表，EARLIER 函数的作用是在虚拟工作表中筛选出与当前（系统正在处理的原始"销售明细"工作表中的一行）会员 ID 相同的销售明细数据，如此就可以将范围确定在每个会员内部。随后，使用 MAXX 函数取每个会员的销售日期最大值，即每个会员的最近一次消费日期。

3. MAXX 函数

MAXX 函数通常用于获取指定表中数据的每一行表达式的最大值。MAXX 函数公式：=MAXX(table,expression)，其中，参数 table 为表名，也就是需要处理的数据，参数 expression 为运算表达式。

4. DATE 函数

DATE 函数通常用于返回日期格式的指定日期。DATE 函数公式：=DATE(year, month, day)，该函数的 3 个参数分别为年、月、日，函数的输出结果可以直接进行日期的数学运算。

5. DISTINCTCOUNT 函数

DISTINCTCOUNT 函数通常用于计算某字段中不重复项目的个数，即对于多个重复出现的值只统计一次。DISTINCTCOUNT 函数公式：=DISTINCTCOUNT(column)，参数 column 为统计的列名。

6. SUM 函数

SUM 函数通常用于返回某个列中所有数字的总和。

7. SUNMMARIZE 函数

SUNMMARIZE 函数通常用于创建多列去重后的表，以及基于多列去重后的表实现分类汇总。SUNMMARIZE 函数公式：=SUNMMARIZE(table,groupColumn1[,groupColumn2]…[,column1,expression1]…)，其中，参数 table 为需要处理的工作表名；参数 groupColumn 为要用于分组的列名，此参数不能是运算表达式；参数 Column 为分组/汇总后的列名；参数 expression 为分组/汇总时使用的表达式；[] 中的参数均为选填项。

例如，本项目使用 SUNMMARIZE 函数将"销售明细"工作表中的数据进行分类汇总，只保留会员 ID 和 R 值、F 值、M 值。原公式：RFM=SUNMMARIZE('销售明细','销售明细'[会员 ID],'销售明细'[R],"F",[F],"M",[M])。其中，参数 table 为"销售明细"工作表的名称，参数 groupColumn 为用于分组的列，分别是会员 ID 列和 R 列。"F"和"M"为列名，[F] 和 [M] 为运算表达式。

8. AVERAGE 函数

AVERAGE 函数通常用于求数据的（算数）平均值。AVERAGE 函数公式：=AVERAG(值 1, [值 2, ...])。其中，值 1 为必填项，是计算平均值时用到的第一个数值或范围；值 2 为选填项，是计算平均值时用到的其他数值或范围。

9. IF 函数

IF 函数为条件函数，通常用于根据指定的条件判断"真"（TRUE）或"假"（FALSE），可根据逻辑计算的真假值返回相应的内容。可以使用 IF 函数对数值和公式进行条件检测。

10. SWITCH 函数

SWITCH 函数的功能类似于 IF 函数，它可以根据值列表计算一个值（称为运算表达式），并返回与第一个匹配值对应的结果，如果无匹配值，则返回可选默认值。

素养园地

《互联网信息服务算法推荐管理规定》是为了规范互联网信息服务算法推荐活动，弘扬社会主义核心价值观，维护国家安全和社会公共利益，保护公民、法人和其他组织的合法权益，促进互联网信息服务健康有序发展，根据《中华人民共和国网络安全法》《中华人民共和国数据安全法》《中华人民共和国个人信息保护法》《互联网信息服务管理办法》等法律、行政法规而制定的一部规定。该规定的适用对象是在中华人民共和国境内应用算法推荐技术提供互联网信息服务(以下简称算法推荐服务)的个人或集体，其中，应用算法推荐技术是指利用生成合成类、个性化推送类、排序精选类、检索过滤类、调度决策类等算法技术向用户提供信息。规定第十条表示：算法推荐服务提供者应当加强用户模型和用户标签管理，完善记入用户模型的兴趣点规则和用户标签管理规则，不得将违法和不良信息关键词记入用户兴趣点或者作为用户标签并据以推送信息。规

数据可视化处理

定第二十一条表示：算法推荐服务提供者向消费者销售商品或者提供服务的，应当保护消费者公平交易的权利，不得根据消费者的偏好、交易习惯等特征，利用算法在交易价格等交易条件上实施不合理的差别待遇等违法行为。

同步实训

一、实训概述

本实训要求学生以用户数据可视化为主题，通过教师提供的用户数据并结合本书内容，完成用户数据的可视化分析。

二、实训步骤

实训一：用户画像数据可视化

学生需根据本书所讲的用户画像数据可视化流程，并结合教师提供的用户画像数据，完成用户画像数据可视化分析。

学生可以从以下基本步骤着手准备。

步骤一：用户年龄分析。

步骤二：用户性别、地域、终端分析。

步骤三：用户职业分析。

步骤四：用户产品偏好分析。

步骤五：用户消费层级偏好分析。

实训二：用户行为数据可视化

学生需根据本书所讲的用户行为数据可视化流程，并结合教师提供的用户行为数据，完成用户行为数据可视化分析。

学生可以从以下基本步骤着手准备。

步骤一：用户选购产品数据分析。

步骤二：用户行为轨迹数据分析。

实训三：用户价值数据可视化

学生需根据本书所讲的用户价值数据可视化流程，并结合教师提供的用户价值数据，完成用户价值数据可视化分析。

学生可以从以下基本步骤着手准备。

步骤一：DAX 函数构建 RFM 值。

步骤二：根据 RFM 值进行会员分类。

步骤三：不同类型会员价值分析。

项目四　推广数据可视化

学习目标

知识目标

1. 了解常见的流量结构类型。
2. 了解推广活动效果数据可视化与推广内容效果数据可视化的维度和指标。
3. 掌握活动效果指标优化的方法。
4. 熟悉短视频与直播数据分析的常见平台。
5. 掌握 Power BI 基础知识中编辑交互功能的使用技巧。

技能目标

1. 能够按步骤完成流量来源与流量转化分析。
2. 能够按步骤完成活动的引流、转化、拉新与留存分析。
3. 能够对微信公众号图文内容的运营数据进行可视化分析。
4. 能够对短视频内容的运营数据进行可视化分析。
5. 能够对直播内容的运营数据进行可视化分析。

素养目标

1. 在数据分析过程中不弄虚作假，将尊重数据真实性的精神贯穿运营分析全过程。
2. 能够在推广数据可视化的过程中坚持正确的道德观。
3. 具备遵守《中华人民共和国电子商务法》《中华人民共和国数据安全法》等相关法律法规的职业操守。

项目任务分解

本项目包含三个任务，具体内容如下。
任务一：推广渠道引流数据可视化。
任务二：推广活动效果数据可视化。
任务三：推广内容效果数据可视化。
本项目旨在引导学生掌握推广数据可视化的实际操作流程。通过对本项目的学习，学生能够具备选取数据指标的能力，能够利用数据分析软件完成流量来源分析、流量

数据可视化处理

转化分析、活动引流与转化分析、活动拉新与留存分析、图文内容运营分析、微信公众号短视频内容运营分析、直播内容运营分析等数据分析工作,并能够将数据进行可视化展示。

项目情境

北京某女装企业为了扩大旗下店铺的销售量,先后对其店铺进行了付费流量、店铺活动、直播及短视频等内容推广。推广活动结束后,企业需要明确具体的推广效果,于是运营经理安排小刘对推广数据进行可视化分析,可根据分析结果优化企业后期的营销推广渠道。

任务一 推广渠道引流数据可视化

任务分析

流量是店铺的生存之本,其重要性不言而喻。店铺的流量根据其来源可分为免费流量和付费流量。对店铺的流量来源及流量转化情况进行分析,有助于企业对店铺的流量结构有明确认知,可根据分析结果对店铺流量结构进行优化。

小刘调取了企业某月的推广渠道引流数据,在对推广渠道引流数据进行可视化分析时,他计划从流量来源分析、流量转化分析两个方面展开。在进行流量来源分析时,主要对各流量来源占比和各渠道访客占比进行分析;在进行流量转化分析时,主要对各渠道的成交转化率和流量转化数据进行分析。

任务实施

一、流量来源分析

分析流量来源不仅能够帮助企业了解店铺整体的流量结构及流量的变化趋势,还能够验证店铺的引流策略是否有效、了解各渠道引入流量的转化优劣、发现潜在的高转化流量渠道,从而指导店铺进一步调整引流策略。小刘需要对店铺流量来源进行分析,他计划从流量来源占比和各渠道访客占比两个方面展开。

步骤一：流量来源占比分析

（1）单击"Excel 工作簿"按钮，在弹出的对话框中选择"任务一 推广渠道引流数据可视化（源数据）"数据表并打开，在"导航器"对话框中选择"流量来源分析"工作表，随后单击"加载"按钮，如图 4-1 所示。

完成数据导入后，在 Power BI 右侧的"数据"窗格中可以看到加载完成的表字段，如图 4-2 所示。

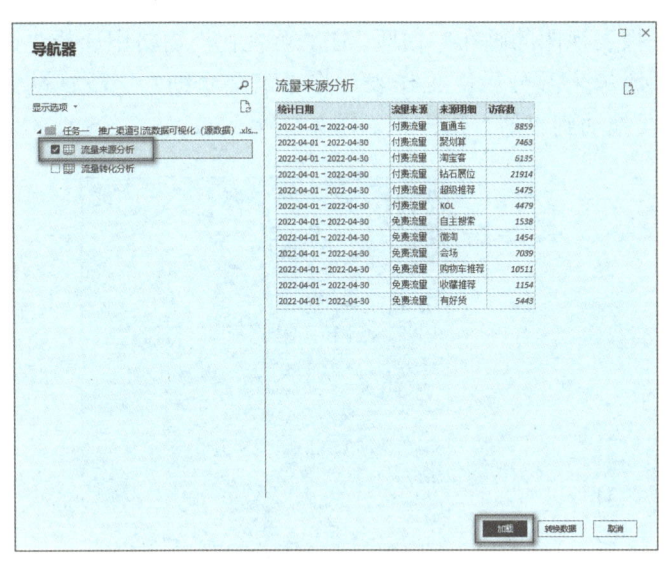

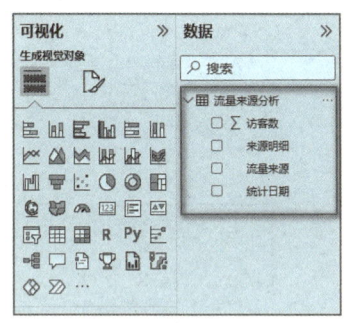

图 4-1　在"导航器"对话框中选择工作表

图 4-2　加载完成的表字段

（2）在"可视化"窗格中选择"饼图"，在"数据"窗格中选择"流量来源分析"工作表，将"流量来源"字段拖动到"图例"组中，将"访客数"字段拖动到"值"组中，如图 4-3 所示。

切换至"可视化"窗格下的"设置视觉对象格式"选项卡，调整视觉对象的图例、字体大小，之后在"详细信息标签"组中将标签内容修改为"类别，总百分比"，最后将图表的标题文本修改为"流量来源占比分析"。

（3）查看图表效果。结合呈现效果，继续调节视觉对象的数据标签、标题等元素的格式，调整视觉对象的位置和大小，最终的饼图效果如图 4-4 所示。

图 4-3　流量来源占比分析字段设置

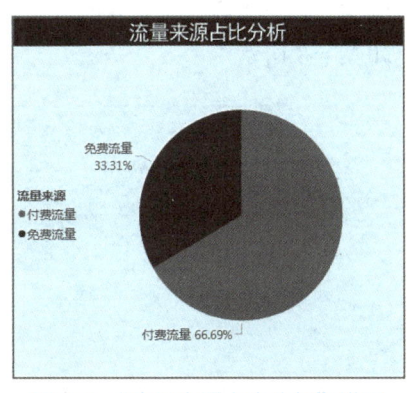

图 4-4　"流量来源占比分析"饼图

由图 4-4 可知，店铺流量来源中付费流量占比较高，为 66.69%，大约是免费流量占比的两倍，这说明店铺应在后期运营中适当加大免费流量的获取占比，以降低推广成本。

步骤二：各渠道访客占比分析

（1）修改报表页名称。双击页标签，将页标签名称修改为"流量来源分析"，如图 4-5 所示。

（2）单击"流量来源分析"报表视图的画布空白区，在"可视化"窗格中选择"饼图"，在"数据"窗格中选择"流量来源分析"工作表，将"来源明细"字段拖动到"图例"组中，将"访客数"字段拖动到"值"组中，如图 4-6 所示。

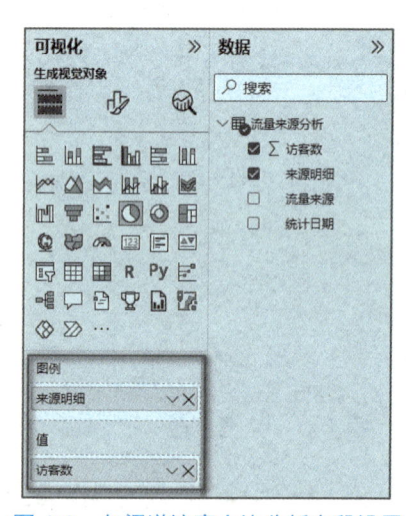

图 4-5 修改报表页名称　　图 4-6 各渠道访客占比分析字段设置

切换至"可视化"窗格下的"设置视觉对象格式"选项卡，关闭视觉对象的图例显示，显示视觉对象的详细信息标签，之后在"详细信息标签"组中将标签内容修改为"类别，总百分比"，并调整其字体大小，最后将图表的标题文本修改为"各渠道访客占比分析"。

（3）启动编辑交互功能。选中"流量来源占比分析"饼图，之后切换至功能区菜单中的"格式"选项卡，在"交互"组中单击"编辑交互"按钮，如图 4-7 所示。Power BI 会将"筛选器"、"突出显示"和"无"3 个图标添加到"各渠道访客占比分析"饼图中，此处希望筛选"各渠道访客占比分析"饼图中的数据，因此单击"筛选器"按钮，如图 4-8 所示。

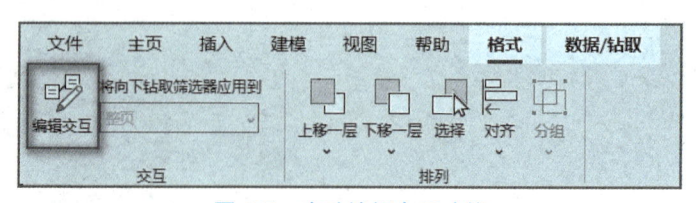

图 4-7 启动编辑交互功能

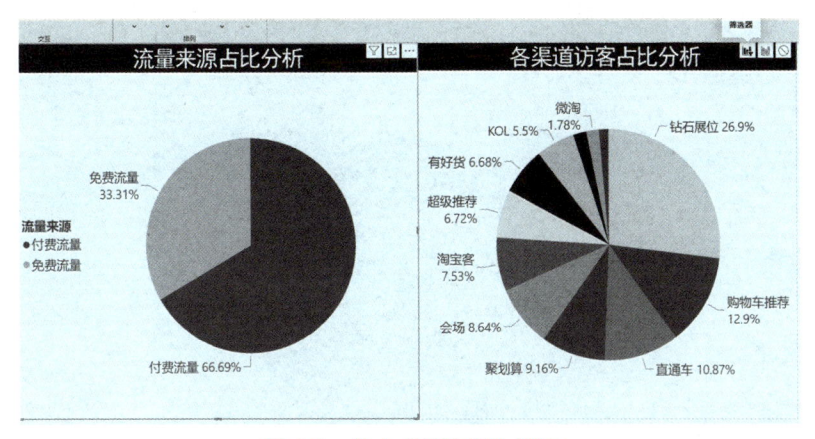

图 4-8 单击"筛选器"按钮

（4）查看图表效果。单击"流量来源占比分析"饼图中的"免费流量"区域，右侧饼图中将显示免费流量各渠道的访客占比，如图 4-9 所示。同理，单击"流量来源占比分析"饼图中的"付费流量"区域，右侧饼图中将显示付费流量各渠道的访客占比，如图 4-10 所示。当某个渠道的数据标签因数值太小而不显示时，可将鼠标指针移动到视觉对象的对应位置，此时可在浮动的工具提示中看到此渠道的来源明细和访客数，如图 4-11 所示。

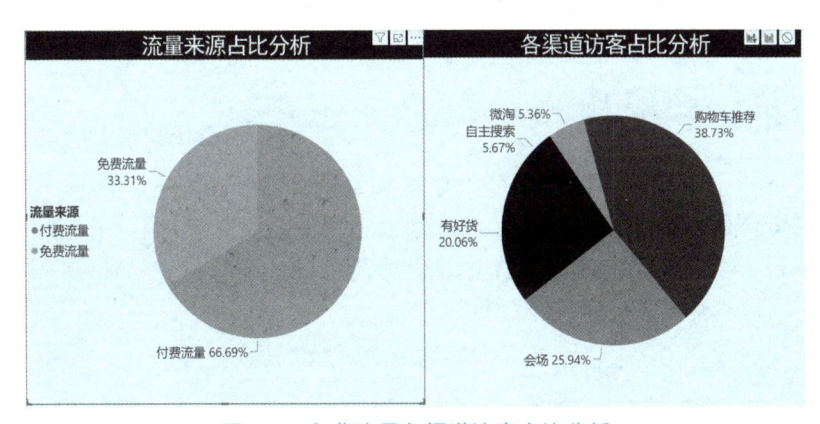

图 4-9 免费流量各渠道访客占比分析

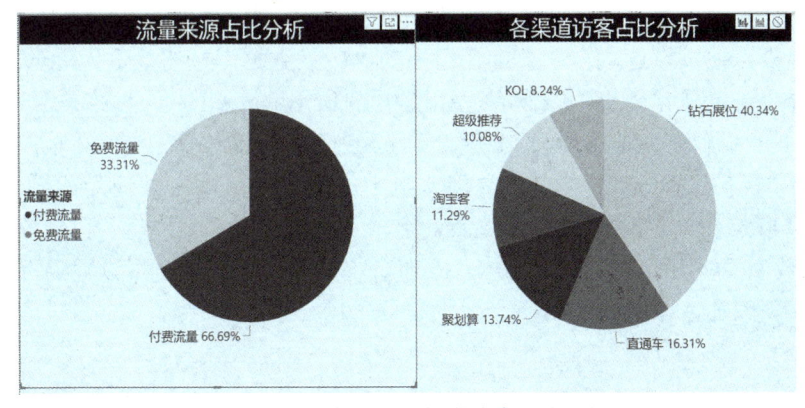

图 4-10 付费流量各渠道访客占比分析

数据可视化处理

各渠道访客占比分析

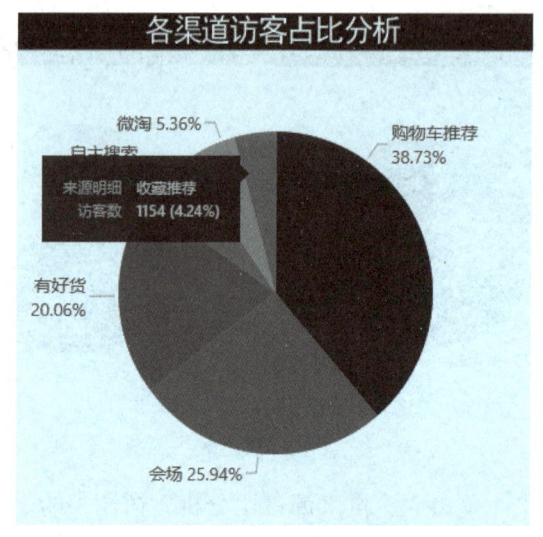

微淘 5.36%
自主搜索
来源明细 收藏推荐
访客数 1154 (4.24%)
购物车推荐 38.73%
有好货 20.06%
会场 25.94%

图 4-11　利用浮动的工具提示查看数据标签

由图 4-9 和图 4-11 可知，在免费流量中购物车推荐的访客占比最高，为 38.73%；收藏推荐的访客占比最低，为 4.24%（因数值过小，在图中并未显示）。

由图 4-10 可知，在付费流量中，钻石展位的访客占比最高，为 40.34%；KOL 的访客占比最低，为 8.24%。店铺可在后期推广中加大钻石展位的推广力度，同时取消 KOL 推广。

二、流量转化分析

店铺流量转化效果的分析指标有，有效入店率、咨询转化率、静默转化率、订单支付率、成交转化率等。小刘计划在以上指标中选取成交转化率作为分析指标来进行流量转化分析。在具体操作时，要先计算付费流量各渠道的成交转化率，再对各渠道的成交转化率与成交金额进行综合分析。

步骤一：成交转化率计算

（1）单击"Excel 工作簿"按钮，在弹出的对话框中选择"任务一　推广渠道引流数据可视化（源数据）"数据表并打开，在"导航器"对话框中选择"流量转化分析"工作表，随后单击"加载"按钮，如图 4-12 所示。

（2）单击"主页"选项卡"查询"组中的"转换数据"按钮，进入 Power Query 编辑器。选择"流量转化分析"工作表，如图 4-13 所示。

（3）添加"自定义列"，计算付费流量各渠道的成交转化率。在 Power Query 编辑器中的"添加列"选项卡下单击"常规"组中的"自定义列"按钮，如图 4-14 所示。在弹出的"自定义列"对话框中输入新列名"成交转化率"，并输入自定义列公式：=[下单买家数]/[访客数]，如图 4-15 所示。添加自定义列后将数据类型设置为百分比形式，完成自定义列添加，如图 4-16 所示。

项目四　推广数据可视化

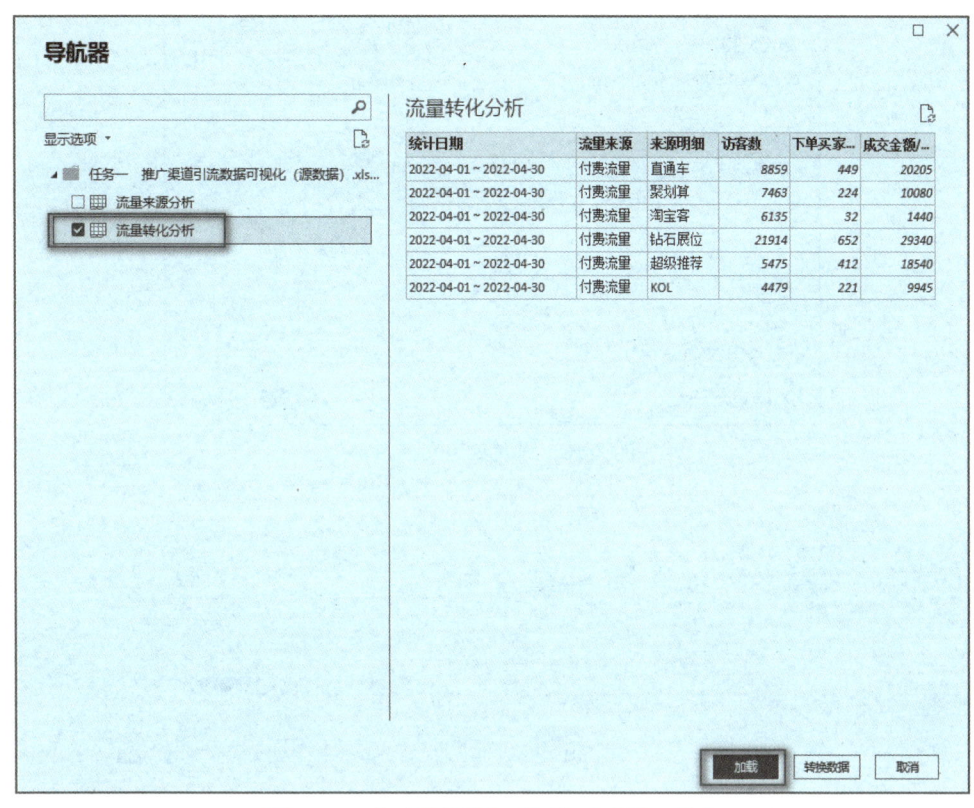

图 4-12　在"导航器"对话框中选择工作表

图 4-13　选择"流量转化分析"工作表

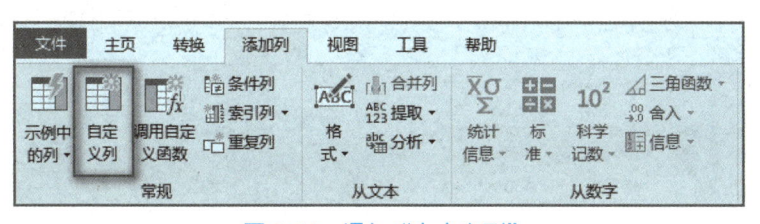

图 4-14　添加"自定义列"

103

数据可视化处理

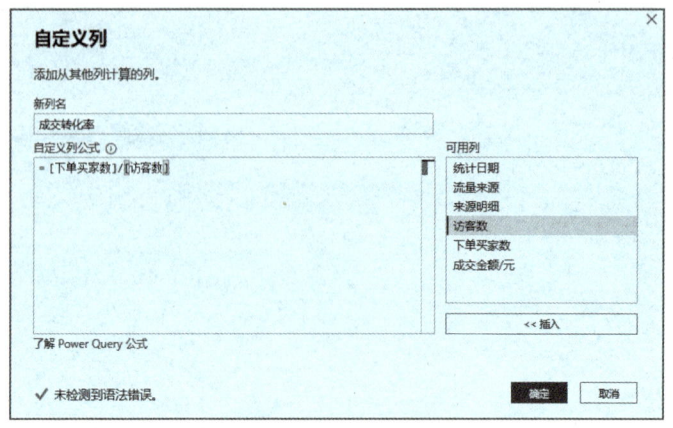

图 4-15　设置自定义列内容

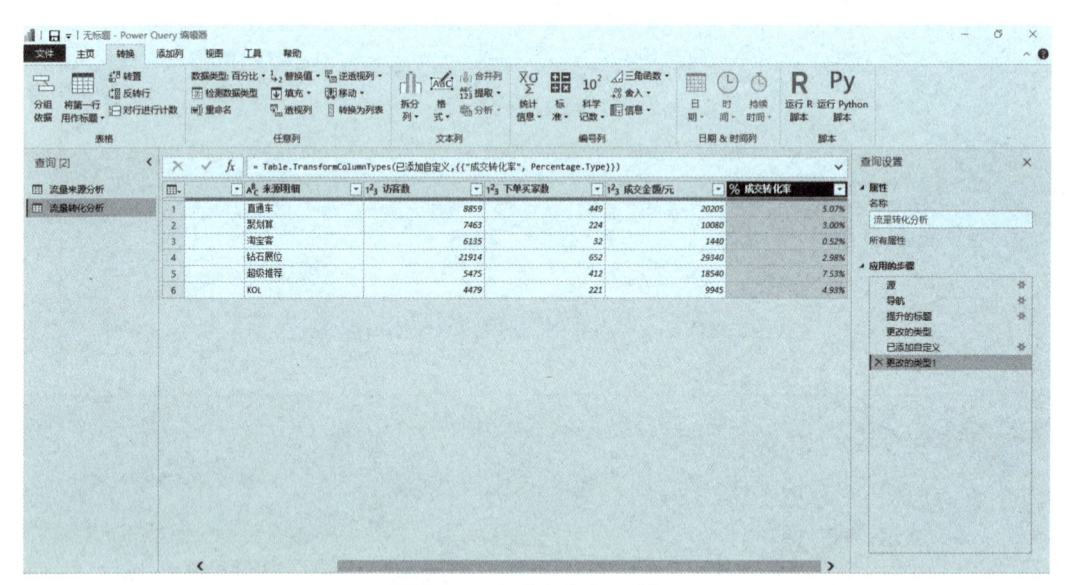

图 4-16　完成自定义列添加

步骤二：流量转化数据可视化

（1）制作流量转化分析可视化图表。确定自定义列添加无误后，单击"主页"选项卡下"关闭"组中的"关闭并应用"按钮，如图 4-17 所示。

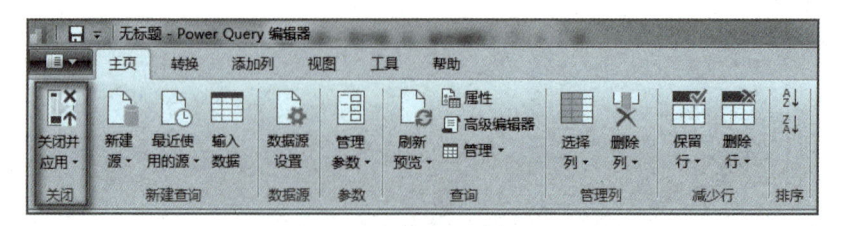

图 4-17　单击"关闭并应用"按钮

进入报表视图，在"可视化"窗格中选择"折线和簇状柱形图"，在"数据"窗格中选择"流量转化分析"工作表，将"来源明细"字段拖动到"X 轴"组中，将"成交金额/元"字段拖动到"列 y 轴"组中,将"成交转化率"字段拖动到"行 y 轴"组中,如图 4-18 所示。

图 4-18　流量转化数据可视化字段设置

切换至"可视化"窗格下的"设置视觉对象格式"选项卡,调整视觉对象 X 轴、Y 轴、辅助 Y 轴、图例对应的字体大小,显示数据标签,将图表的标题文本设置为"流量转化分析"。

（2）查看图表效果。结合呈现效果,继续调节视觉对象的数据标签、标题等元素的格式,调整视觉对象的位置和大小,最终的组合图效果如图 4-19 所示。由图 4-19 可知,成交金额最高的渠道是钻石展位,最低的渠道是淘宝客;成交转化率最高的渠道是超级推荐,最低的渠道是淘宝客。企业可在后期的流量投放中优先考虑钻石展位和超级推荐,并取消对淘宝客的投放。

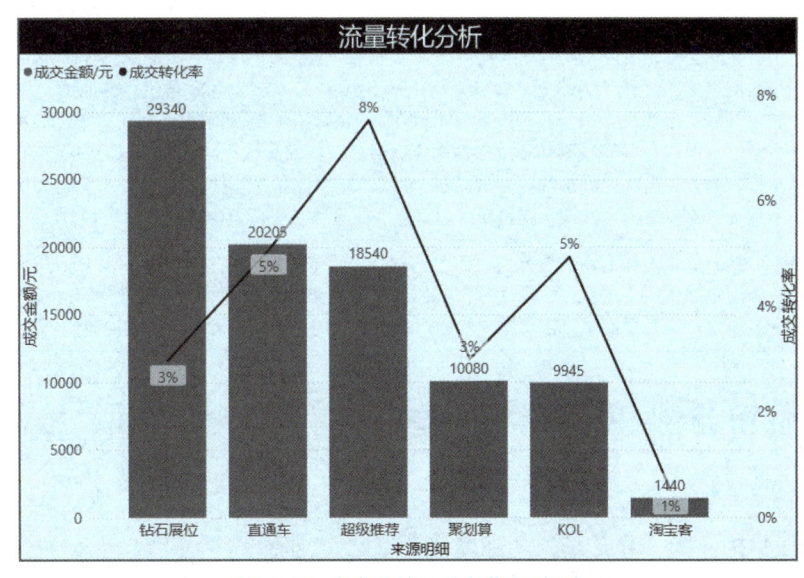

图 4-19　"流量转化分析"组合图

知识链接

一、流量结构类型

流量来源根据其付费情况可以分为免费流量和付费流量两种类型。

1. 免费流量

免费流量包括站内免费流量和站外免费流量。

站内免费流量是指通过电商平台获取的流量,如淘宝网的手淘搜索、手淘首页、购物车推荐、微淘、收藏推荐等。

站外免费流量是指第三方网站带来的流量,其主要来源有新浪微博、百度、360搜索等。

2. 付费流量

付费流量是指卖家通过付费方式获得的流量,付费流量在店铺所有流量中占比越大意味着店铺的成本越高。比如,淘宝的直通车、聚划算、淘宝客、钻石展位等。付费流量渠道简介如表4-1所示。

表4-1 付费流量渠道简介

付费流量渠道	简介
直通车	直通车是按有效点击数付费（CPC）的效果营销工具,可帮助卖家实现商品的精准推广。卖家的商品可以借助直通车出现在搜索页的显眼位置,以优先的排序来获得买家的关注。只有当买家点击商品链接时才需要付费,而且系统可以智能过滤无效点击,为商家精准定位合适的买家群体
聚划算	聚划算是阿里巴巴集团旗下的团购网站,是一个定位精准、以C2B电商驱动的营销平台,是由淘宝官方开发,并由淘宝官方组织的一种线上团购活动。除了主打的商品团和本地化服务,为了更好地为消费者服务,聚划算还陆续推出了品牌团、聚名品、聚设计、聚新品等新业务频道。聚划算的基本收费模式为"基础费用＋费率佣金"
淘宝客	淘宝客是一种按成交数计费（CPS）的推广模式,属于效果类广告推广,卖家无须投入成本,在实际交易完成后卖家按一定比例向淘宝客支付佣金即可,没有成交就没有佣金。 淘宝客推广由淘宝联盟、淘宝卖家、淘宝客和淘宝买家4个角色合作完成。淘宝联盟是淘宝官方的专业推广平台。淘宝卖家可以在淘宝联盟上招募淘宝客,帮助其推广店铺和商品。淘宝客利用淘宝联盟找到需要推广的卖家之后,获取商品代码,任何买家通过淘宝客的推广（链接、个人网站、博客或社区发的帖子）进入淘宝卖家店铺完成购买后,都可得到由卖家支付的佣金,简单来说,淘宝客就是帮助卖家推广商品并获取佣金的人
钻石展位	钻石展位是按展现位置收费（CPM）的推广方式,有淘宝首页、类目首页、门户、画报等多个淘宝站内广告展位,以及大型门户网站、垂直媒体、视频网站、搜索引擎等淘外各类媒体广告展位。钻石展位主要依靠图片的创意吸引买家的兴趣,以此获取巨大的流量

二、Power BI 基础知识——编辑交互

1. 编辑交互的概念

Power BI 中的"编辑交互"功能是指在更改选择的数据点时,视觉对象之间的一种交互方式,通俗来讲,就是用于编辑各个图表之间数据交互的一种方式。

2. 编辑交互的使用

Power BI 中的"编辑交互"功能应用范围非常广泛，下面以更改视觉对象的交互方式为"筛选无作用"为例，对"编辑交互"功能的使用进行详细介绍。

（1）设计完成某店铺的销售报表后，当在"城市"切片器中任意选择一个城市时，如嘉兴市，可以看到报表发生了变化，如图 4-20 所示，即整个页面都变成了嘉兴市的数据，包括卡片图、散点图和表，但是"业绩排名"、"业绩贡献度"和"业绩增长率"区域中的图表只针对一个城市，失去了对比意义，从而使该报表失去了价值。此时，可通过"编辑交互"功能，将条形图、柱形图和环形图设置为不响应筛选操作。

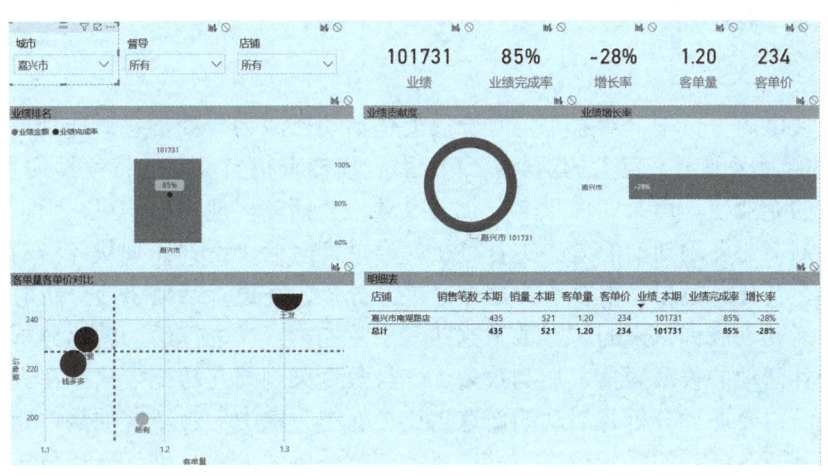

图 4-20　原有交互方式

（2）选中"城市"切片器，在菜单栏中选择"格式"选项卡，在"交互"组中单击"编辑交互"按钮。除"城市"切片器之外，其他图表上方均出现了"筛选器"按钮和"无"按钮。单击"业绩排名"图表、"业绩贡献度"图表和"业绩增长率"图表上方的"无"按钮，此时可以看到"城市"切片器不再和"业绩排名"图表、"业绩贡献度"图表和"业绩增长率"图表产生交互，如图 4-21 所示。设置完成后，再次单击"编辑交互"按钮，恢复到非编辑状态。至此，编辑交互设置完成。

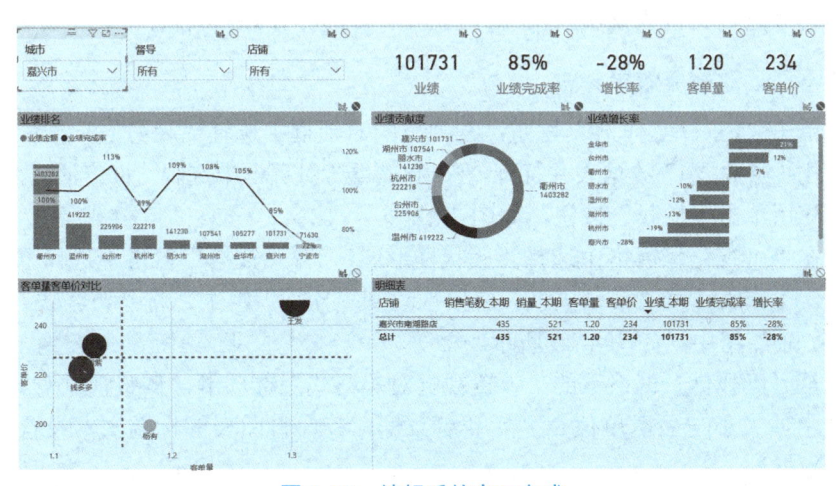

图 4-21　编辑后的交互方式

数据可视化处理

任务二　推广活动效果数据可视化

任务分析

在各大电商平台中，卖家不定时开展促销活动已成为一种常态，计划得当的促销活动不仅能为店铺带来巨大的流量，还能为店铺带来相当可观的持续性的复购收入。小刘所在的企业在一段时间内报名参加了 8 项平台活动，现均已结束，为了评估活动效果，小刘需对各项活动的效果进行分析。经过调研后，小刘计划从各活动为店铺带来的流量、转化、拉新、留存等数据方面展开分析。在进行活动引流分析时，主要通过分析各活动为店铺带来的访客数来判断其引流能力；在进行活动转化分析时，主要通过比较各活动的收藏数量、加购数量、支付数量来判断其转化效果；在进行活动拉新分析时，主要通过分析各活动的新客占比、新客收藏占比、新客加购占比、新客支付占比来判断各活动的拉新效果。进行活动留存分析的思路与进行活动拉新分析的思路一致。

任务实施

一、活动引流与转化分析

小刘决定采用访客数作为指标对这 8 项平台活动的引流效果进行分析，采用收藏数量、加购数量、支付数量作为指标对企业同一时间内的活动转化效果进行分析。

步骤一：活动引流效果分析

（1）单击"Excel 工作簿"按钮，在弹出的对话框中选择"任务二　推广活动效果数据可视化（源数据）"数据表并打开，在"导航器"对话框中选择"推广活动效果数据"工作表，随后单击"加载"按钮，如图 4-22 所示。

（2）在"可视化"窗格中选择"簇状柱形图"，在"数据"窗格中选择"推广活动效果数据"工作表，将"活动类型"字段拖动到"X 轴"组中，将"访客数 / 人"字段拖动到"Y 轴"组中，如图 4-23 所示。

切换至"可视化"窗格下的"设置视觉对象格式"选项卡，调整视觉对象 X 轴、Y 轴对应的字体大小与显示单位，之后开启数据标签，将图表的标题文本设置为"活动引流效果数据"。

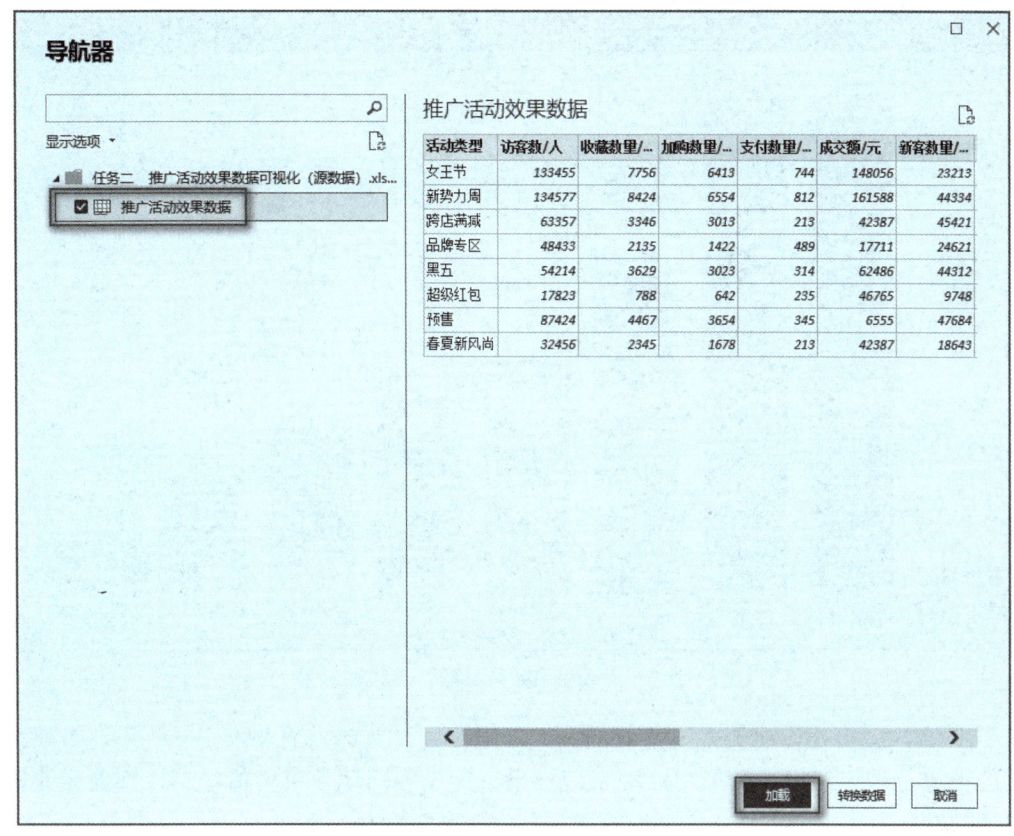

图 4-22　在"导航器"对话框中选择工作表

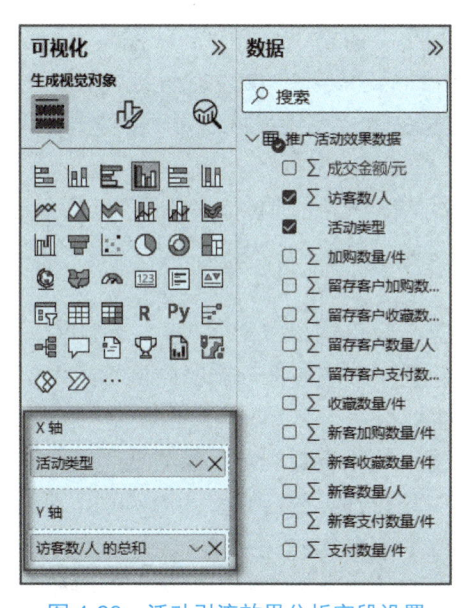

图 4-23　活动引流效果分析字段设置

（3）查看图表效果。结合呈现效果，继续调节视觉对象的数据标签、标题等元素的格式，调整视觉对象的位置和大小，最终的簇状柱形图效果如图 4-24 所示。

数据可视化处理

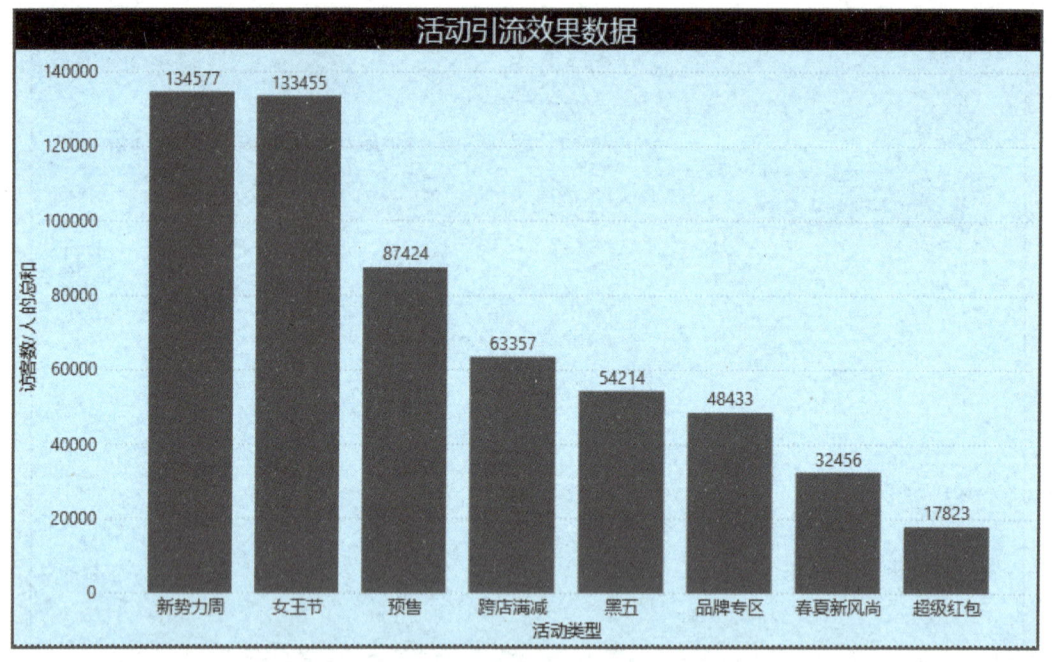

图4-24 "活动引流效果数据"簇状柱形图

由图4-24可知，引流效果最好的两个渠道分别是新势力周和女王节，引流效果最差的渠道是超级红包。如果用活动引流效果来衡量各活动效果价值的话，那么企业在后期的推广活动中，可优先选择新势力周和女王节这两项活动。

步骤二：活动转化效果分析

（1）新建页后在"可视化"窗格中选择"折线图"，在"数据"窗格中选择"推广活动效果数据"工作表，将"活动类型"字段拖动到"X轴"组中，将"收藏数量/件"和"加购数量/件"字段依次拖动到"Y轴"组中，将"支付数量/件"字段拖动到"辅助Y轴"组中，如图4-25所示。

切换至"可视化"窗格下的"设置视觉对象格式"选项卡，调整视觉对象X轴、Y轴、辅助Y轴对应的字体大小与显示单位，之后开启数据标签，将图表的标题文本设置为"活动转化效果数据"。

（2）继续通过"可视化"窗格选择"饼图"，在"数据"窗格中选择"推广活动效果数据"工作表，将"活动类型"字段拖动到"图例"组中，将"收藏数量/件"拖动到"值"组中，如图4-26所示。

切换至"可视化"窗格下的"设置视觉对象格式"选项卡，调节图例的字体大小，之后在"详细信息标签"中先将标签内容设置为"类别，总百分比"，再将图表的标题文本设置为"各活动收藏数量占比分析"。

使用同样的方法制作不同活动类型的加购数量占比图和支付数量占比图。

（3）查看图表效果。结合呈现效果，继续调节4个视觉对象的数据标签、标题等元素的格式，调整视觉对象的位置和大小，最后为每个视觉对象添加边框，最终的图表效果如图4-27所示，由图4-27可知，新势力周活动和女王节活动的转化效果表现优秀。

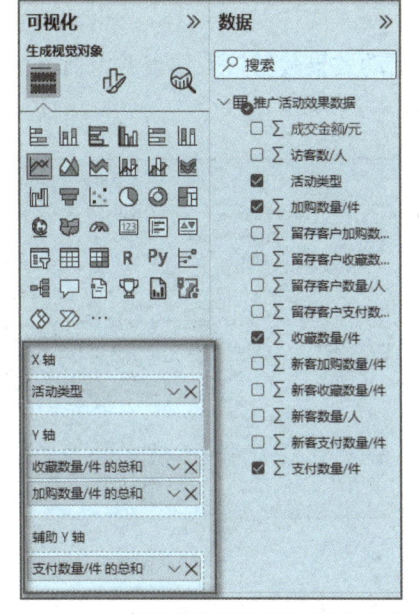

图 4-25　活动转化效果分析字段设置（1） 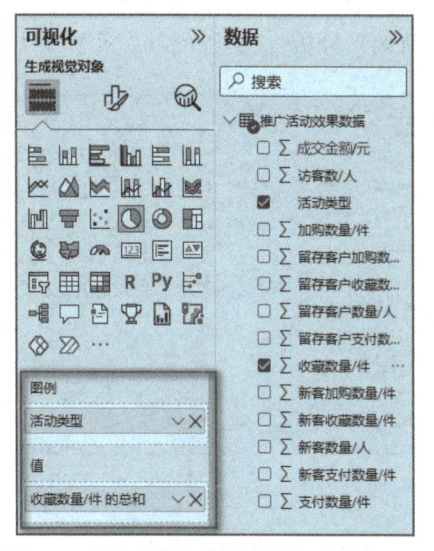　　图 4-26　活动转化效果分析字段设置（2）

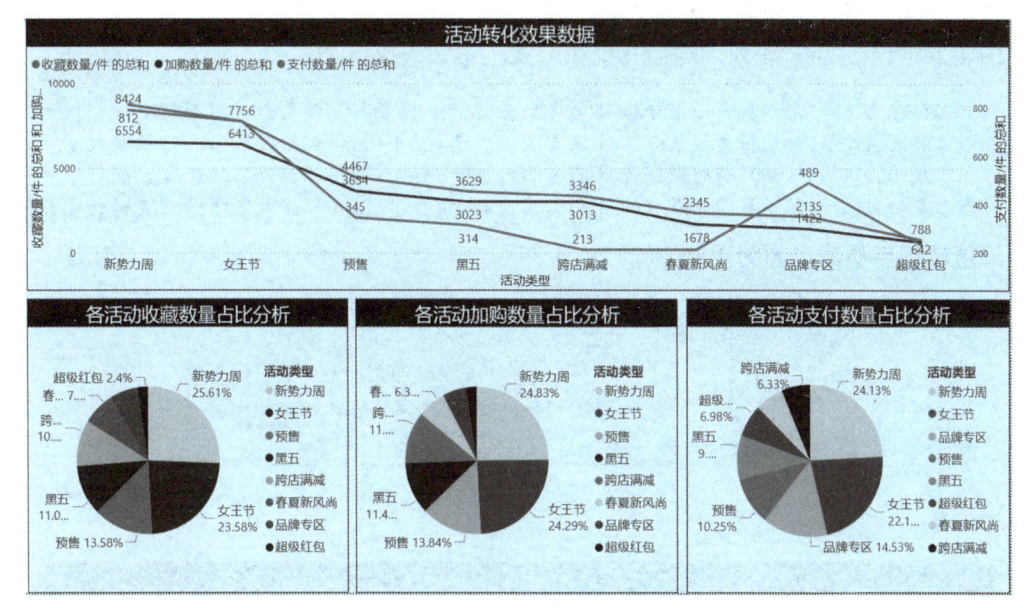

图 4-27　活动转化效果数据分析图表

二、活动拉新与留存分析

活动拉新分析是对因活动而成为企业新客户的相关数据进行分析，该分析的前提是完成企业活动的引流与转化分析，在此基础上将活动中的新客户单独列出并对其相关数据进行分析。活动留存分析是在活动结束一段时间后，对因活动而成为企业粉丝客户的相关数据进行分析。这部分粉丝客户的共同表现是，在活动结束后仍在企业发生重复购买等活跃行为。

步骤一：活动拉新效果分析

（1）进入 Power Query 编辑器，复制"推广活动效果数据"工作表并重命名为"活动拉新效果分析"，删除活动留存相关数据，如图 4-28 所示。

图 4-28　复制并重命名工作表

（2）计算新客访客占比、新客收藏占比、新客加购占比和新客支付占比。单击"主页"选项卡下"关闭"组中的"关闭并应用"按钮，随后切换至 Power BI 数据视图，选中"活动拉新效果分析"工作表，单击"表工具"选项卡下"计算"组中的"新建列"按钮，如图 4-29 所示。新建 4 列，随后分别在公式栏中填入以下公式。

新客访客占比 = '活动拉新效果分析'[新客数量/人]/'活动拉新效果分析'[访客数/人]
新客收藏占比 = '活动拉新效果分析'[新客收藏数量/件]/'活动拉新效果分析'[收藏数量/件]
新客加购占比 = '活动拉新效果分析'[新客加购数量/件]/'活动拉新效果分析'[加购数量/件]
新客支付占比 = '活动拉新效果分析'[新客支付数量/件]/'活动拉新效果分析'[支付数量/件]

新建列后的结果如图 4-30 所示。

图 4-29　单击"新建列"按钮

图 4-30　完成新列添加

（3）切换至Power BI报表视图，在"可视化"窗格中选择"折线图"，在"数据"窗格中选择"活动拉新效果分析"工作表，将"活动类型"字段拖动到"X轴"组中，将"新客访客占比"、"新客收藏占比"、"新客加购占比"和"新客支付占比"字段依次拖动到"Y轴"组中，如图4-31所示。

切换至"可视化"窗格下的"设置视觉对象格式"选项卡，调整视觉对象X轴、Y轴、图例对应的字体大小，并将图表的标题文本设置为"活动拉新效果数据"。

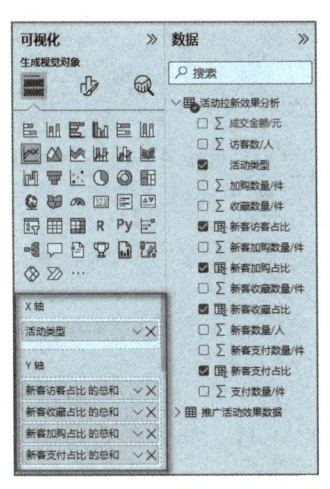

图4-31　活动拉新效果分析字段设置

（4）查看图表效果。结合呈现效果，继续调节视觉对象的数据标签、标题等元素的格式，调整视觉对象的位置和大小，最终的折线图效果如图4-32所示。将鼠标指针置于"活动拉新效果数据"折线图的某一项活动上，该活动的"新客访客占比"、"新客收藏占比"、"新客加购占比"和"新客支付占比"会同时显示出来，如图4-33所示。由图4-33可知，新客访客占比最高的为黑五活动，新客收藏占比和新客加购占比最高的均为跨店满减活动，新客支付占比最高的为超级红包活动。从整体来看，拉新效果表现较好的活动有黑五、跨店满减和超级红包，拉新效果表现较差的活动为女王节和新势力周。

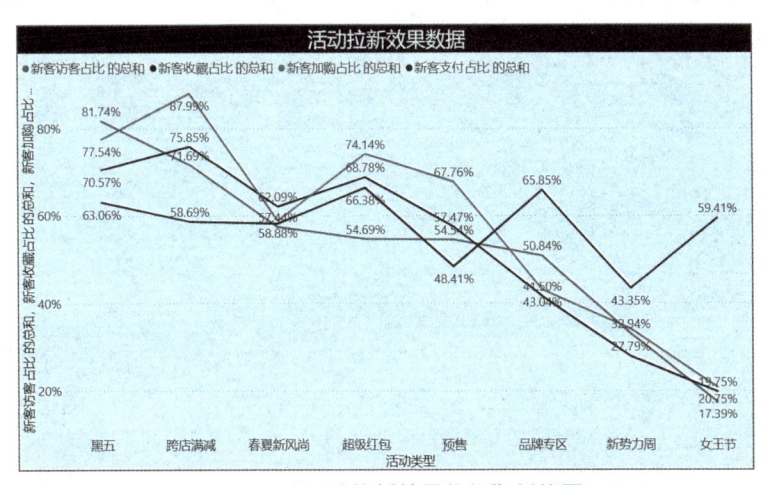

图4-32　"活动拉新效果数据"折线图

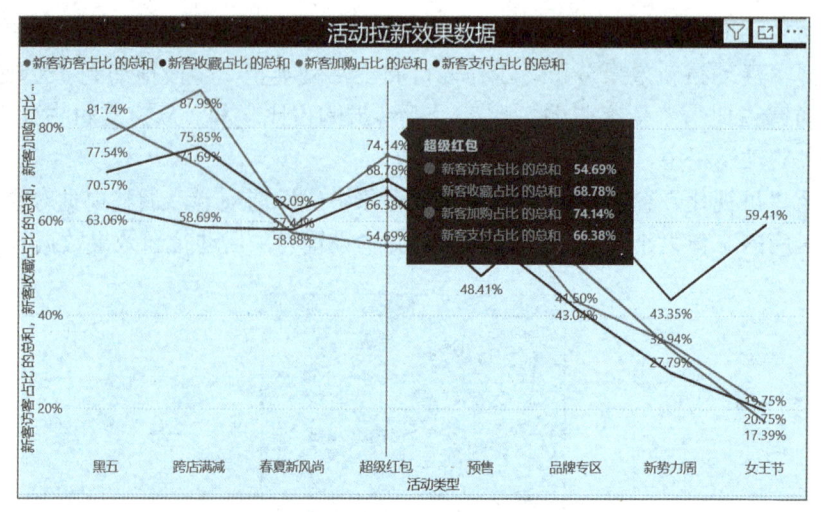

图 4-33　具体某项活动拉新效果数据查看

步骤二：活动留存效果分析

电商行业常采取营销活动来吸引用户的注意力，使其在店铺中产生消费并成为店铺的客户，但是经过一段时间后，会有一部分客户逐渐流失，而那些在营销活动结束后，持续留存在店铺中的客户就是活动留存的客户。这意味着这部分客户已经成为店铺的粉丝，且对店铺产生了黏性。

进行活动留存分析的思路与进行活动拉新分析的思路基本一致，唯一的不同点在于活动拉新分析研究的是活动过程中的流量与转化环节中的新客的比例，而活动留存分析研究的是活动过后的复购情况。

（1）进入 Power Query 编辑器，复制"推广活动效果数据"工作表并重命名为"活动留存效果分析"，删除活动拉新相关数据，如图 4-34 所示。

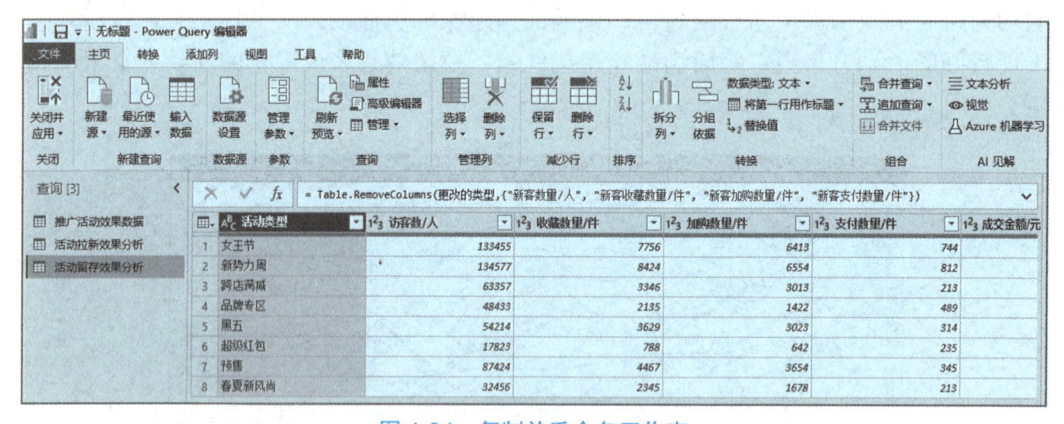

图 4-34　复制并重命名工作表

（2）计算留存客户占比、留存客户收藏占比、留存客户加购占比与留存客户支付占比。单击"主页"选项卡下的"关闭"组中"关闭并应用"按钮，随后切换至 Power BI 数据视图，选中"活动留存效果分析"工作表，在"列工具"选项卡下的"计算"组中单击"新建列"按钮，新建 4 列，随后分别在公式栏中填入以下公式。

留存客户占比 = '活动留存效果分析'[留存客户数量/人]/'活动留存效果分析'[访客数/人]
留存客户收藏占比 = '活动留存效果分析'[留存客户收藏数量/件]/'活动留存效果分析'[收藏数量/件]
留存客户加购占比 = '活动留存效果分析'[留存客户加购数量/件]/'活动留存效果分析'[加购数量/件]
留存客户支付占比 = '活动留存效果分析'[留存客户支付数量/件]/'活动留存效果分析'[支付数量/件]

新建列后的结果如图 4-35 所示。

图 4-35　完成新列添加

（3）切换至 Power BI 报表视图，在"可视化"窗格中选择"折线图"，在"数据"窗格中选择"活动留存效果分析"工作表，将"活动类型"字段拖动到"X 轴"组中，将"留存客户占比"、"留存客户收藏占比"、"留存客户加购占比"和"留存客户支付占比"字段依次拖动到"Y 轴"组中，如图 4-36 所示。

切换至"可视化"窗格下的"设置视觉对象格式"选项卡，调整视觉对象 X 轴、Y 轴、图例对应的字体大小，将图表的标题文本设置为"活动留存效果数据"。

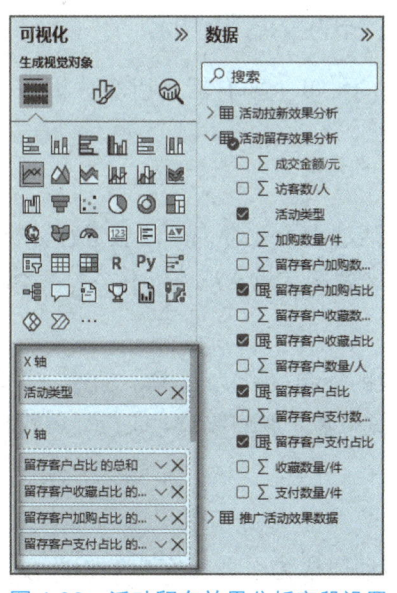

图 4-36　活动留存效果分析字段设置

（4）查看图表效果。结合呈现效果，继续调节视觉对象的数据标签、标题等元素的格式，调整视觉对象的位置和大小，最终的折线图效果如图 4-37 所示。由图 4-37 可知，留存效果表现较好的活动是超级红包，其次是品牌专区，留存效果表现较差的活动是黑五和春夏新风尚。

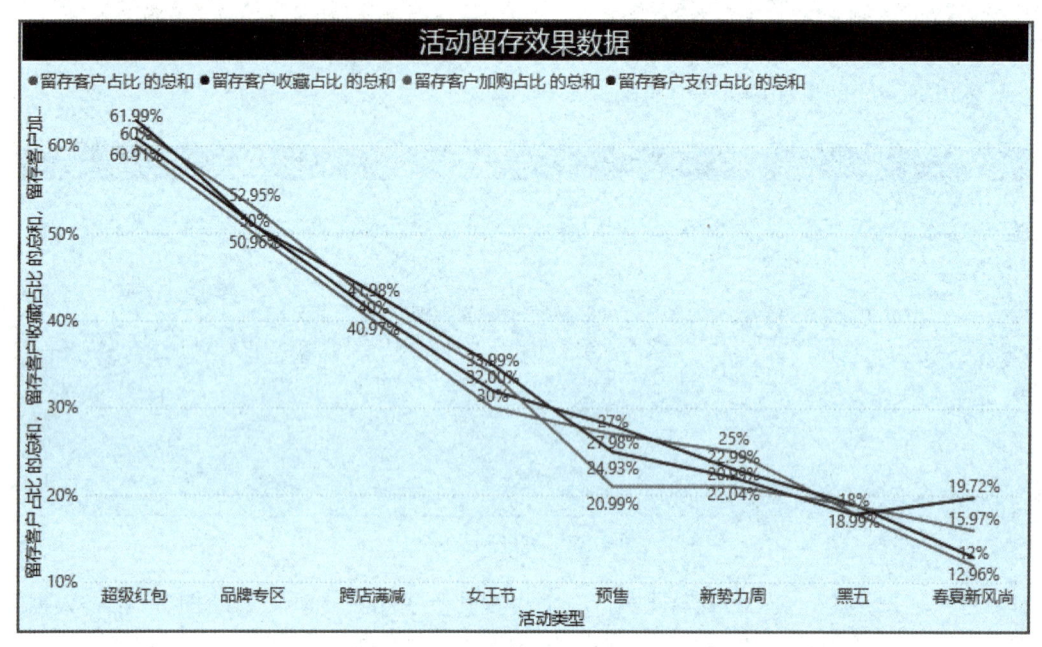

图 4-37 "活动留存效果数据"折线图

> **知识链接**

一、推广活动效果数据分析的维度和指标

推广活动效果数据分析的维度主要有活动引流分析、活动转化分析、活动拉新分析和活动留存分析。

1. 活动引流分析

活动引流分析是对推广活动为企业带来的流量进行分析，主要分析指标有访客数、成交订单数、成交占比、成交金额、投入成本、投入产出比等。

2. 活动转化分析

活动转化分析是对获取的流量转化为收藏、加购、订单等状态的数据进行分析，主要分析指标有访客数、收藏数量、加购数量、成交订单数、收藏转化率、加购转化率、支付转化率等。

3. 活动拉新分析

活动拉新分析是对因活动而成为企业新客户的相关数据进行分析，该分析的前提是完成企业活动引流与转化分析，在此基础上将活动中的新客户单独列出并对其相关数据进行分析。活动拉新分析的主要分析指标有新访客数占比、新访客收藏占比、新访客加购占比、新访客支付占比等。

4. 活动留存分析

活动留存分析是在活动结束一段时间后，对因活动而成为企业粉丝客户的相关数据进行分析。这部分粉丝客户的共同表现是，在活动结束后仍在企业中发生重复购买等活跃行为。活动留存分析的主要指标有留存访客数占比、留存访客收藏占比、留存访客加购占比、留存访客支付占比等。

二、活动效果指标优化的方法

1. 营业额下降优化

当营业额下降时，首先应该对"店铺销量构成"和"能够对销量产生影响的因素"进行拆解，进一步明确问题根源。如果营业额持续下降，则可能是由以下原因导致的。

（1）店铺装饰吸引力低，此时可以优化店铺装饰，让店铺装修在视觉上更加舒适。

（2）商品详情描述不够清晰，此时可以更清晰地描述商品特征，让访问商品详情页的用户在尽可能短的时间内对商品有一定的了解。

（3）商品图片不够美观，此时可以处理水印、杂色、图片尺寸等问题。

（4）商品定价不合理，此时可以先了解商品在市场上是否盈利，再调整价格。

（5）店铺流量下滑，其排查顺序一般是由大到小，首先查看是否为行业流量出现了整体下滑，其次确认店铺流量下滑的原因，最后确认是否为店铺某一商品的流量出现下滑。

2. 访客数异常优化

访客数可根据店铺所在行业的平均水平来判断，也可对比店铺不同时期的访客数变化。如果访客数持续下降，则可能是由以下原因导致的。

（1）行业进入淡季，对整个行业的需求出现下降，此时可以尽快清仓处理。

（2）商品主图吸引力不够，此时可以优化主图以提高点击率，从而提高店铺访客数。

（3）竞争对手打折促销，此时可根据竞争对手的打折力度，跟进自己店铺的活动力度。

3. 转化率异常优化

转化率对店铺运营来说至关重要，转化率每天都会上下波动，如果转化率持续下降，则可能是由以下原因导致的。

（1）季节性原因导致消费需求降低，此时可以进行商品清仓处理活动。

（2）标题与商品属性不匹配，这将导致客户人群不能被精准转化，此时可以优化标题以提高转化率。

（3）价格上升后势必会影响转化率，此时可以适当调低价格稳定转化率。

（4）同行竞争增多，出现价格战，此时可以降价来保持转化率。

数据可视化处理

任务三　推广内容效果数据可视化

任务分析

推广内容效果数据可视化大致可分为微信公众号图文内容运营分析、短视频内容运营分析和直播内容运营分析3个方向。在进行图文内容运营分析时，小刘先通过分析企业微信公众号一周内群发的所有推广内容的阅读量、转发评论量、店铺引流人数和成交人数，判断不同图文内容对应的推广效果；再通过分析微信公众号互推渠道单篇图文内容的阅读量、转发评论量、店铺引流人数和成交人数，确定运营效果最好的互推渠道。在进行短视频内容运营分析时，小刘选取了播放量、点赞数、评论数、分享数、收藏数及完播率等指标对企业发布的短视频内容的运营效果进行分析，明确短视频内容的传播效果。在进行直播内容运营分析时，小刘采集了一周内7场直播的相关数据，通过对观看人次、平均在线人数、人口峰值等指标进行分析，明确不同场次直播的营销效果，最后将直播中产生的实际销售额与目标销售额进行对比，分析直播目标达成情况。

任务实施

一、微信公众号图文内容运营分析

小刘在对微信公众号图文内容运营的营销效果进行分析之前，首先分析了企业在一段时间内发布的不同图文内容的阅读量、转发评论量、店铺引流人数和成交人数，并以此判断不同图文内容对应的营销效果。另外，为了提升微信公众号图文内容的推广效果，小刘所在的企业选择了与其他微信公众号合作，进行微信公众号图文内容的互推。因此，小刘还需要对不同渠道的同一篇互推内容的运营情况进行分析，确定营销效果最好的互推渠道。

步骤一：微信公众号一周内群发图文内容分析

（1）单击"Excel工作簿"按钮，在弹出的对话框中选择"任务三　推广内容效果数据可视化（源数据）"数据表并打开，在"导航器"对话框中选择"微信公众号一周内群发图文内容运营数据"工作表，随后单击"加载"按钮，如图4-38所示。

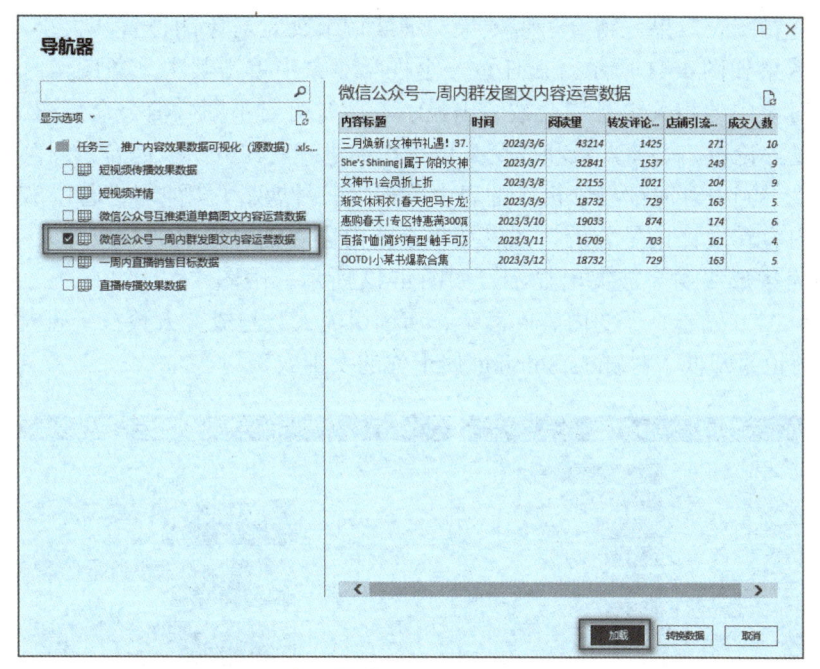

图 4-38　在"导航器"对话框中选择工作表

（2）在"可视化"窗格中选择"簇状条形图"，在"数据"窗格中选择"微信公众号一周内群发图文内容运营数据"工作表，将"内容标题"字段拖动到"Y 轴"组中，将"阅读量"字段拖动到"X 轴"组中，如图 4-39 所示。

使用同样的方法进行转发评论量、店铺引流人数与成交人数的分析。注意在进行店铺引流人数与成交人数分析时，可将"店铺引流人数"和"成交人数"字段拖动到同一个簇状条形图的"X 轴"组中进行对比分析，如图 4-40 所示。

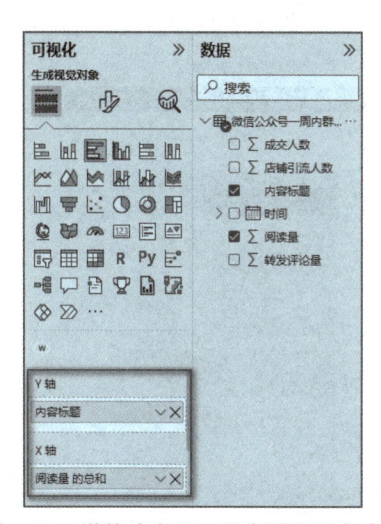

图 4-39　微信公众号一周内群发图文内容分析字段设置（1）

图 4-40　微信公众号一周内群发图文内容分析字段设置（2）

切换至"可视化"窗格下的"设置视觉对象格式"选项卡，依次对 3 个视觉对象的条形颜色、数据显示、标题等进行调节。

（3）查看图表效果。结合呈现效果，继续调节视觉对象的位置和大小，最终的簇状条形图效果如图4-41所示。在任意一个视觉对象中单击其中一条图文内容的数据，其他视觉对象中的相关信息均会被突出显示。此时可对不同微信公众号图文内容的阅读量、转发评论量、引流人数和成交人数等指标进行对比分析，综合判断其营销效果。例如，在"不同内容阅读量分析"图表中单击"三月焕新|女神节礼遇！37.9元起！"则"不同内容转发评论量分析"图表和"不同内容店铺引流人数与成交人数分析"图表中的相应条形块均会被突出显示，如图4-42所示。由图4-42可知，"三月焕新|女神节礼遇！37.9元起！"的内容阅读量、店铺引流人数与成交人数在一周内排名最高，但其转发评论量却低于"She's Shining|属于你的女神衣"。

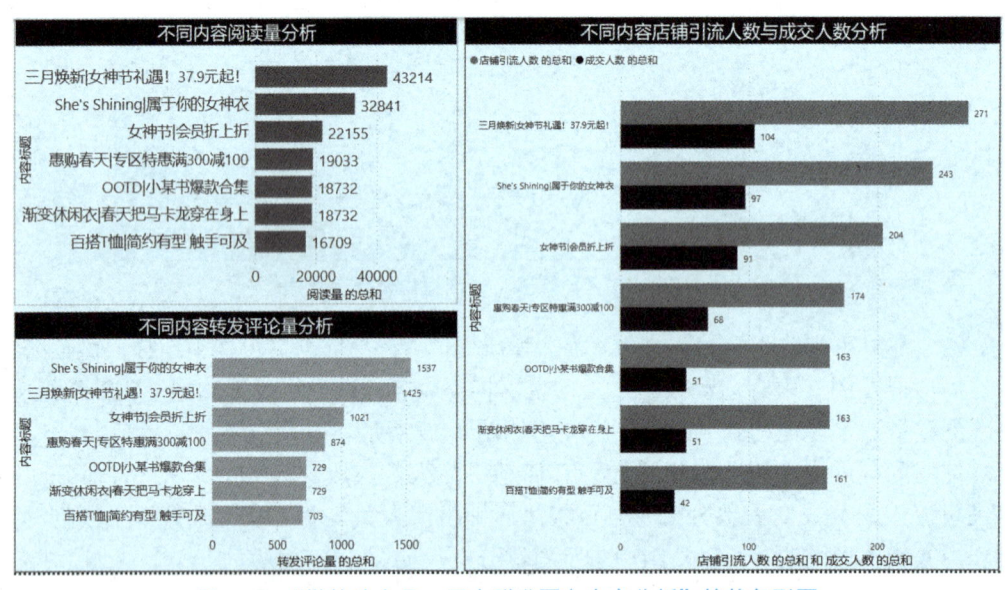

图4-41 "微信公众号一周内群发图文内容分析"簇状条形图

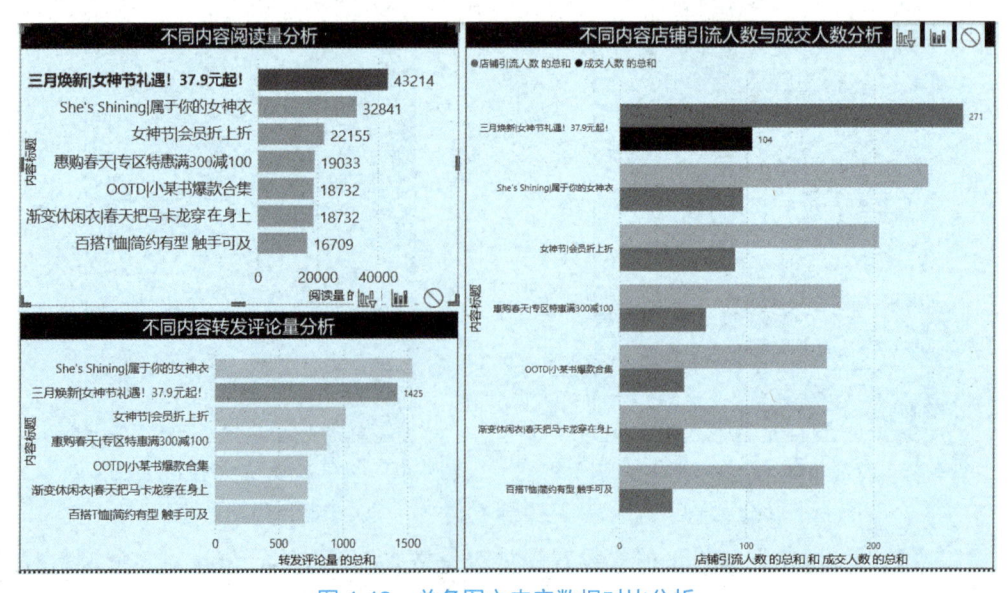

图4-42 单条图文内容数据对比分析

步骤二：微信公众号互推渠道单篇图文内容运营数据分析

（1）单击"Excel 工作簿"按钮，在弹出的对话框中选择"任务三 推广内容效果数据可视化（源数据）"数据表并打开，在"导航器"对话框中选择"微信公众号互推渠道单篇图文内容运营数据"工作表，随后单击"加载"按钮，如图 4-43 所示。

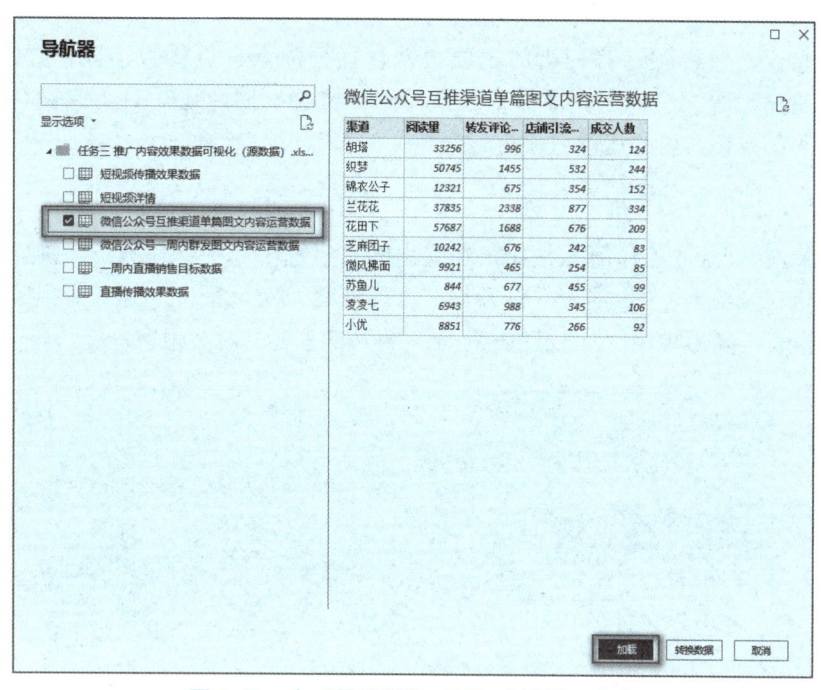

图 4-43 在"导航器"对话框中选择工作表

（2）采用与步骤一相同的方法完成"微信公众号互推渠道单篇图文内容运营数据分析"可视化图表制作，图表制作完成后的效果如图 4-44 所示。

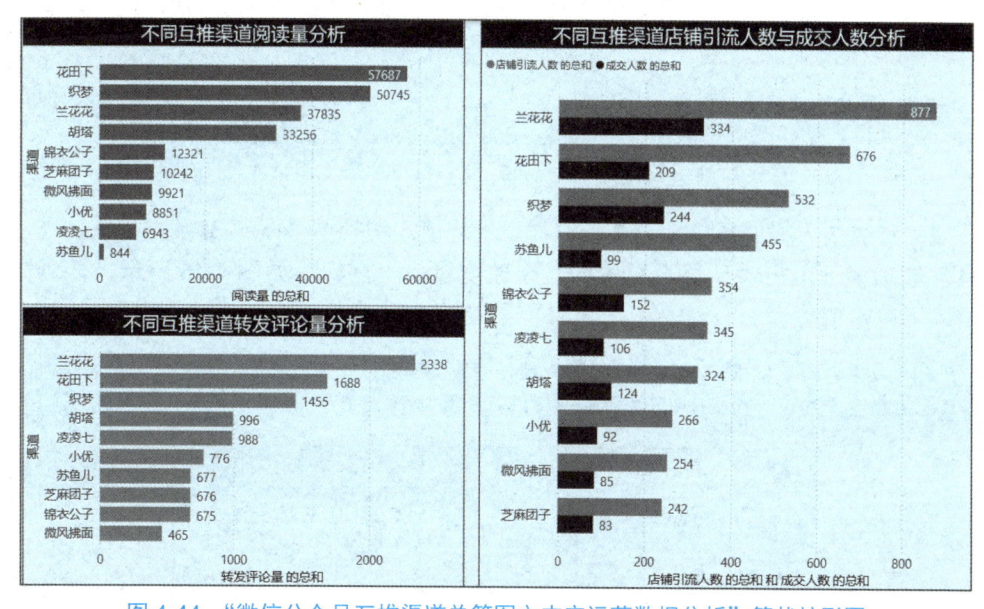

图 4-44 "微信公众号互推渠道单篇图文内容运营数据分析"簇状柱形图

由图 4-44 可知，微信公众号兰花花的转发评论量、店铺引流人数与成交人数均排在第一位，可见其粉丝黏性最高，引流和转化效果也最好，因此后期在微信公众号互推渠道选择时可优先选择该渠道。

二、短视频内容运营分析

通常来说，短视频运营分析的主要数据包括播放量、点赞数、评论数、分享数、收藏数、完播率等。小刘在完成微信公众号的图文分析后，还需对企业抖音官方账号发布的一条短视频内容的运营效果进行分析。

步骤一：播放量与完播率分析

（1）单击"Excel 工作簿"按钮，在弹出的对话框中选择"任务三 推广内容效果数据可视化（源数据）"数据表并打开，在"导航器"对话框中选择"短视频传播效果数据"工作表，随后单击"加载"按钮，如图 4-45 所示。

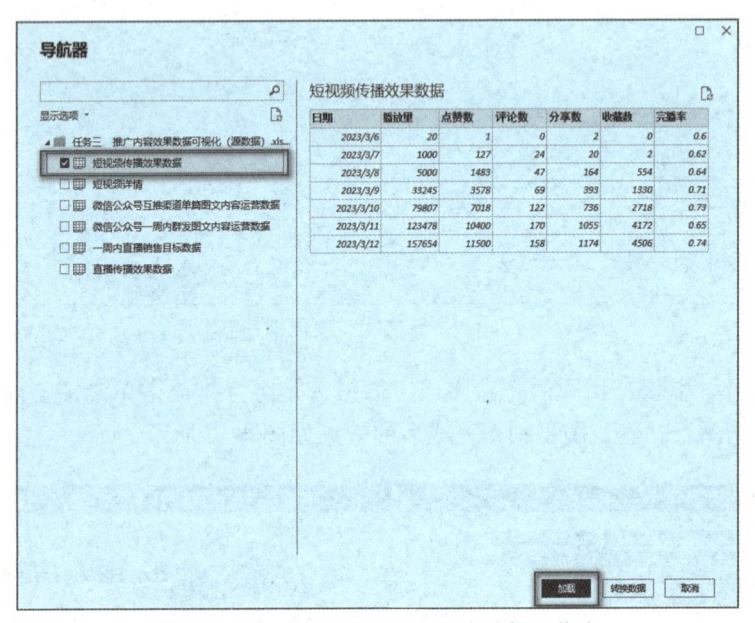

图 4-45 在"导航器"对话框中选择工作表

（2）计算 7 天播放量总和与 7 天完播率平均值。切换至 Power BI 数据视图，在"表工具"选项卡下单击"计算"组中的"新建度量值"按钮，如图 4-46 所示，之后分别新增以下度量值。

```
7 天播放量总和 = SUM('短视频传播效果数据'[播放量])
7 天完播率平均值 = AVERAGE('短视频传播效果数据'[完播率])
```

图 4-46 新建度量值

（3）在"可视化"窗格中选择"卡片图",在"数据"窗格中选择"短视频传播效果数据"工作表,将"7天播放量总和"字段拖动到"字段"组中,如图4-47所示。

使用同样的方法制作"7天完播率平均值"卡片图。

切换至"可视化"窗格下的"设置视觉对象格式"选项卡,依次对两个视觉对象的标注值字体、颜色、显示单位等进行调节,随后将图表的标题文本依次设置为"7天播放量总和"和"7天完播率平均值"。

（4）查看图表效果。结合呈现效果,继续调节视觉对象的标题、背景颜色、边框等元素的格式,调整视觉对象的位置和大小,最终的卡片图效果如图4-48所示。由图4-48可知,7天播放量总和为400204,7天完播率平均值为67%,此时可以与企业抖音官方账号发布的其他短视频的相关数据进行对比分析,以判断该条短视频的具体传播效果与受欢迎程度。

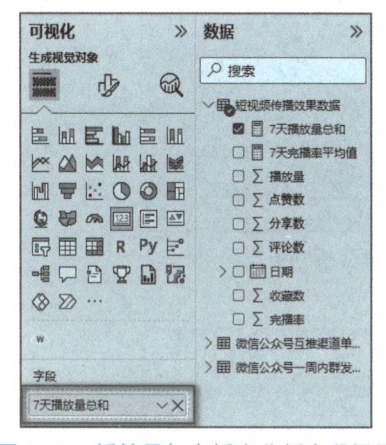

图4-47　播放量与完播率分析字段设置 　　　图4-48　"播放量与完播率分析"卡片图

步骤二：短视频传播效果数据分析

（1）在"可视化"窗格中选择"折线图",在"数据"窗格中选择"短视频传播效果数据"工作表,将"日期"字段拖动到"X轴"组中,将"点赞数"、"评论数"、"分享数"和"收藏数"字段依次拖动到"Y轴"组中,如图4-49所示。

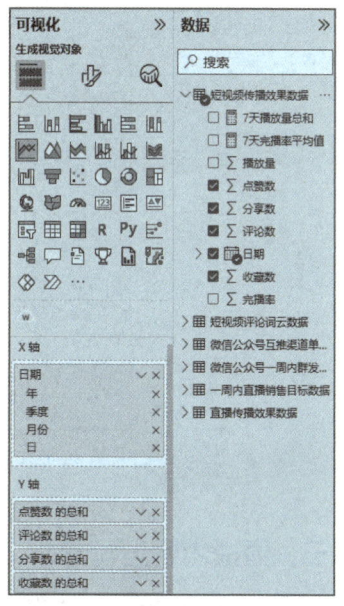

切换至"可视化"窗格下的"设置视觉对象格式"选项卡,依次对视觉对象"X轴"和"Y轴"的字体大小、显示单位进行调节,显示数据标签,并将图表的标题文本设置为"短视频传播效果数据"。

（2）查看图表效果。结合呈现效果,继续调节视觉对象的标题、背景颜色、边框等元素的格式,调整视觉对象的位置和大小,最终的折线图效果如图4-50所示。

将鼠标指针置于"短视频传播效果数据"折线图的某一个日期上,该日的"点赞数的总和"、"评论数的总和"、

图4-49　短视频传播效果数据分析字段设置

"分享数的总和"和"收藏数的总和"会同时显示,如图 4-51 所示,由图 4-51 可知,该条短视频一周内的各项数据在整体上均呈上升趋势。

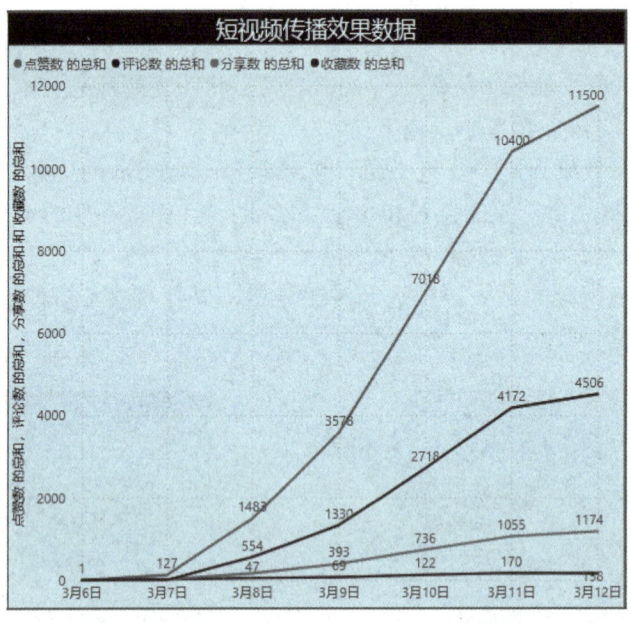

图 4-50 "短视频传播效果数据分析"折线图

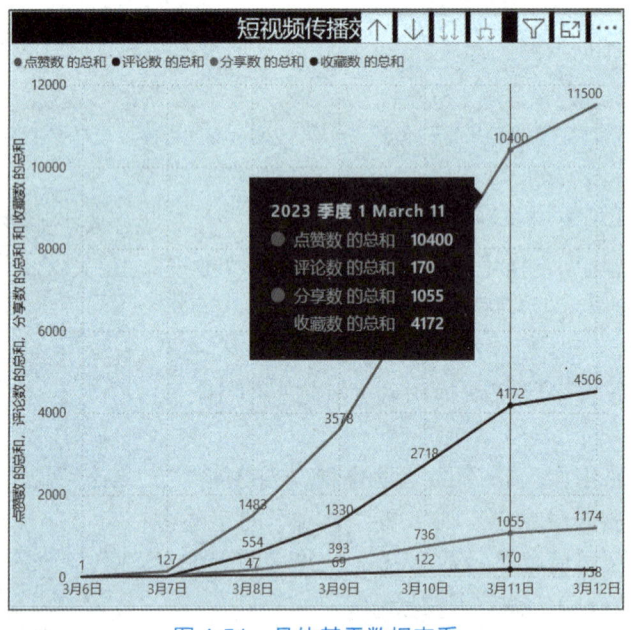

图 4-51 具体某天数据查看

三、直播内容运营分析

企业在 2023 年 3 月 6 日至 12 日进行了为期一周的带货直播,小刘采集了该周 7 场直播的相关数据,通过对观看人次、平均在线人数、人口峰值等指标进行分析,明确不同场次直播的营销效果，最后将直播产生的实际销售额与目标销售额进行对比，分析直播目标达成情况。

步骤一：直播传播效果数据分析

（1）单击"Excel 工作簿"按钮，在弹出的对话框中选择"任务三　推广内容效果数据可视化（源数据）"数据表并打开，在"导航器"对话框中选择"直播传播效果数据"工作表，随后单击"加载"按钮，如图 4-52 所示。

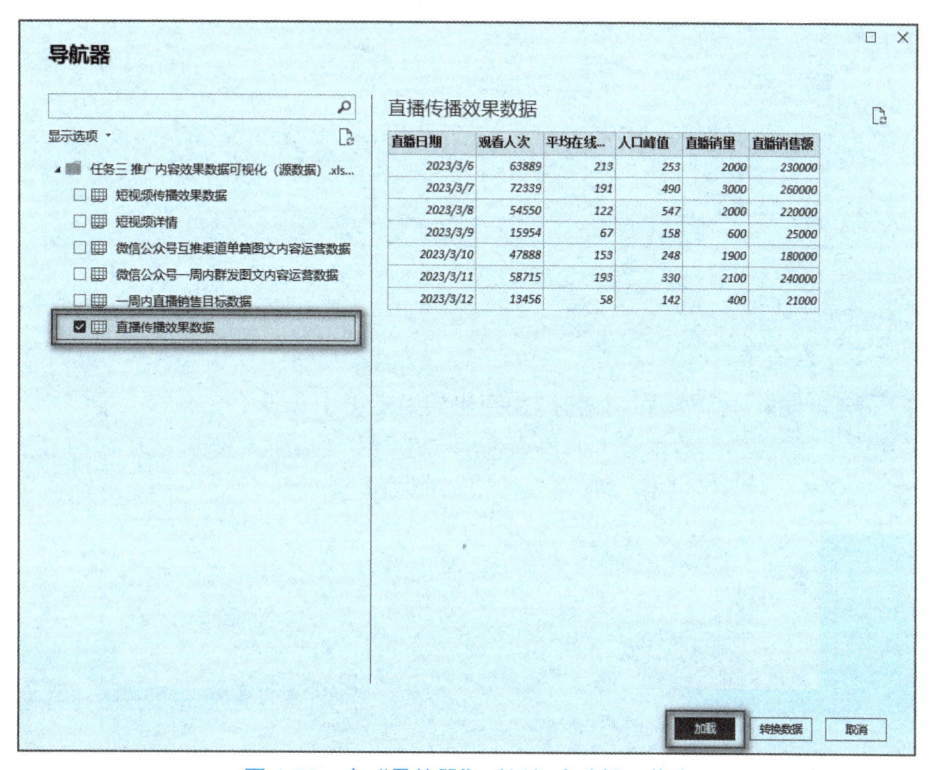

图 4-52　在"导航器"对话框中选择工作表

（2）在"可视化"窗格中选择"折线图"，在"数据"窗格中选择"直播传播效果数据"工作表，将"直播日期"字段拖动到"X 轴"组中，将"观看人次"字段拖动到"Y 轴"组中，将"平均在线人数"和"人口峰值"字段拖动到"辅助 Y 轴"组中。

切换至"可视化"窗格下的"设置视觉对象格式"选项卡，依次对视觉对象"X 轴"、"Y 轴"和"辅助 Y 轴"的字体大小、显示单位进行调节，显示数据标签，并将图表的标题文本设置为"直播传播效果数据"。

（3）查看图表效果。结合呈现效果，继续调节视觉对象的标题、背景颜色、边框等元素的格式，调整视觉对象的位置和大小。将鼠标指针置于"直播传播效果数据"折线图的某一个日期上，该日的"观看人次的总和"、"平均在线人数的总和"和"人口峰值的总和"会同时显示，如图 4-53 所示。

由图 4-53 可知，2023 年 3 月 7 日的直播观看人次最多，2023 年 3 月 9 日的直播观看人次最少；2023 年 3 月 8 日的人口峰值最高；2023 年 3 月 6 日的平均在线人数最多，2023 年 3 月 12 日的平均在线人数最少。

数据可视化处理

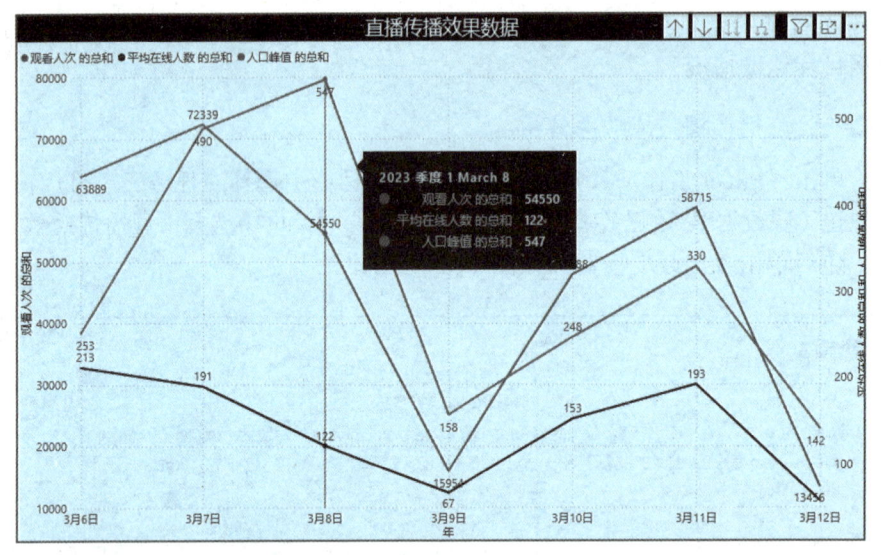

图 4-53 "直播传播效果数据分析"折线图

步骤二：直播销售目标分析

（1）单击"Excel 工作簿"按钮，在弹出的对话框中选择"任务三　推广内容效果数据可视化（源数据）"数据表并打开，在"导航器"对话框中选择"一周内直播销售目标数据"工作表，随后单击"加载"按钮，如图 4-54 所示。

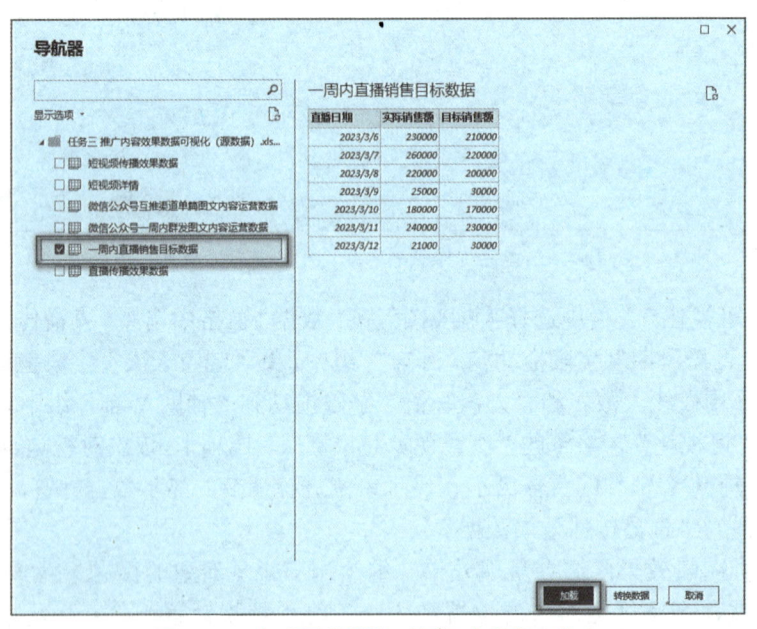

图 4-54　在"导航器"对话框中选择工作表

（2）在"可视化"窗格中选择"KPI"，在"数据"窗格中选择"一周内直播销售目标数据"工作表，将"实际销售额"字段拖动到"值"组中，将"直播日期"字段拖动到"走向轴"组中，将"目标销售额"字段拖动到"目标"组中，如图 4-55 所示。

已知 KPI"走向轴"组中的"方向"是指指标与目标的关系，如果指标越高越好，如销售额指标比目标销售额高才是达成目标，则选择"较高适合"选项；如果指标越低越好，如费用率、应收账款周转天数等，销售额指标比目标销售额低才是达成目标，则选择"较低适合"选项。"颜色正确"代表达成目标，"中性色"代表与目标持平，"颜色错误"代表未达成目标，这些颜色可根据实际需求进行更改。

切换至"可视化"窗格下的"设置视觉对象格式"选项卡，在"走向轴"组中设置"方向"为"较高适合"，并设置"颜色正确"、"中性色"和"颜色错误"的对应颜色，如图 4-56 所示。最后依次对视觉对象的字体、标题等进行调节。

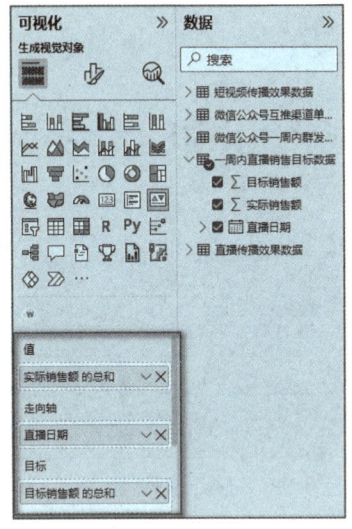

图 4-55　直播销售目标分析字段设置　　　　图 4-56　设置走向轴方向

（3）查看直播目标达成情况。结合呈现效果，继续调节视觉对象的位置和大小，最终的 KPI 效果如图 4-57 所示。最中央的大字是 2023 年 3 月 12 日的实际销售额，中间的小字是 2023 年 3 月 12 日的目标销售额，括号中的数字是实际销售额距离目标销售额的百分比，即该 KPI 指标代表 2023 年 3 月 12 日的实际销售额比目标销售额低 30%。背景中的阴影部分代表实际销售额在直播一周内的变化趋势，可以看出，销售金额在一周内曾出现锐减趋势，之后又逐渐回升。

图 4-57　"直播销售目标达成情况"KPI

数据可视化处理

（4）创建日期切片器。在"可视化"窗格中选择"切片器"，在"数据"窗格中选择"一周内直播销售目标数据"工作表，将"直播日期"字段拖动到"字段"组中，如图4-58所示。切换至"可视化"窗格下的"设置视觉对象格式"选项卡，可对切片器的标头、值和滑块等进行设置。

（5）拖动滑块进行筛选。完成日期切片器的创建和格式设置后，调整切片器的大小和位置，在切片器上拖动滑块改变KPI图中数据的日期范围，如图4-59所示。

图 4-58　创建日期切片器　　　　　图 4-59　进行日期筛选

除了拖动滑块进行筛选，还可以直接在日期输入框中输入要筛选的日期(格式须为"yyyy/m/d")，或者在展开的日历表中选择要筛选的日期。如果要清除筛选，则单击切片器右上角的"清除筛选"按钮即可。

（6）查看筛选效果。将日期输入框中的开始日期和结束日期均设置为2023年3月7日，可看到2023年3月7日完成了直播销售目标，由于被切片器筛选，因此背景中的趋势图消失了。此时的KPI相当于一个带有目标值的卡片图，如图4-60所示。

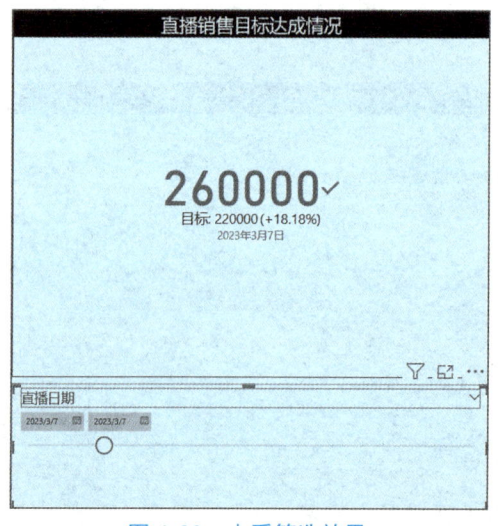

图 4-60　查看筛选效果

知识链接

一、推广内容运营效果分析的维度和指标

1. 图文内容分析相关指标

以微信公众号内容分析为例,其主要指标有阅读量、分享数、跳转阅读原文数、微信收藏数等,如图 4-61 所示。其中阅读量、分享数、微信收藏数均为常见指标,这里不做过多介绍,只重点介绍跳转阅读原文数指标。

阅读原文可以作为在公众号文章中添加外部链接的一个接口,添加原文链接可以帮助公众号运营者实现更多功能。例如,在活动促销时可以借助"阅读原文"链接进行活动推广,读者单击"阅读原文"链接就可以跳转至抽奖活动页面,这种操作能更好地吸引读者参与推广活动。另外,在活动进行时,还可以通过"阅读原文"链接报名表、问卷调查等,从而更直接地了解用户画像和用户需求,优化营销方案。

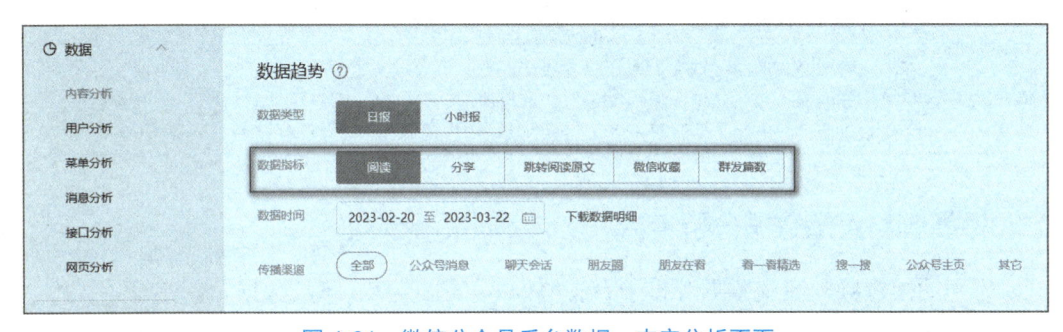

图 4-61 微信公众号后台数据－内容分析页面

2. 短视频内容分析相关指标

1)基础数据

(1)播放量:通常涉及累计播放量和同期对比播放量,通过播放量的变化对比,总结创造高播放量内容的相同之处。

(2)评论数:反映短视频引发共鸣的程度。

(3)点赞数:反映短视频受欢迎的程度。

(4)分享数:反映短视频的传播量。

(5)收藏数:反映短视频的价值。

(6)完播率:反映短视频统计数据的重要指标。

2)关键比率

(1)评论率:评论率 = 评论数 / 播放量 × 100%。

(2)点赞率:点击率 = 点赞量 / 播放量 × 100%。

(3)分享率:分享率 = 分享数 / 播放量 × 100%。

(4)收藏率:收藏率 = 收藏数 / 播放量 × 100%。

(5)完播率:完播率 = 完整播放次数 / 总播放次数 × 100%。

3. 直播内容分析相关指标

现阶段，越来越多的企业加入了直播带货的浪潮，因此在进行直播内容运营分析时需要围绕"带货"展开，分析涉及人、货、场、销的维度，即流量、产品、直播间、销售的相关数据。直播内容运营分析维度和指标如表 4-2 所示。

表 4-2 直播内容运营分析维度和指标

分析维度	具体指标
流量数据	主要包括粉丝总数、新增粉丝数、直播间访问用户数、评论人数、点赞人数、年龄分布、性别分布等。对该类指标进行分析可以得出直播间的粉丝转化能力、评论互动率、粉丝画像特征、直播质量等
流量数据	流量的来源渠道数据，即粉丝是通过哪些引流渠道进入直播间的。常见的粉丝来源渠道有主播关注页、直播广场、社交媒体引流渠道（微信、微博、知乎等）、短视频预告推广、粉丝群、付费推广（如抖音的DOU+）
商品数据	商品单击人数、商品单击次数、商品展示次数、商品点击率等。对该类指标进行分析可以得出商品的受欢迎程度、商品的呈现或转化等效果
直播间数据	直播次数、直播时长、直播间浏览次数、最高在线人数、平均观看时长等。对该类指标进行分析可以得到直播的基础情况，如整体直播的次数，单场直播的人数峰值等
销售数据	销售数据有引导成交人数、引导成交件数、引导成交金额（销售金额）、引导成交转化率、正在购买人数、热销品类销量占比、本场销量、客单价、销售转化率。对该类指标进行分析可以得出直播间商品的销售情况，如销量、销售转化等

二、短视频与直播数据分析平台

常用的短视频与直播数据分析平台有蝉妈妈、抖查查、飞瓜数据、新抖等。

1. 蝉妈妈

蝉妈妈是一款垂直于抖音短视频电商的数据分析平台，提供抖音直播、视频、爆款商品等抖音生态数据服务，为网红达人、供应链商家、MCN机构提供一站式的数据解决方案。蝉妈妈主页面如图 4-62 所示。

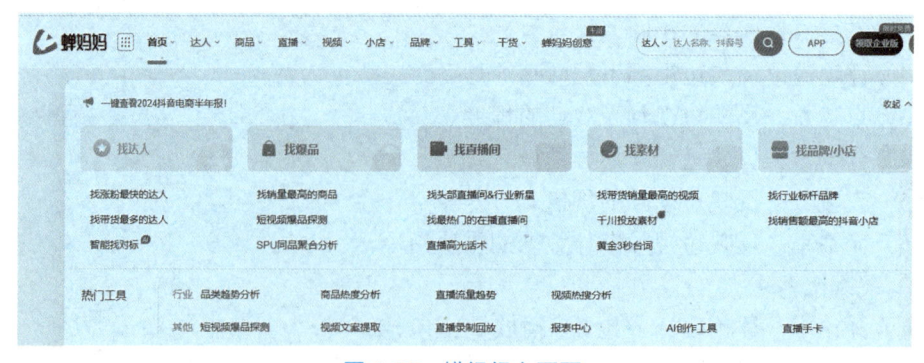

图 4-62 蝉妈妈主页面

2. 抖查查

抖查查是直播电商全能型数据分析平台，其打通了数据分析的全场景需求，提供达人、直播、商品、短视频、小店等多维度的大数据分析服务，同时拥有上万行业资源，为行业对接提供高效服务，全方位助力运营变现，如图 4-63 所示。

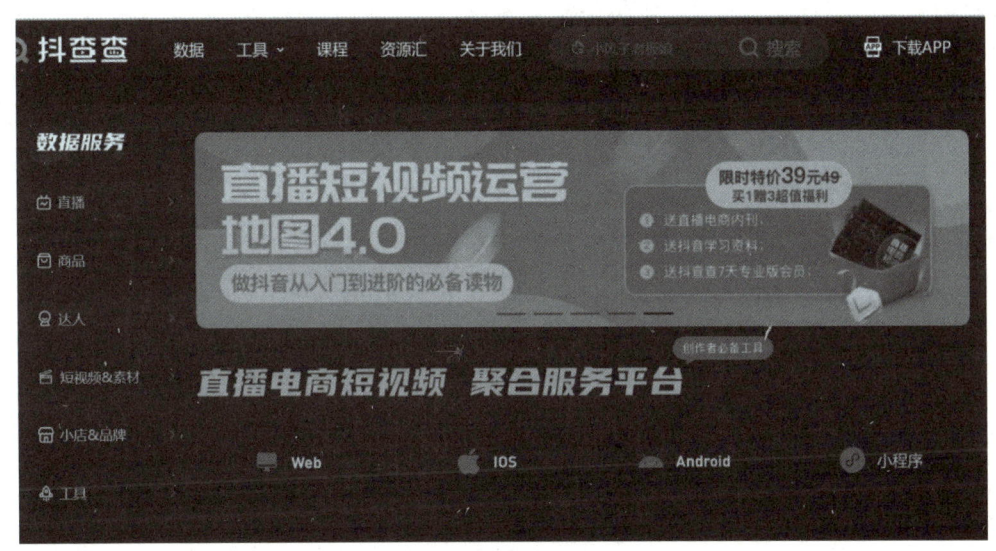

图 4-63　抖查查主页面

3．飞瓜数据

飞瓜数据覆盖微信公众号、微信视频号、微博、抖音、快手、小红书、哔哩哔哩等平台，利用大数据挖掘、机器学习、自然语言处理等技术，分析海量账号的粉丝画像，以及文章、视频、直播间等的数据，并结合强大的数字营销服务能力，为行业用户提供商品、技术服务及行业解决方案，助力品牌的营销决策并有效实现"品效合一"。飞瓜数据主页面如图 4-64 所示。

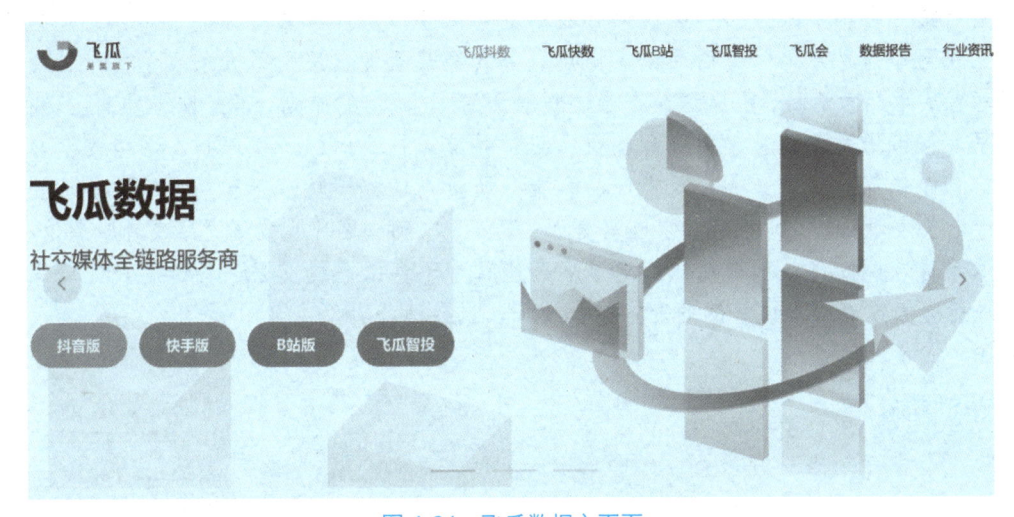

图 4-64　飞瓜数据主页面

4．新抖

新抖是新榜旗下分析抖音短视频和直播电商数据的软件。不仅提供与抖音热门短视频、抖音话题挑战赛等内容相关的创意素材、抖音号和 MCN 机构排行查找功能，还提供直播带货、直播监测、短视频种草带货、热卖商品、品牌营销等全面的短视频在线数据服务，助力达人运营，如图 4-65 所示。

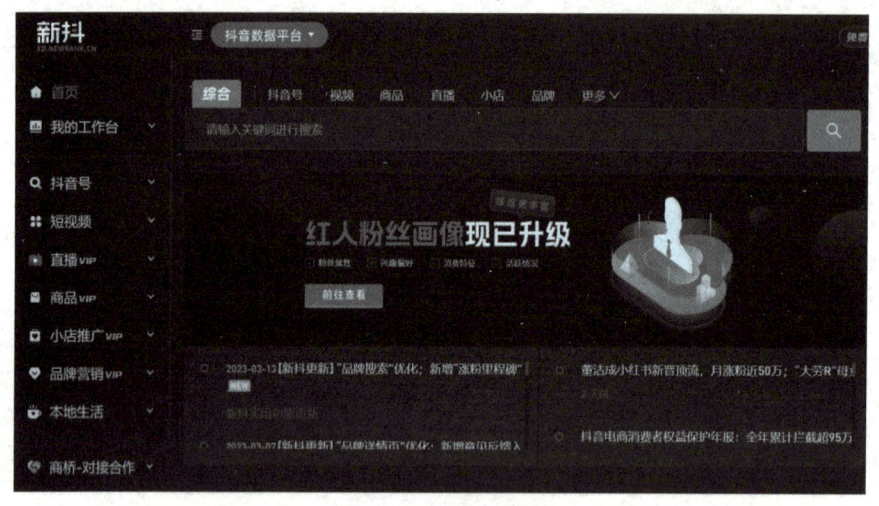

图 4-65　新抖主页面

素养园地

《中华人民共和国电子商务法》是为了保障电子商务各方主体的合法权益，规范电子商务行为，维护市场秩序，促进电子商务持续健康发展而制定的一部法律。该法的适用对象是在中华人民共和国境内开展的电子商务活动。本法所称电子商务，是指通过互联网等信息网络销售商品或者提供服务的经营活动。法则第五条表示：电子商务经营者从事经营活动，应当遵循自愿、平等、公平、诚信的原则，遵守法律和商业道德，公平参与市场竞争，履行消费者权益保护、环境保护、知识产权保护、网络安全与个人信息保护等方面的义务，承担产品和服务质量责任，接受政府和社会的监督。法则第十七条表示：电子商务经营者应当全面、真实、准确、及时地披露商品或者服务信息，保障消费者的知情权和选择权。电子商务经营者不得以虚构交易、编造用户评价等方式进行虚假或者引人误解的商业宣传，欺骗、误导消费者。

同步实训

一、实训概述

本实训要求学生以推广数据可视化为主题，通过教师提供的推广数据，并结合本书内容完成推广数据的可视化分析。

二、实训步骤

实训一：推广渠道引流数据可视化

学生需根据本书所讲的推广渠道引流数据可视化流程，并结合教师提供的推广渠道引流数据，完成推广渠道引流数据可视化分析。

学生可以从以下基本步骤着手准备。

步骤一：流量来源分析。

步骤二：各渠道访客占比分析。

步骤三：流量转化分析。

实训二：推广活动效果数据可视化

学生需根据本书所讲的推广活动效果数据可视化流程，并结合教师提供的推广活动效果数据，完成推广活动效果数据可视化分析。

学生可以从以下基本步骤着手准备。

步骤一：活动引流效果分析。

步骤二：活动转化效果分析。

步骤三：活动拉新效果分析。

步骤四：活动留存效果分析。

实训三：推广内容效果数据可视化

学生需根据本书所讲的推广内容效果数据可视化流程，并结合教师提供的推广内容效果数据，完成推广内容效果数据可视化分析。

学生可以从以下基本步骤着手准备。

步骤一：图文内容运营分析。

步骤二：短视频内容运营分析。

步骤三：直播内容运营分析。

项目五　销售数据可视化

学习目标

知识目标

1. 了解常见的销售数据分析指标。
2. 掌握同比分析、环比分析的方法。
3. 了解影响客单价的因素。
4. 了解影响企业利润的因素。

技能目标

1. 能够按步骤完成销售成交数据可视化分析。
2. 能够按步骤完成销售转化数据可视化分析。
3. 能够对不同平台的客单价进行可视化分析。
4. 能够正确计算销售利润和利润率数据并进行可视化分析。
5. 能够按步骤完成销售利润的预测。

素养目标

1. 具备良好的数据安全意识、较强的数据判断能力和数据预测能力。
2. 能够在销售数据可视化分析的过程中坚持正确的道德观。
3. 具备遵守《中华人民共和国电子商务法》《中华人民共和国数据安全法》等相关法律法规的职业操守。

项目任务分解

本项目包含三个任务，具体内容如下。
任务一：销售成交数据可视化。
任务二：销售转化数据可视化。
任务三：销售利润数据可视化。

本项目旨在引导学生了解与销售数据分析相关的各项工作。通过对本项目的学习，学生能够具备销售数据分析的能力，能够利用数据分析软件完成销售目标达成情况分析、销售趋势分析、单品转化分析、客单价分析、转化率分析、利润与利润率分析、

项目五 销售数据可视化

销售利润预测等数据分析工作,并能够选择适合的图表进行数据可视化展示。

项目情境

企业对销售数据进行分析有利于更好地了解自身的盈利情况,进而了解活动的营销效果,并及时解决营销过程中出现的问题。北京某电子商务企业经过几年的运营,店铺营收基本稳定。为了提升店铺整体的销售业绩及毛利润,运营人员小李计划从店铺往期销售相关的数据着手进行分析,为后期运营策略的优化提供依据。

任务一 销售成交数据可视化

任务分析

电商企业在运营店铺的过程中会产生大量的销售数据,企业需要结合往期的销售数据、营销目标等,及时调整运营策略,帮助企业实现营销目标。在获取了企业往期的销售数据和营销目标后,小李准备开始分析营销目标达成情况,以及各商品的销售情况。

任务实施

一、销售目标达成情况分析

在开始进行销售目标达成情况分析之前,小李了解到柱形图的不同色块可以展示近三年每月或每季度的目标达成情况,折线图可以展示同比增长率,有助于直观地观察销售目标是否达成,以及近几年的销售变化情况。于是她计划采用组合图(折线和堆积柱形图)来分析销售目标达成情况,借助销售目标和不同的色块展示销售目标超额完成或未达成的数量,直观地展现公司多年的销售目标达成情况。

步骤一:导入数据设置基础格式

(1)单击"Excel 工作簿"按钮,在弹出的对话框中选择"销售数据"数据表并打开,在"导航器"对话框中选择"销售数据"工作表,随后单击"加载"按钮,如图 5-1 所示。

数据可视化处理

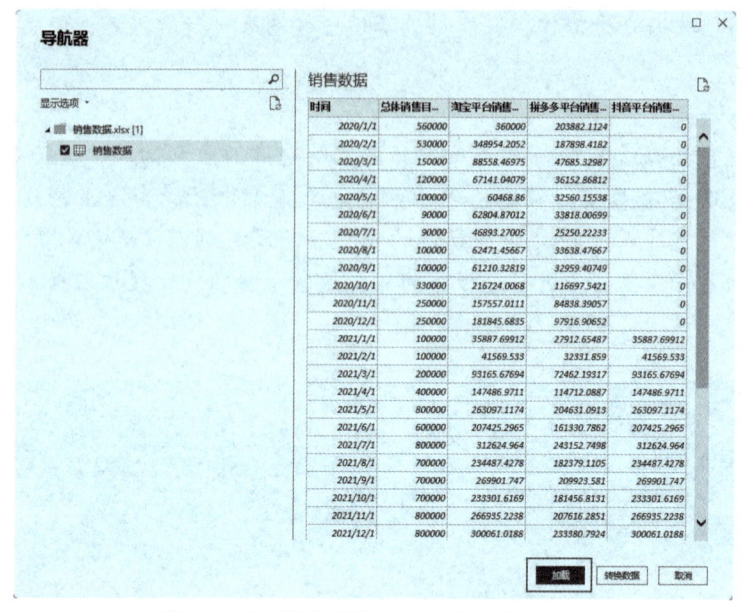

图 5-1　在"导航器"对话框中选择工作表

（2）进入数据视图，选择"时间"字段，设置"数据类型"为"日期"，"格式"为"2001 年 3 月 (yyyy" 年 "m" 月 ")"，如图 5-2 所示。

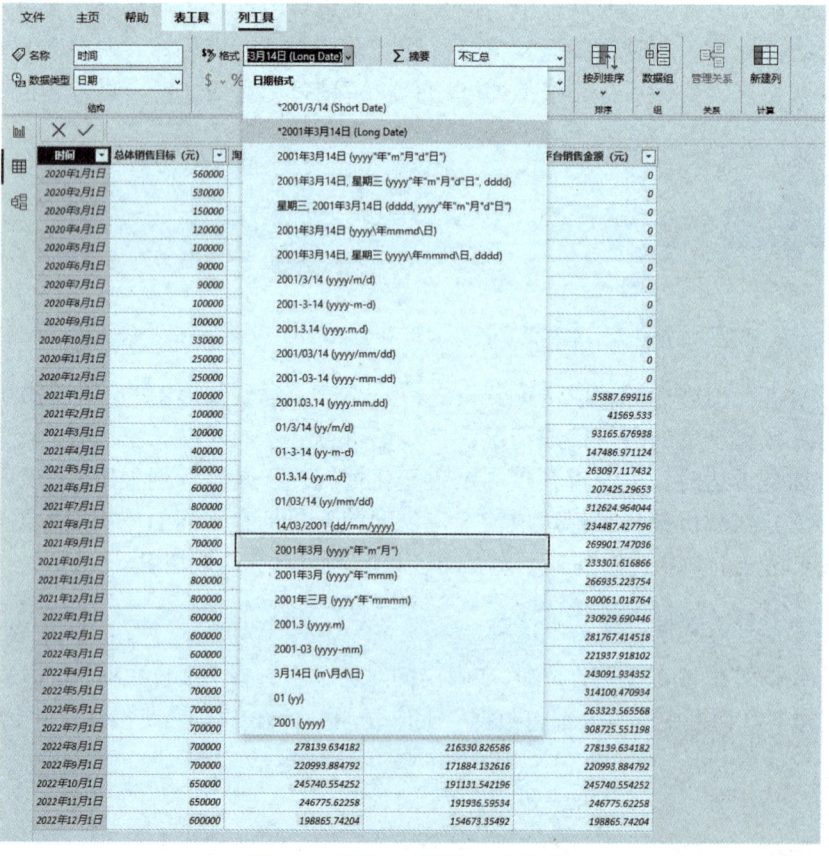

图 5-2　设置"时间"字段格式

（2）进入 Power Query 编辑器，在"添加列"选项卡下的"常规"组中单击"自定义列"按钮。由于企业目前通过淘宝、拼多多、抖音 3 个平台销售商品，所以企业的销售总金额为这 3 个平台销售金额的总和，如图 5-3 所示。

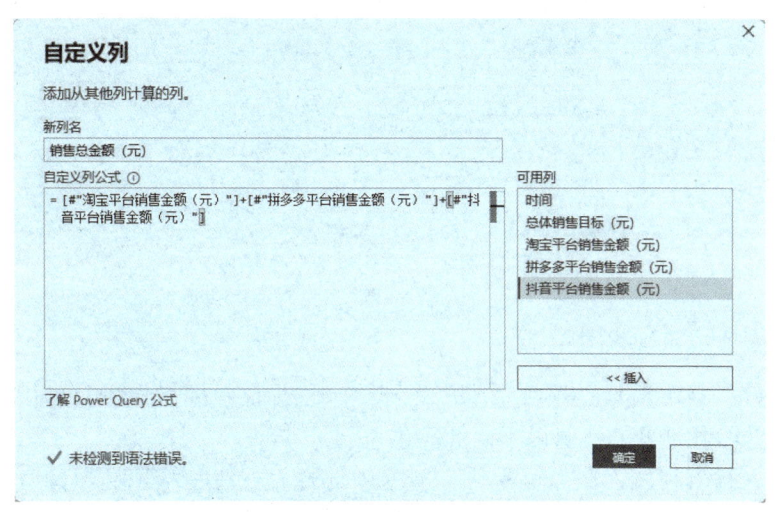

图 5-3　添加"销售总金额（元）"列

步骤二：建立度量值

（1）建立基础度量值。添加列数据并确认无误后单击"主页"选项卡下"关闭"组中的"关闭并应用"按钮，进入 Power BI 操作主页面。为了方便后续的操作，需要建立两个名为"总销售值"和"总目标值"的基础度量值。建立基础度量值公式：总销售值 = SUM(' 销售数据 '[销售总金额（元）])；总目标值 = SUM(' 销售数据 '[总体销售目标（元）])。

（2）新建"基础值"度量值。对比总销售值与总目标值并选择其中的最小值。新建"基础值"公式：基础值 = MIN([总销售值],[总目标值])。

（3）新建"超额完成值"度量值，以便后期对超额完成的值进行堆积。超额完成值是总销售值减去总目标值的差，借助 IF 函数，如果总销售值大于或等于总目标值，则超额完成值 = 总销售值 – 总目标值，如图 5-4 所示。

超额完成值 = IF(' 销售数据 '[总销售值]>[总目标值],[总销售值]-[总目标值])

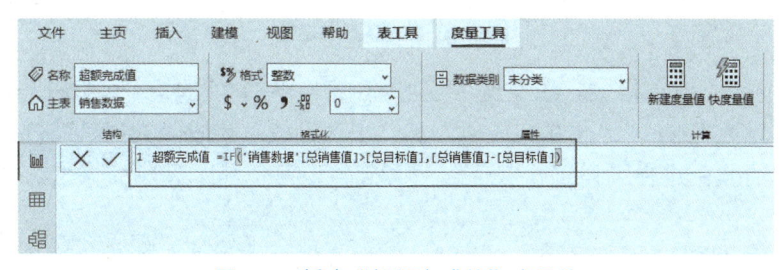

图 5-4　新建"超额完成值"度量值

（4）新建"未达标值"度量值，以便后期对未达标的值进行堆积。未达标意味着总销售值小于总目标值，借助 IF 函数，如果总销售值小于总目标值，则未达标值 = 总

目标值 – 总销售值，如图 5-5 所示。

未达标值 = IF(' 销售数据 '[总销售值]<[总目标值],[总目标值]-[总销售值],0)

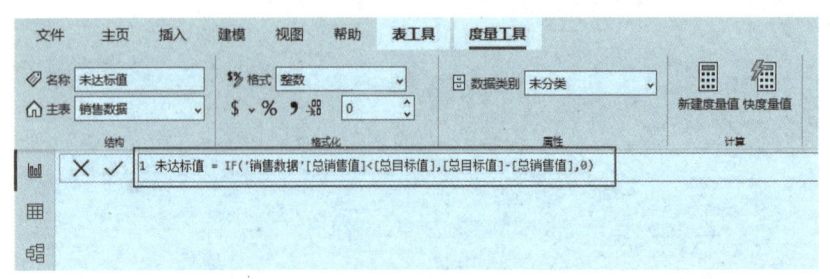

图 5-5　新建"未达标值"度量值

步骤三：生成可视化图

在创建好"基础值"、"超额完成值"和"未达标值"度量值后，可借助组合图进行可视化，并将各堆叠的数值以不同的颜色呈现。

（1）进入报表视图，在"可视化"窗格中选择"折线和堆积柱形图"，在"数据"窗格中选择"销售数据"表，在"数据"窗格下展开"时间"字段中的"日期层次结构"选项，勾选"年"、"季度"和"月份"；将"基础值"、"超额完成值"和"未达标值"字段拖动到"列 y 轴"组中；将"总目标值"字段拖动到"行 y 轴"组中，效果如图 5-6 所示。

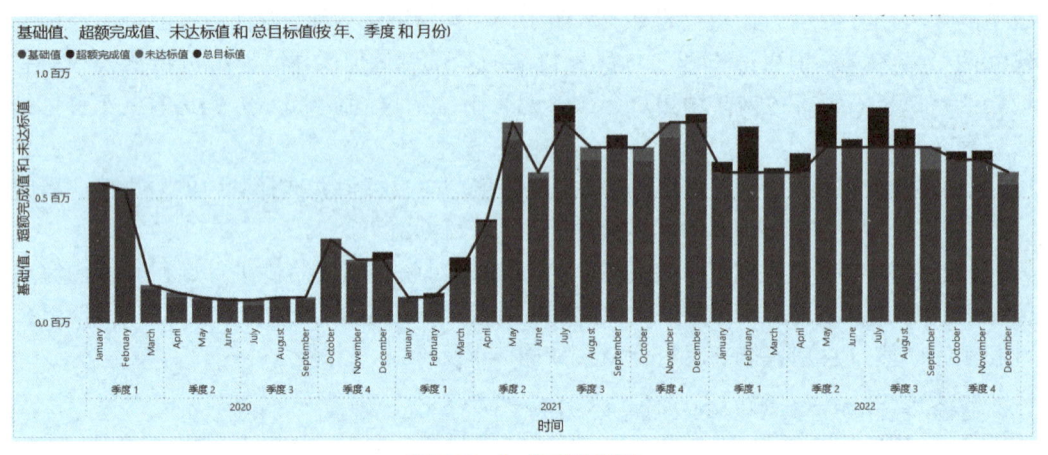

图 5-6　生成可视化图

（2）设置视觉对象格式。切换至"可视化"窗格下的"设置视觉对象格式"选项卡，为了明显区分"基础值"、"超额完成值"和"未达标值"字段的数据呈现效果，对"列"组下各字段的颜色进行了设置，灰色显示基础值，蓝色显示超额完成值，红色显示未达标值。

由于"总目标值"字段在"行 y 轴"组中，所以需在"行"组中设置"形状"下的"笔画宽度"为 0 像素；在"标记"组中，设置"形状"下的"类型"为横线形式，"大小"为 20 像素，"颜色"下的"默认值"为黑色，如图 5-7 所示。完成后修改标题文本为"销售目标及达成情况分析"。

图 5-7 设置视觉对象格式

（3）查看图表效果并分析销售目标达成情况。结合呈现效果，继续调节视觉对象的数据标签、标题等元素的格式，调整视觉对象的位置和大小，最终的组合图效果如图 5-8 所示。由图 5-8 可知，在统计日期内每月的销售金额波动较大，在 2020 年 3 月至 2021 年 3 月期间，销售金额波动较小；在此之后，每月的销售金额大幅提升并趋于平稳，但从 2022 年 1 月开始，每月的销售金额未出现大幅波动；从 2021 年 12 月至次年 12 月，整体的销售目标达成情况较为可观，只有 2022 年 9 月和 12 月未达标，需要进一步分析未达标的原因。

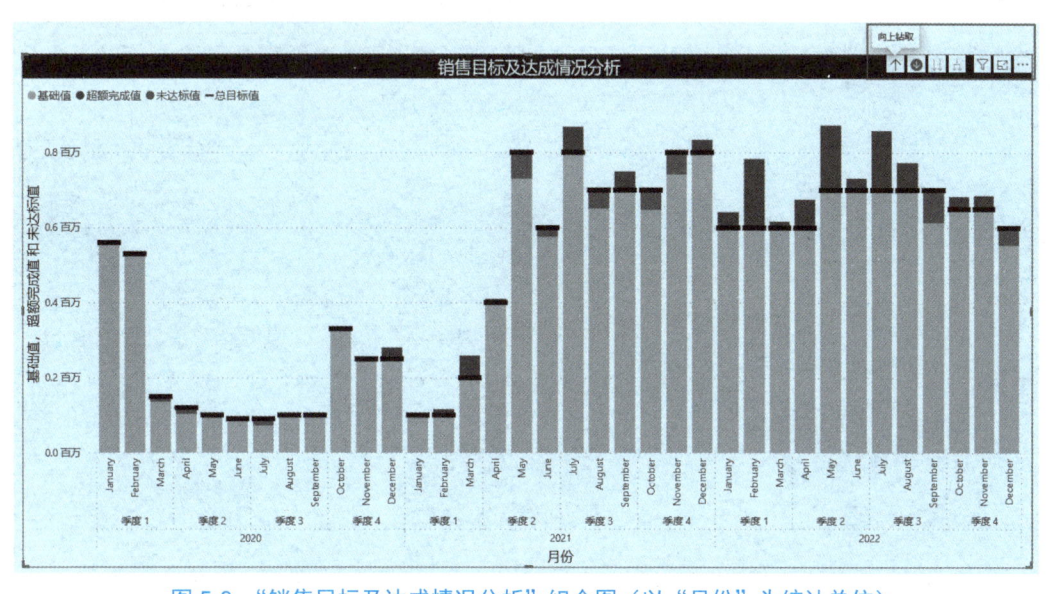

图 5-8 "销售目标及达成情况分析"组合图（以"月份"为统计单位）

由于添加了包含"年"、"季度"和"月份"字段的日期层次结构，所以此时将鼠标指针悬停在视觉对象上方，待"向上钻取"按钮显示在操作栏中后，单击"向上钻取"按钮，打开向上钻取的对象，会显示以"季度"为统计单位的销售目标达成情况。为图表添加数据标签并调整格式，最终的组合图效果如图 5-9 所示。由图 5-9 可知，2020 年只有第 4 季度超额完成销售任务；2022 年每个季度均超额完成任务，尤其是前 3 个季度超额量较大，可进一步分析在这段时间内采用的营销策略，在后期营销过程中可进一步采用并深化该策略。

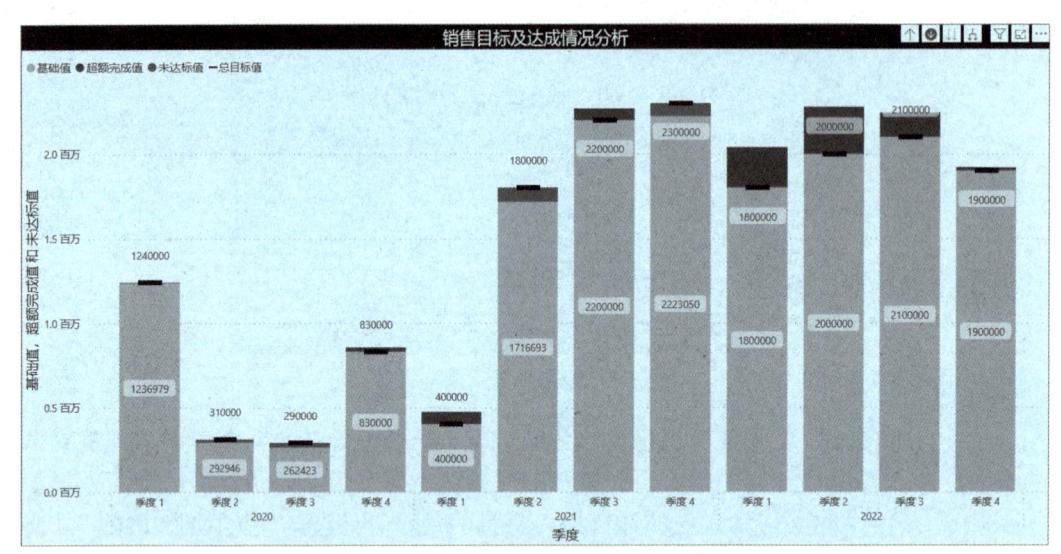

图 5-9 "销售目标及达成情况分析"组合图(以"季度"为统计单位)

继续单击"向上钻取"按钮,显示以"年"为统计单位的销售目标达成情况,最终的组合图效果如图 5-10 所示。由图 5-10 可知,2020 年和 2021 年均未达成销售目标,需要进一步分析这两年的销售目标和营销策略,2022 年超额完成销售目标。

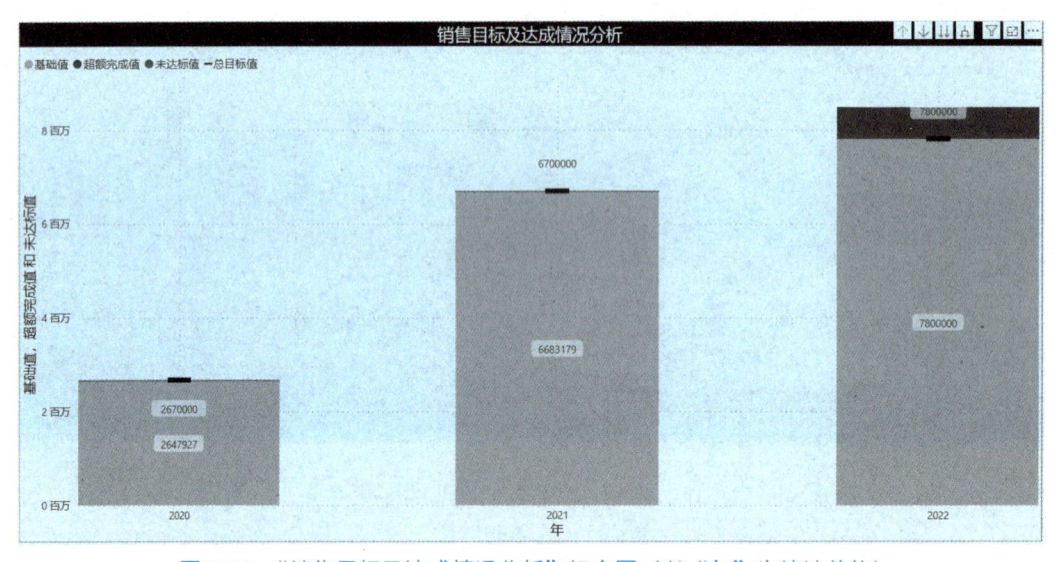

图 5-10 "销售目标及达成情况分析"组合图(以"年"为统计单位)

二、销售趋势分析

步骤一:建立度量值

(1)单击"Excel 工作簿"按钮,在弹出的对话框中选择"销售目标及实际销售数据"数据表并打开,在"导航器"对话框中选择"销售目标及实际销售数据"工作表,随后单击"加载"按钮，如图 5-11 所示。

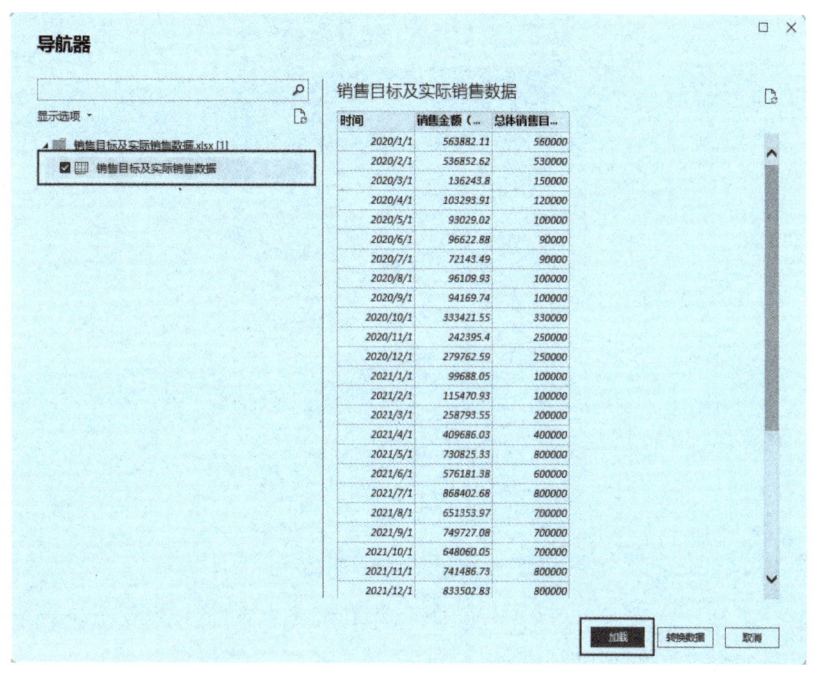

图 5-11 在"导航器"对话框中选择工作表

（2）同比分析法及其计算公式。同比分析是对同类指标的本期数据和同期数据进行比较，企业在数据分析时常用它来比较本期的与上年同期的数据。同比增长率的计算公式：同比增长率 =（本期数 − 同期数）÷ 同期数 × 100%。

在进行可视化分析时，需建立"去年同期销售值"和"环比增长率"的度量值。

去年同期销售值 = CALCULATE([总销售值],SAMEPERIODLASTYEAR(' 销售目标及实际销售数据 '[时间].[Date]))
同比增长率 = DIVIDE([总销售值]−[去年同期销售值],[去年同期销售值])

（3）环比分析法及其计算。环比分析法是对同类指标的本期数据和上期数据进行比较，企业在数据分析时常用它来比较同年不同时期的数据。环比增长率的计算公式：环比增长率 =（本期数 − 上期数）÷ 上期数 × 100%。

在进行可视化分析时，需建立"上月销售值"和"环比增长率"的度量值。

上月销售值 = CALCULATE([总销售值],PREVIOUSMONTH(' 销售目标及实际销售数据 '[时间].[Date]))
环比增长率 = DIVIDE([总销售值]−[上月销售值],[上月销售值])

步骤二：同比增长分析

（1）制作销售同比增长分析可视化图表。进入报表视图,在"可视化"窗格中选择"折线和堆积柱形图"，在"数据"窗格中选择"销售目标及实际销售数据"工作表，在"数据"窗格下展开"时间"字段中的"日期层次结构"选项，勾选"年"、"季度"和"月份"；将"总销售值"和"去年同期销售值"字段拖动到"列 y 轴"组中；将"同比增长率"字段拖动到"行 y 轴"组中，如图 5-12 所示。

数据可视化处理

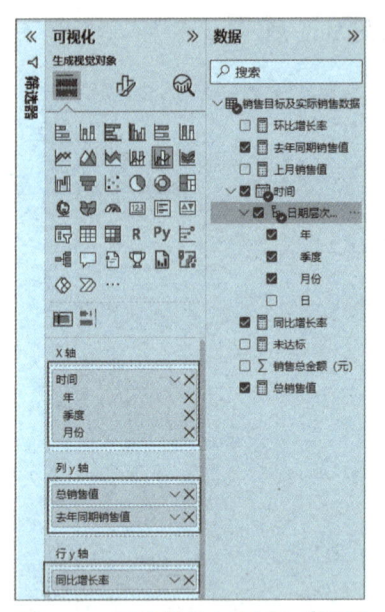

图 5-12 同比增长率分析字段设置

切换至"可视化"窗格下的"设置视觉对象格式"选项卡，修改标题文本，对视觉对象的图例、数据颜色等进行调整。

（2）查看图表效果。结合呈现效果，继续调节视觉对象的数据标签、标题等元素的格式，调整视觉对象的位置和大小，最终的组合图效果如图 5-13 所示。从图 5-13 中可以看出，2020 年至 2022 年的销售金额变化情况，将鼠标指针置于"销售同比增长分析"组合图任意月的同比增长率上，会显示具体的数值。其中，2021 年的增长率较高，说明企业的销售势态良好；2022 年的增长率较为平稳，但从六月份开始，销售增长率出现负增长情况。

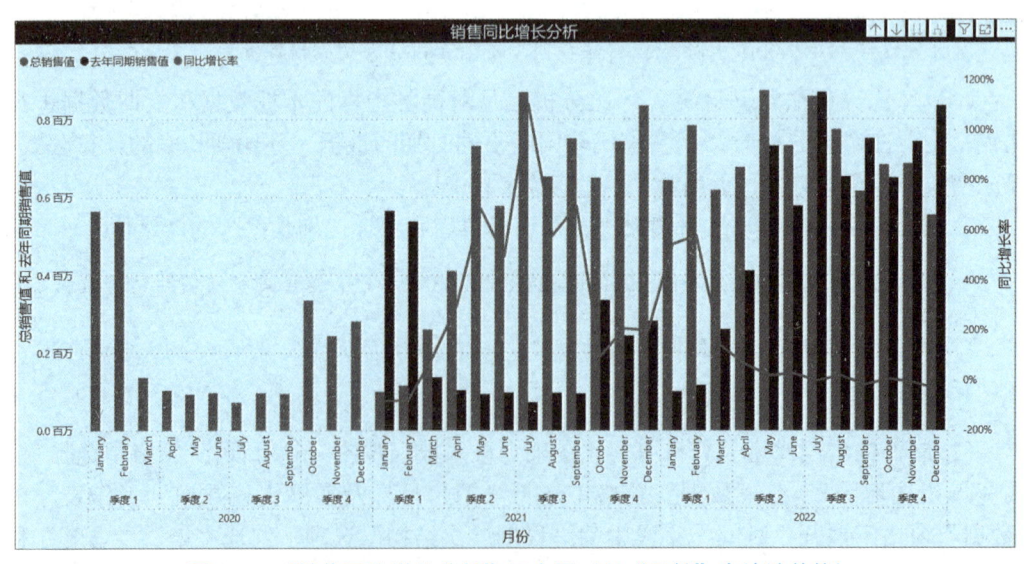

图 5-13 "销售同比增长分析"组合图（以"月份"为统计单位）

单击"向上钻取"按钮即可显示以"季度"为统计单位的同比增长数据，最终的组合图效果如图 5-14 所示。由图 5-14 可知，2022 年第 3 季度和第 4 季度的销售增长率出现负增长情况，结合图 5-13 和图 5-14 的呈现结果，进一步探究 2022 年下半年出现负增长的原因，以便企业在后续运营过程中规避同类问题。

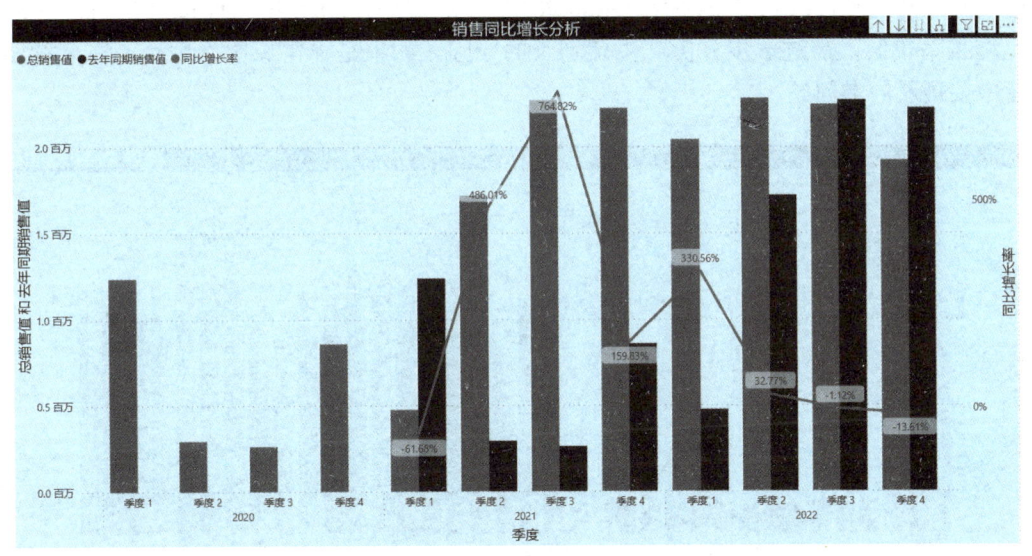

图 5-14　"销售同比增长分析"组合图（以"季度"为统计单位）

步骤三：环比增长分析

（1）制作销售环比增长分析可视化图表。制作该图表的操作步骤与制作销售同比增长分析可视化图表的相同，字段设置如图 5-15 所示。

切换至"可视化"窗格下的"设置视觉对象格式"选项卡，修改标题文本，对视觉对象的图例、数据颜色等进行调整。

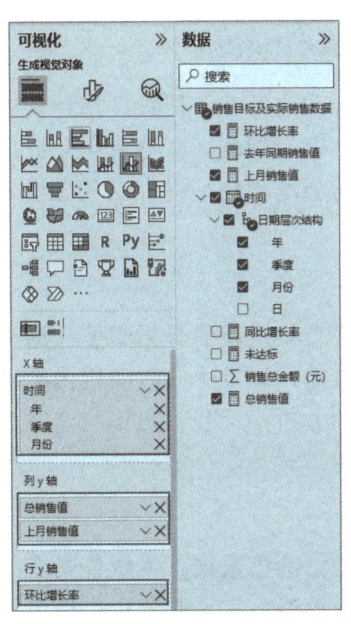

图 5-15　环比增长率分析字段设置

（2）查看图表效果。结合呈现效果，继续调节视觉对象的数据标签、标题等元素的格式，调整视觉对象的位置和大小，最终的组合图效果如图 5-16 所示。由图 5-16 可知，2020 年至 2022 年的销售金额变化情况，将鼠标指针置于"销售环比增长分析"组合图任意月的环比增长率上，会显示具体的数值。其中，2020 年 3 月和 2021 年 1 月环比增长率较低，需进一步分析产生负增长的原因，如果是异常原因，则企业在后续经营中要规避同类问题。

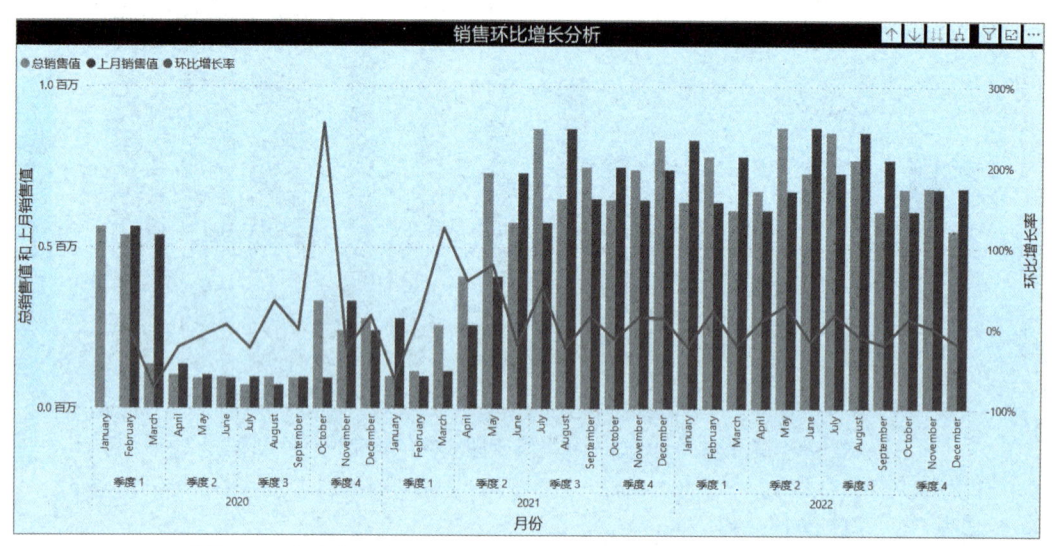

图 5-16 "销售环比增长分析"组合图（以"月份"为统计单位）

知识链接

一、销售成交数据分析的维度和指标

为了更好地了解销售情况和进行业务决策，在运营过程中，通常需要分析销售成交的相关数据，以便及时调整营销策略。在分析企业或店铺的销售成交数据时，需要分析的维度、指标较多，通常会基于商品进行交叉分析。常见的分析维度及其对应的指标如下。

1. 时间维度

时间维度在销售分析中一直是重要的分析维度，通过对不同时段的对比分析，可以了解销售情况的时间分布规律，以及不同时间段内的销售表现，以便及时分析出现该规律或表现的原因。常见的分析指标包括日销售金额、周销量、月订单量、年销售金额、销售增长率等。

2. 渠道维度

进行渠道维度分析可以过滤销售数据，了解各渠道的销售情况，以及不同渠道的销售占比，以便及时调整营销策略。常见的分析指标包括渠道销售金额、渠道销售增长率、渠道推广成本、渠道销售占比等。

3. 商品维度

进行商品维度分析可以了解不同商品的销售表现，以及不同商品的销售占比。如果店铺中的商品可以细分为多种品类，则在分析过程中可以从商品品类的角度对商品进行细分。常见的分析指标包括商品销售金额、商品销售增长率、商品销售占比、商品毛利率等。

4. 客户维度

进行客户维度分析可以了解不同客户群体的购买行为和购买习惯，以及不同客户群体的贡献度。常见的分析指标包括客户购买次数、客户购买金额等。

5. 促销维度

进行促销维度分析可以了解不同促销活动的销售表现，以及促销活动对销售金额的影响。常见的分析指标包括促销销售金额、促销销售增长率、促销活动 ROI 等。

二、Power BI 基础知识——切片器的应用场景

在 Power BI 中，切片器是一种常用的筛选工具，可用于对报表页上的其他视觉对象进行独立筛选。切片器的数据格式多样，如类别、范围、日期等，可以通过格式设置来选择不同的可用值，如图 5-17 所示。

图 5-17 切片器图例

切片器可以帮助用户更加轻松地筛选和过滤数据，同时可以提高报表的可读性和可用性。在创建报表时，应根据不同的数据类型和需求选择不同类型的切片器，并进行恰当的设置和设计，最大限度地提高报表的效果和价值。切片器常见的应用场景如下。

（1）简化访问：将常用或重要的筛选器显示在报表画布上，以简化访问。

（2）方便查看：更方便地查看当前筛选的状态，无须打开下拉列表。

（3）数据筛选：按照工作表中不需要的和隐藏的列筛选，使信息更加清晰明了。

（4）排版设计：通过将切片器置于重要视觉对象周围来创建突出重点的报表，从而使其在视觉上更易于阅读和理解。

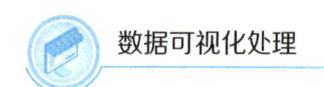

任务二　销售转化数据可视化

任务分析

随着电商市场的迅速发展，各大电商平台之间的竞争愈演愈烈，如何提高转化率成了电商企业获取竞争优势的关键。在这一背景下，店铺运营人员小李决定对销售数据进行深入分析，了解企业的单品转化率和店铺转化率，以便更好地发现潜在的问题。通过对单品转化率和客单价等指标进行分析，更加精确地把握客户的购物行为和消费习惯，调整、优化电商企业的销售策略和运营方案。

任务实施

一、单品转化分析

单品转化率是指客户在浏览某个商品的商品详情页后，最终完成购物的比例。小李决定对所采集商品的访客数、下单件数、加购件数、成交金额等指标进行分析，从而评估各商品的业绩表现。

（1）单击"Excel 工作簿"按钮，在弹出的对话框中选择"单品转化数据"数据表并打开，在"导航器"对话框中选择"销售订单"工作表，随后单击"加载"按钮，如图 5-18 所示。

（2）进入 Power Query 编辑器即可看到导入的数据，如图 5-19 所示。由于"序号"列在后期的数据分析中意义较小，所以需要选中此处"序号"列的标题，右键单击在弹出的快捷菜单中选择"删除"命令，如图 5-20 所示，删除该列的数据。

单击"添加列"选项卡下"常规"组中的"自定义列"按钮，新建"转化率"列，如图 5-21 所示。确认无误后单击"确定"按钮，返回"主页"选项卡，选中新增的"转化率"列并设置"数据类型"为"百分比"，如图 5-22 所示，完成操作后的"转化率"列如图 5-23 所示。确认无误后单击"关闭"组中的"关闭并应用"按钮，进入 Power BI 主页面。

项目五　销售数据可视化

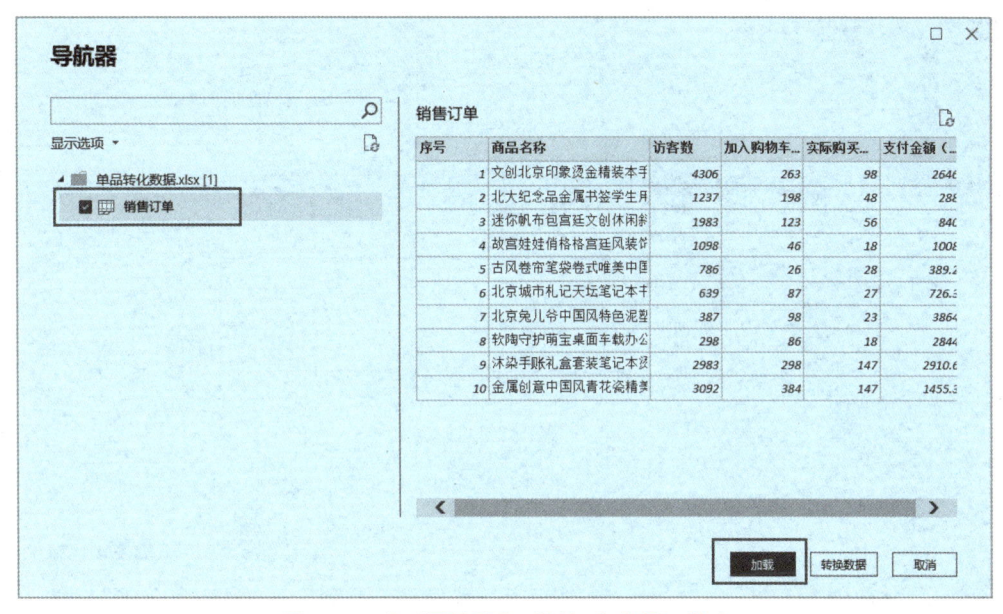

图 5-18　在"导航器"对话框中选择工作表

图 5-19　导入的数据

图 5-20　删除列数据

147

数据可视化处理

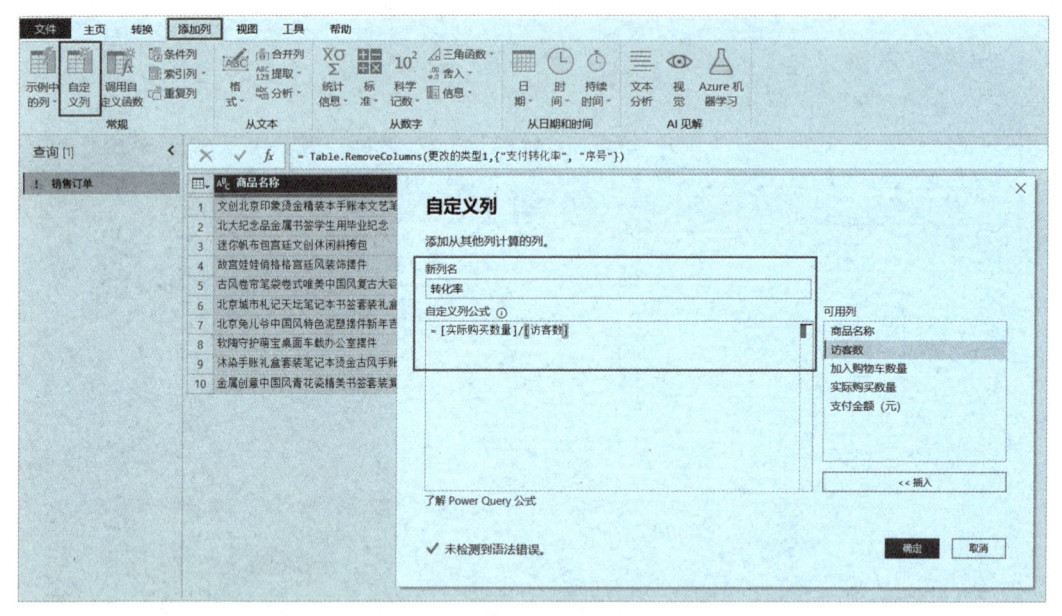

图 5-21　新建"转化率"列

图 5-22　设置"转化率"列的数据类型

图 5-23　以"百分比"形式实现的"转化率"列数据

（3）切换至 Power BI 报表视图，在"可视化"窗格中选择"折线和簇状柱形图"，在"数据"窗格中选择"销售订单"工作表，将"商品名称"字段拖动到"X 轴"组中，将"访客数"和"支付金额（元）"字段拖动到"列 y 轴"组中，将"转化率"字段拖动到"行 y 轴"组中，如图 5-24 所示。

切换至"可视化"窗格下的"设置视觉对象格式"选项卡，调整视觉对象 X 轴、Y 轴、

148

图例对应的字体大小，将图表的标题文本设置为"单品转化率分析"。

由图 5-25 可知，"文创北京印象烫金精装本手账本文艺笔记本礼物"的访客数最高，但其转化率只有 2.28%，转换率偏低。转化率从高到低排名前三的商品分别为"软陶守护萌宝桌面车载办公室摆件"、"北京兔儿爷中国风特色泥塑摆件新年吉祥礼物"和"沐染手账礼盒套装笔记本烫金古风手账记事本"，对应的转化率分别为 6.04%、5.94% 和 4.93%，但前两款商品的访客数明显偏低，且其对应的销售金额较高。综上可知，在后期推广过程中，为了提高店铺的总销售额，对于访客数低但转化率高的商品需要加大引流力度；而对于访客数高但转化率低的商品，则应进一步分析商品详情页信息、商品定价等相关问题，优化商品信息。

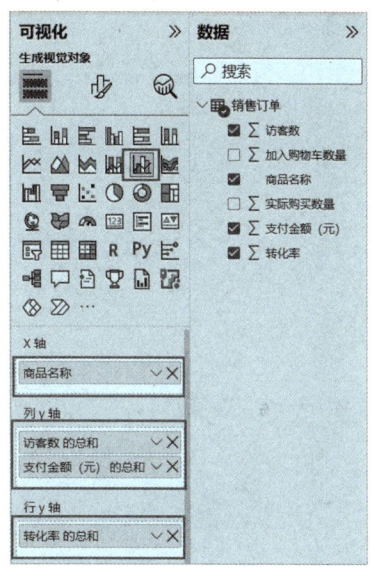

图 5-24　单品转化率分析字段设置

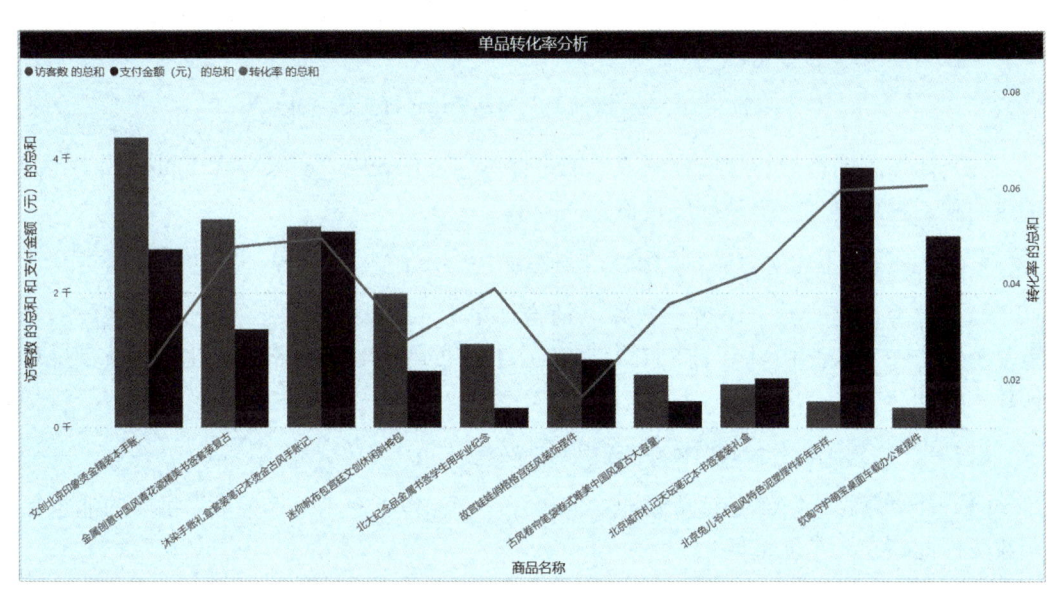

图 5-25　"单品转化率分析"组合图

二、客单价分析

客单价是指在一次购物中平均每笔订单的金额，是评估客户购物行为和消费水平的重要指标。小李决定对各订单信息进行分析，以了解不同时期、不同平台的销售表现和变化趋势。

步骤一：导入数据并建立度量值

（1）单击"Excel 工作簿"按钮，在弹出的对话框中选择"销售订单数据"数据表并打开，在"导航器"对话框中选择"销售订单"工作表，随后单击"加载"按钮，如图 5-26 所示。

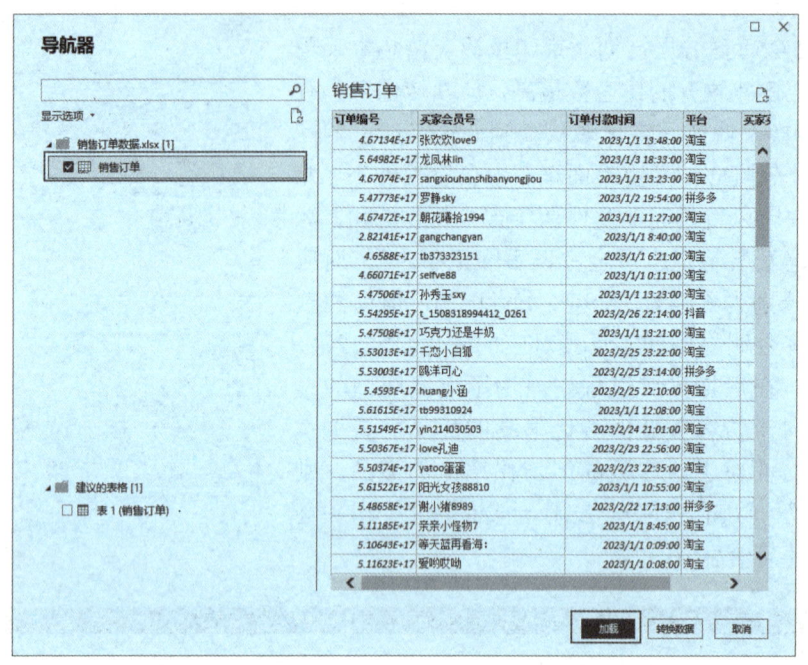

图 5-26 在"导航器"对话框中选择工作表

（2）计算总销售额。总销售额即"销售订单"工作表中"买家实际支付金额（元）"字段的和，据此建立一个基础度量值。

总销售额 = SUM(' 销售订单 '[买家实际支付金额（元）])

（3）计算总客户数。总客户数即"销售订单"工作表中"买家会员号"字段的非重复个数。在 Power BI 中，DISTINCTCOUNT 函数用于对列中非重复性值的数量进行计数，据此建立一个度量值。

总客户数 = DISTINCTCOUNT(' 销售订单 '[买家会员号])

（4）计算总订单数。总订单数即"销售订单"工作表中"订单编号"字段的非重复个数，据此建立一个度量值。

总订单数 = DISTINCTCOUNT(' 销售订单 '[订单编号])

（5）计算客单价。客单价是每个客户在一定的统计周期内平均购买商品的金额。客单价 = 总销售额 ÷ 总客户数，据此建立一个基础度量值。

客单价 = DIVIDE([总销售额],[总客户数])

由客单价计算公式可知：总销售额 = 总客户数 × 客单价，客单价是影响企业或店铺业绩、利润的因素之一。在流量相同的情况下，客单价越高，销售金额就越高。所以，接下来需要结合总销售额、总订单数和总客户量对客单价进行可视化分析。

步骤二：客单价可视化分析

（1）建立可视化表。在"可视化"窗格中选择"表"，在"数据"窗格中选择"销售订单"工作表,依次将"订单付款时间"、"总销售额"、"总订单数"、"总客户数"和"客单价"字段拖动到"列"组中,并勾选"订单付款时间"字段下"日期层次结构"中的所有选项,如图 5-27 所示。

切换至"可视化"窗格下的"设置视觉对象格式"选项卡,对视觉对象的值、列标题、总计等进行调节,最终的表效果如图 5-28 所示。将鼠标指针置于该表任意一个列标题上时,会出现向上或向下的三角符号,三角符号向上时表示该表按照该列数据升序排列,反之则表示降序排列。如图 5-28 所示是指该表按照月份升序排列,并显示每天的总销售额、总订单数、总客户数和客单价。

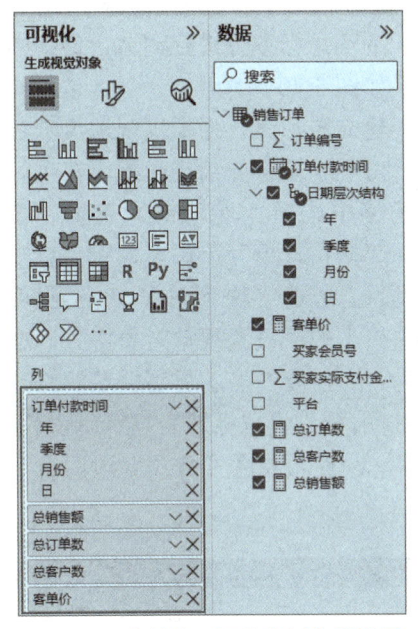

图 5-27 客单价可视化分析字段设置

图 5-28 "客单价数据可视化分析"表
(以"日"为最小统计单位)

选中该可视化图表,在"可视化"窗格中取消勾选"列"组中"订单付款时间"字段下的日期层次结构"日",取消"日"字段数据的显示,该表中的最小统计单位变为"月份",同时,"订单付款时间"、"总销售额"、"总订单数"和"总客户数"字段将汇总当月的总值,如图 5-29 所示。

图 5-29 "客单价数据可视化分析"表(以"月份"为最小统计单位)

由图 5-29 可知,在 1 月份至 3 月份,每个月的客单价都有所差异。其中,2 月份的客单价最高,为 92.46 元;同时,2 月份的总销售额也是最高的,但总订单数和总客户数稍次于 1 月份。

（2）建立饼图。企业在淘宝、拼多多、抖音这3个平台中上架销售的商品基本一致，但由于各平台的客户偏好、营销策略等有所差异，所以总销售额、客单价等数据也不尽相同。为了方便对比展示各平台的客单价，小李计划通过饼图直观地展示各平台销售金额的占比情况，同时利用Power BI的交互功能，实时展示对应平台的其他销售数据。在"可视化"窗格中选择"表"，在"数据"窗格中选择"销售订单"工作表，将"平台"字段拖动到"图例"组中，将"总销售额"字段拖动到"值"组中。切换至"可视化"窗格下的"设置视觉对象格式"选项卡，修改标题文本，对视觉对象的图例、扇区、详细信息标签等进行调节，最终的饼图效果如图5-30所示。

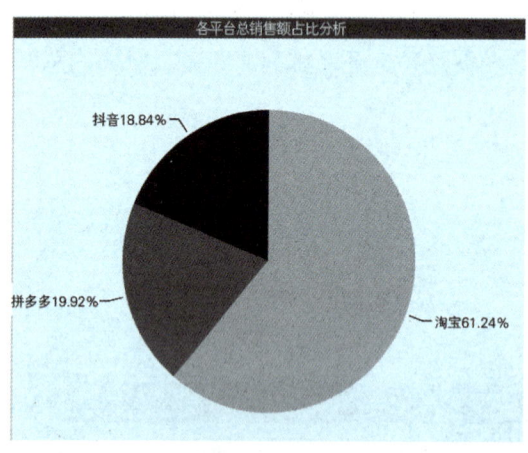

图5-30 "各平台总销售额占比分析"饼图

（3）建立卡片图。为了直观地展示各平台1月份至3月份的销售数据，在"可视化"窗格中选择"表"，在"数据"窗格中选择"销售订单"工作表，将"总销售额"字段拖动到"字段"组中。切换至"可视化"窗格下的"设置视觉对象格式"选项卡，调整标注值的显示单位为"无"、值的小数位为"0"，取消显示类别标签，修改标题文本并调整颜色、背景等。操作完成后复制3个卡片图，分别设置标题为"总订单数"、"总客户数"和"客单价"，随后选中以上4个卡片图，设置功能区"格式"选项卡下的对齐方式为"横向对齐"，如图5-31所示。

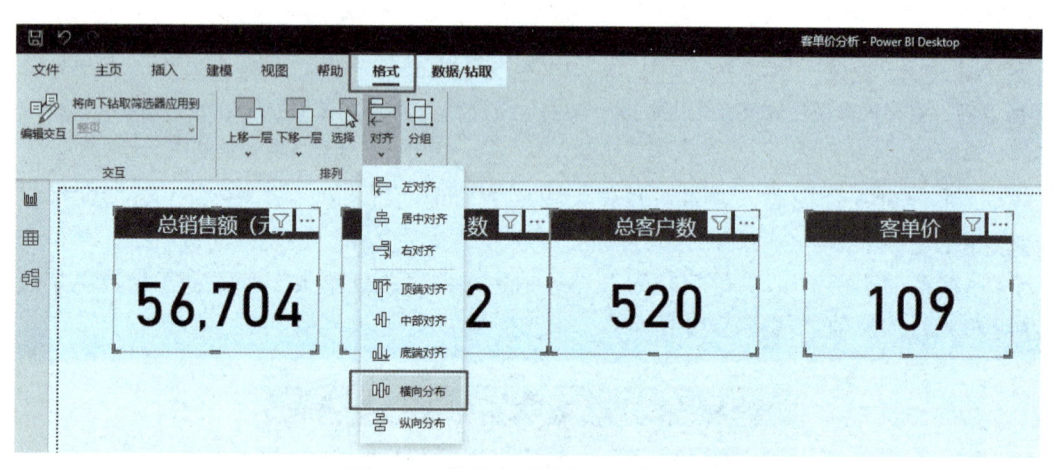

图5-31 设置多个图表的对齐方式

（4）查看图表效果。结合呈现效果，继续调节其他视觉对象的位置、大小及排列，得到的各平台销售客单价可视化效果图如图5-32所示。由图5-32可知，1月至3月，淘宝、拼多多、抖音3个平台的总销售额约为92588元，成交的总订单数为1285单，总客户数为678人，客单价约为136元。

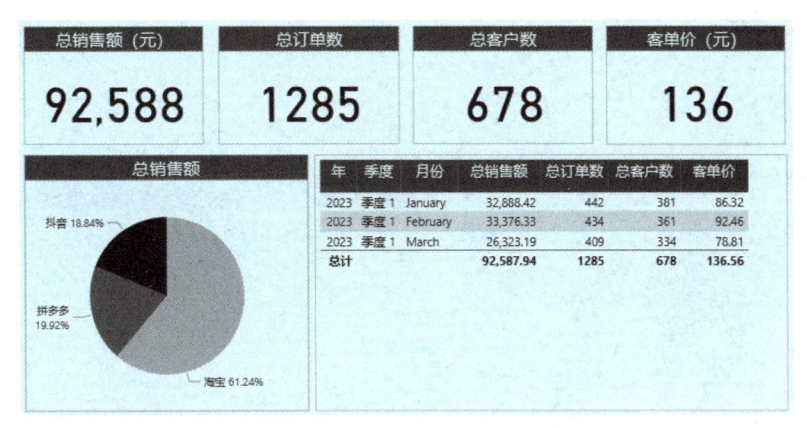

图 5-32　各平台销售客单价可视化效果图

由于这些视觉对象之间可以相互交互，所以单击"总销售额"饼图对应的平台，可以直观地看到该平台对应的总销售额及客单价的相关数据，如图 5-33 和图 5-34 所示分别为淘宝平台和拼多多平台店铺对应的总销售额及客单价视觉效果图。由图 5-35 可知，二月份总销售额占比最高的是淘宝平台，约为 20.86%，且其客单价也是最高的，约为 92.46 元。

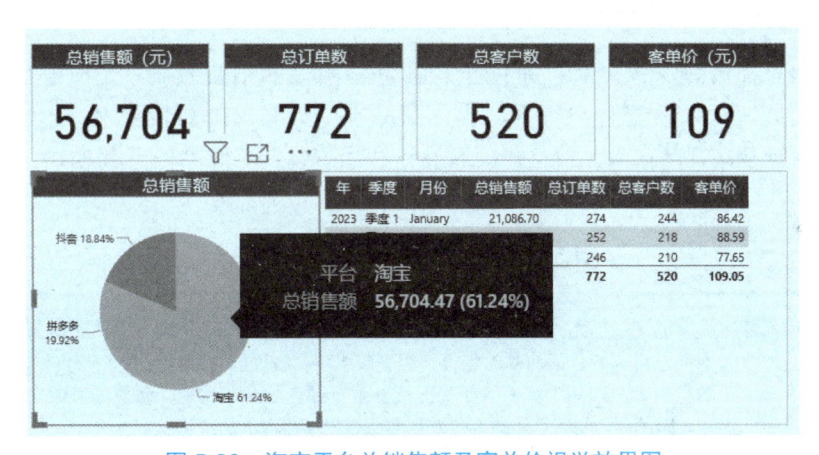

图 5-33　淘宝平台总销售额及客单价视觉效果图

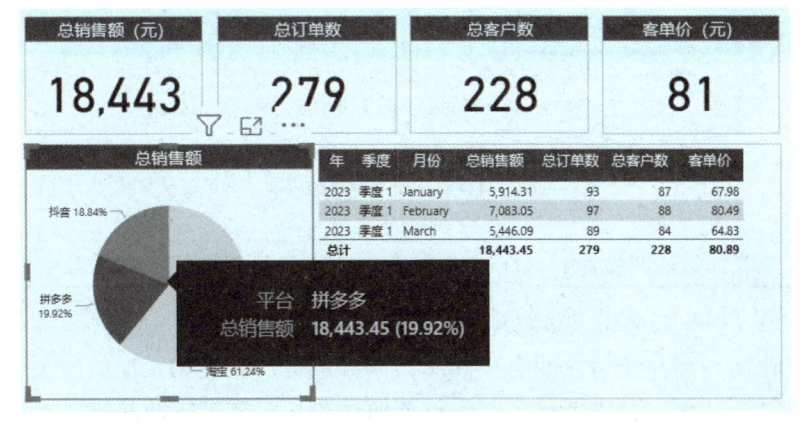

图 5-34　拼多多平台总销售额及客单价视觉效果图

153

数据可视化处理

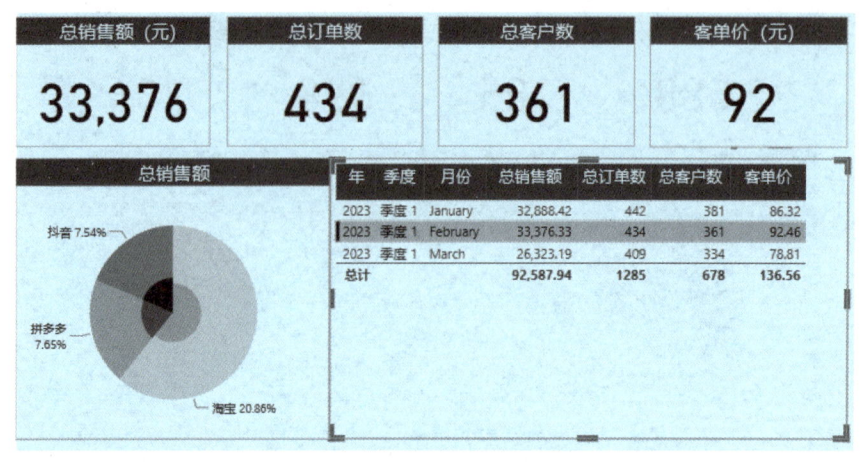

图 5-35　二月份各平台店铺总销售额及客单价视觉效果图

> 知识链接

一、提高单品转化率的方法

对企业单品转化率的分析，有助于企业评估商品的销售效果，及时发现销售过程中存在的问题，深入研究客户行为，优化商品推广策略，提高转化率。影响单品转化率的因素比较复杂，包括商品价格、页面设计和用户体验、商品信息和描述、促销活动、购物体验等，常见因素如表 5-1 所示。

表 5-1　影响单品转化率的常见因素

影响因素	具体影响
商品价格	商品价格因素包括商品的定价和优惠政策两个方面。合理的定价策略，如与市场价格相比的竞争力、产品价值的匹配等，可以激发客户的购买欲望。此外，优惠政策，如折扣、满减、赠品等，也可以刺激客户发生购买行为，提高单品转化率
页面设计和用户体验	页面设计可直接影响客户对单品的视觉和交互体验，如页面的布局、商品展示方式、图片质量、文字描述等。如果页面设计吸引力强、易于使用、符合客户期望，则会提高客户的购买兴趣，从而提高单品转化率
商品信息和描述	详细的商品信息和具有吸引力的描述，如商品的特性、用途、优点、价格等，能够帮助客户更好地了解商品，从而增加购买的决策依据，提高单品转化率
促销活动	促销活动对客户做出购买决策也有较大的影响。例如，定向广告、电子邮件营销、社交媒体推广等方式，可以将目标客户引导至单品页面，并通过优惠活动、限时促销等方式激起客户的购买欲望，从而提高单品转化率
购物体验	舒适的购物环境和良好的购物体验可以激发用户的购买欲望，从而提升客单价

在进行单品转化率分析及策略优化时，可以从以下几个方面入手。

（1）优化店铺商品详情页信息。商品详情页是客户做出购买决策的关键，页面设计应尽量简洁、清晰，其中要包含高质量的商品图片、详细的商品描述和具有吸引力的销售文案，以激起客户的购买欲望。

（2）添加商品资质证明。商品资质证明通常包括国家颁发的食品经营许可证、专业检验机构出具的商品资质证书、客户的评价等内容，在商品页面添加资质证明内容可以提高客户对商品的信任度，从而增强购买决策的确定性，提高单品转化率。

（3）增设促销活动。满减、买一赠一、限时折扣等促销活动，有助于激起客户的购买欲望，从而促使其更快地完成购买行为，提高商品的成交量。

（4）个性化推荐。通过客户的历史购买数据、浏览行为等信息，提炼客户标签，绘制客户画像，并依据客户画像信息提供个性化的商品推荐，更好地满足客户的需求，提高客户购买商品的可能性。

二、提升客单价的方法

客单价是电商企业经营的重要指标之一，通常反映了客户在一定时间内的消费意愿和消费水平。影响客单价的因素有很多，包括商品定价、促销活动、关联营销、商品特征、购物体验等，如表5-2所示。

表5-2　影响客单价的因素

影响因素	具体影响
商品定价	商品定价的高低基本上决定了客单价，在实际销售中，客单价只会在商品定价范围内上下浮动
促销活动	打折、满减、买一赠一等促销活动，都可以影响客户购物时的实际消费金额。促销活动通常会刺激客户增加购买数量或选择较高价位的商品或服务，从而提升客单价
关联营销	店铺一般会在商品详情页中推荐相关的购买套餐，同时关联其他商品的链接。通过这种推荐销售、交叉销售和附加销售的营销策略，引导客户购买其他相关或附加的商品或服务，从而提升客单价
商品特征	高品质、高附加值的商品或服务，使客户更容易为它的高价格买单
购物体验	舒适的购物环境和良好的购物体验可以激起客户的购买欲望，从而提升客单价

结合影响客单价的因素可知，提升客单价最直接的方法就是引导客户购买更多的商品。因此，电商企业通常采用以下几种营销策略来提升客单价。

（1）提供附加服务。设置满足一定的消费金额或消费数量后可以享受的服务。例如，部分纪念用品可以提供免费刻字服务。这些运营方式主要通过提供更多的附加服务来引导客户多买多享。

（2）促销活动。设置"买一赠一"、"两件八折，三件七折"、"第二件半价"和"两件包邮"等限时或限量活动，在限定时间内促使客户购买，从而提升订单金额和客单价。

（3）商品关联营销。在商品详情页或结账页面中推荐相关产品或提供附加服务选项，引导客户购买其他相关或附加的产品或服务。例如，通过搭配销售、捆绑销售或推荐搭配商品的方式，在提高客户购物体验的同时，促使客户购买更多的商品，从而提升客单价。

（4）客服推荐。客服推荐是提升客单价的一个非常重要的方式，客服可以通过线上沟通来解答客户提出的问题；也可以通过短信或其他方式来与现有客户保持联系，提供独家优惠或个性化促销信息，直接促进客户做出购买决策。通过优质合理的推荐

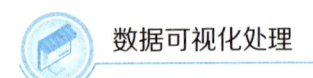

提升客单价。

（5）设置免邮门槛。在达到一定金额的订单或达到一定数量的订单后，可以免除运费，以鼓励客户购买更多的商品，达到免邮门槛，从而提升客单价。

任务三　销售利润数据可视化

任务分析

销售利润数据可视化是企业进行利润分析、优化推广策略，以及预测销售业绩的一个重要工具。在分析销售利润时，企业需要关注销售利润的影响因素、企业利润及利润率、销售利润预测等内容。小李在分析销售利润时，首先获取了企业近半年推广的相关数据，然后借助饼图，优化推广渠道和成本支出。另外，小李同时获取了近三年某平台店铺的销售数据，随后借助组合图（折线和簇状柱形图），展示近三年各月、季度、年份的销售金额、成本、利润、订单数量和成本利润率。可结合实际成本及利润情况，优化投入成本，或者结合近三年的销售数据，预测未来半年的销售数据。

任务实施

一、利润与利润率分析

小李在进行企业整体的利润与利润率分析之前，首先分析了成本、销售金额、利润、利润率之间的关系，然后根据分析结果计算出了每月的销售利润和成本利润率，最后通过 Power BI 进行可视化分析。

步骤一：计算利润及利润率

（1）单击"Excel 工作簿"按钮，在弹出的对话框中选择"销售数据"数据表并打开，在"导航器"对话框中选择"销售数据"工作表，随后单击"加载"按钮，如图 5-36 所示。完成数据加载后，单击"主页"选项卡下"查询"组中的"转换数据"按钮，进入 Power Query 编辑器。

（2）计算利润。单击"添加列"选项卡下"常规"组中的"自定义列"按钮，在弹出的"自定义列"对话框中输入新列名"利润"。由于利润一般是指收入与成本的差额，所以利润的计算公式：利润 = 收入 − 成本。单击插入右侧"可用列"中的列标题，结合公式最终输入：=[#"销售金额（元）"]-[#"总成本（元"]。确认无误后单击"确定"

按钮，完成利润计算，操作过程如图 5-37 所示。

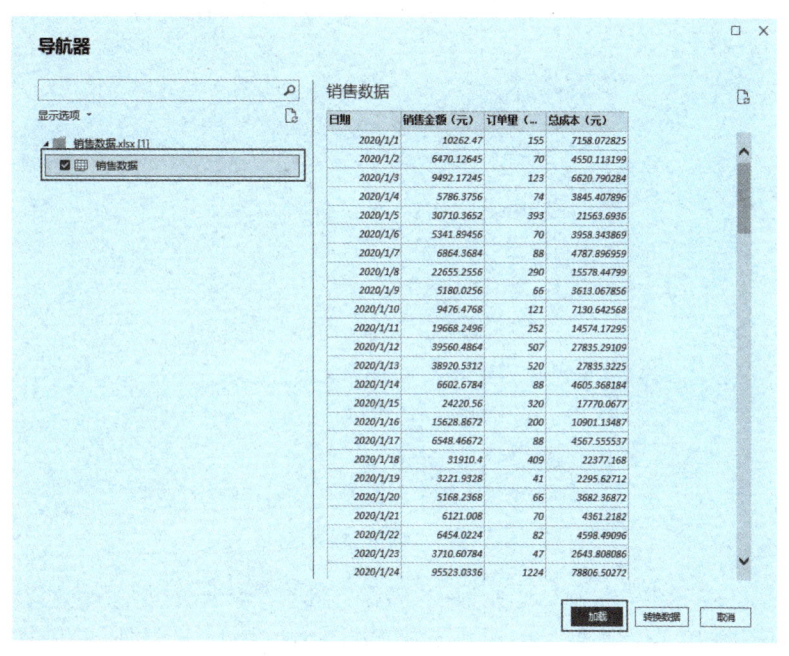

图 5-36　在"导航器"对话框中选择工作表

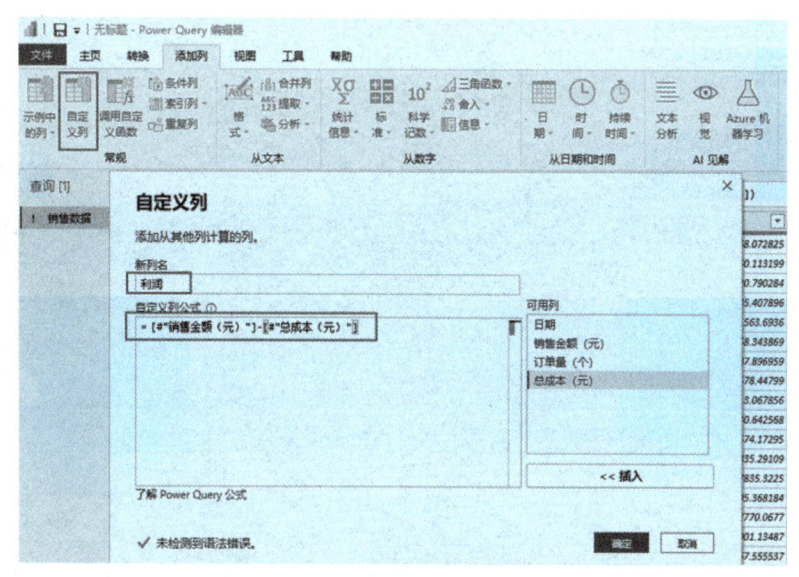

图 5-37　计算利润

（3）计算成本利润率。单击"添加列"选项卡下"常规"组中的"自定义列"按钮，在弹出的"自定义列"对话框中输入新列名"成本利润率"。利润率是指利润值的转化形式，是同一剩余价值量的不同计算方法。利润率通常分为成本利润率、销售利润率和产值利润率。成本利润率的计算公式：成本利润率 =（收入 − 成本）/ 成本 ×100% = 利润 / 成本 ×100%。单击插入右侧"可用列"中的列标题，结合公式最终输入：=[利润]/[#"总成本（元）"]。确认无误后单击"确定"按钮，完成成本利润率的计算，操作过程如图 5-38 所示。

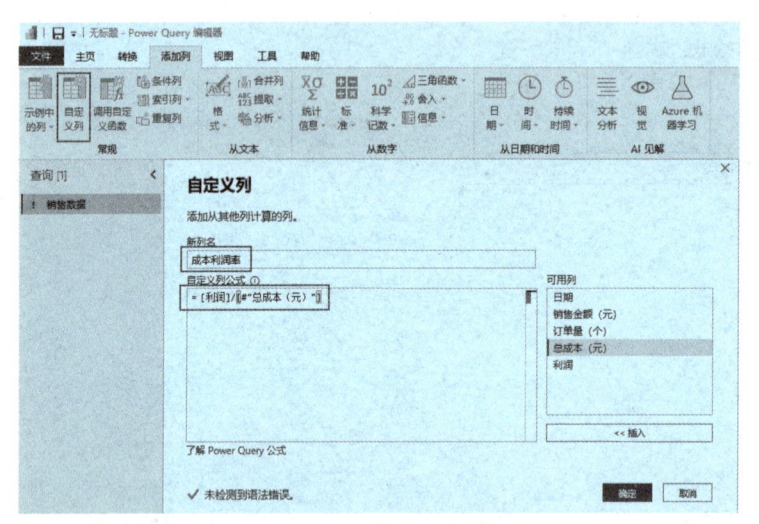

图 5-38 计算成本利润率

（4）调整格式。在"主页"选项卡下"转换"组的"数据类型"下拉列表中修改"利润"字段，使其以"定点小数"的形式显示，如图 5-39 所示，使"成本利润率"字段以"百分比"的形式显示，如图 5-40 所示。

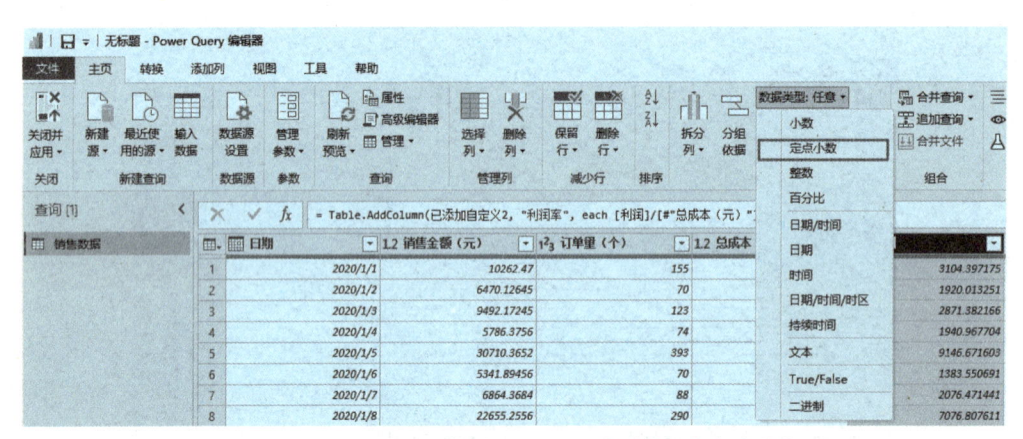

图 5-39 设置"利润"字段的数据类型为"定点小数"

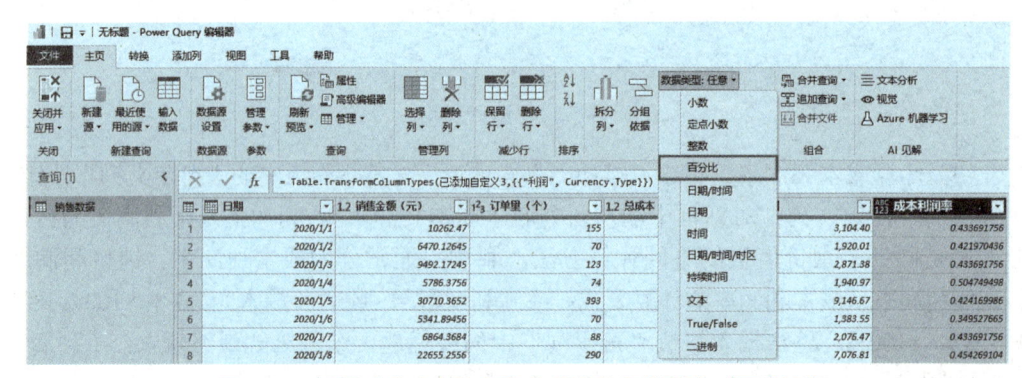

图 5-40 设置"成本利润率"字段的数据类型为"百分比"

步骤二：利润及成本利润率可视化分析

（1）数据可视化。单击"主页"选项卡下"关闭"组中的"关闭并应用"按钮，进入报表视图，在"可视化"窗格中选择"折线和簇状柱形图"，在"数据"窗格中选择"销售数据"工作表，将"成本利润率"字段由"列 y 轴"组拖动到"行 y 轴"组中，设置"利润"和"成本利润率"均以"求和"的方式显示。至此，可得到利润及成本利润率的可视化分析图表。

（2）切换至"可视化"窗格下的"设置视觉对象格式"选项卡，修改标题文本，结合呈现效果，对视觉对象的行、列、位置、大小等进行调整。

（3）查看图表效果。结合呈现效果，继续调节视觉对象的数据标签、标题等元素的格式，调整视觉对象的位置和大小，最终的组合图效果如图 5-41 所示。因 X 轴呈现的日期为"日"，所以数据量较大，可以通过拖动图表下方的滑块来查看具体日期的数据，也可以单击视觉对象操作栏中的"向上钻取"按钮，查看每月、每季度、每年的销售利润所对应的成本利润率。以"季度"为统计单位的"利润及成本利润分析"组合图如图 5-42 所示。

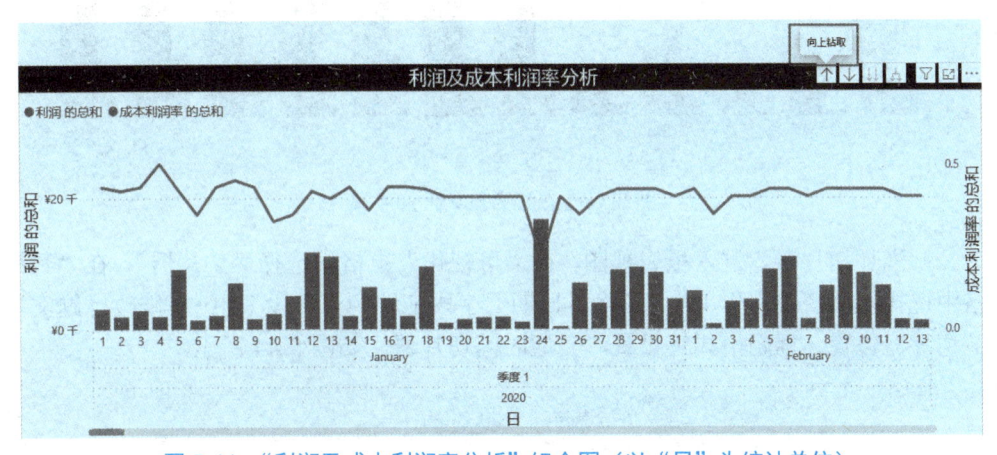

图 5-41 "利润及成本利润率分析"组合图（以"日"为统计单位）

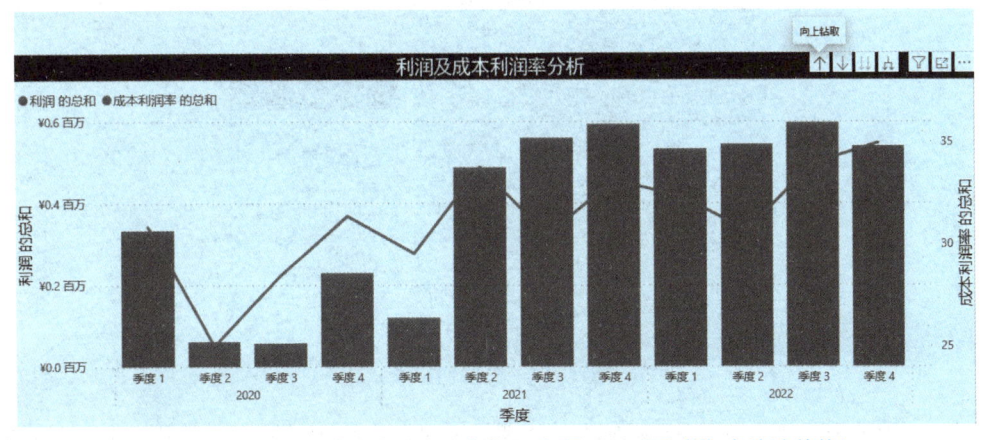

图 5-42 "利润及成本利润率分析"组合图（以"季度"为统计单位）

由图 5-42 可知，从整体上看，从 2020 年到 2022 年，企业整体的利润呈上升趋势，这意味着企业整体的经济效益在提高。但成本利润率基本维持在 25% ~ 34.9% 范围内，成本利润率越高，为获得相应的利润需要付出的代价越小。所以，企业经营者需要最大限度地提升成本利润率。

步骤三：利润及成本利润率综合分析

（1）在组合图中添加字段。为了在 Power BI 页面中同时查看不同时间段的利润、销售金额、总成本、成本利润率之间的关系，可以在组合图中的"列 y 轴"组中拖入"销售数据"工作表中的"销售金额（元）"和"总成本（元）"字段，完成操作后的结果如图 5-43 所示。

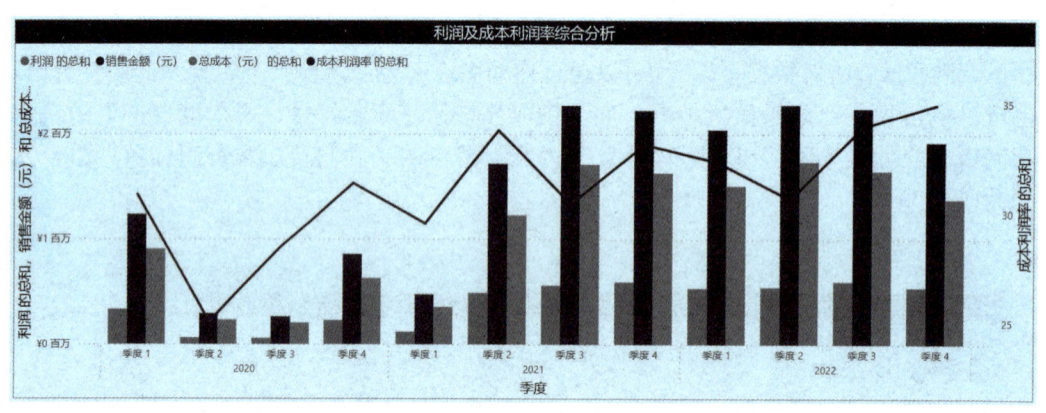

图 5-43　在组合图中添加字段

（2）添加切片器。进入报表视图，在"可视化"窗格中选择"切片器"，在"数据"窗格中选择"销售数据"工作表，将"日期"字段拖动到"字段"组中，修改标题文本，调节切片器设置、标题格式等设置，完成时间切片器，如图 5-44 所示。

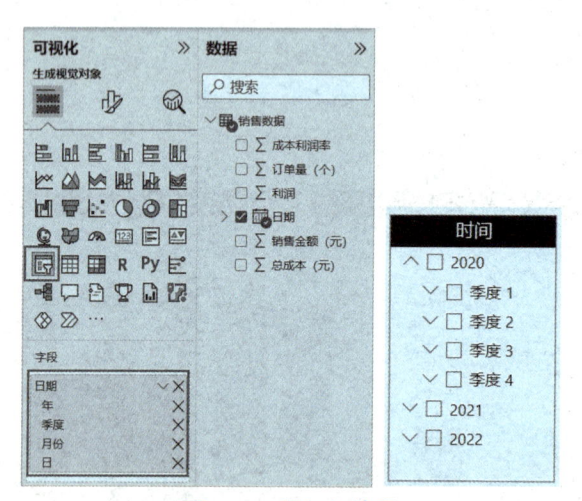

图 5-44　添加切片器

（3）添加卡片图。进入报表视图，在"可视化"窗格中选择"卡片图"，在"数据"窗格中选择"销售数据"工作表，将"利润"字段拖动到"字段"组中，修改标题文本，调节类别标签、属性、效果等设置，完成"利润"卡片图的添加，如图 5-45 所示。

项目五　销售数据可视化

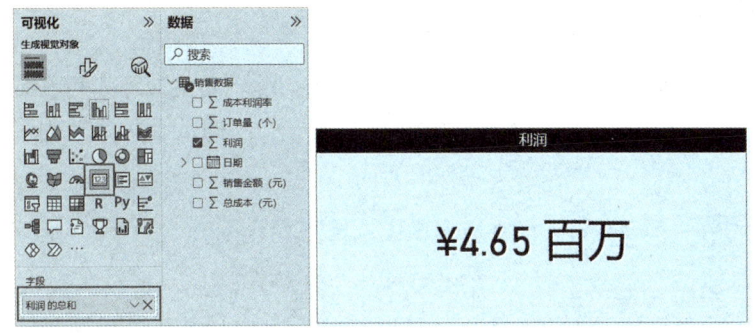

图 5-45　添加"利润"卡片图

复制粘贴两张"利润"卡片图并选中，分别修改标题文本为"销售金额（元）"和"总成本（元）"，调节类别标签、属性、效果等设置，完成"销售金额（元）"和"总成本（元）"卡片图的添加，调节页面各图表的位置，最终完成"利润及成本利润率综合分析"组合图，如图 5-46 所示。

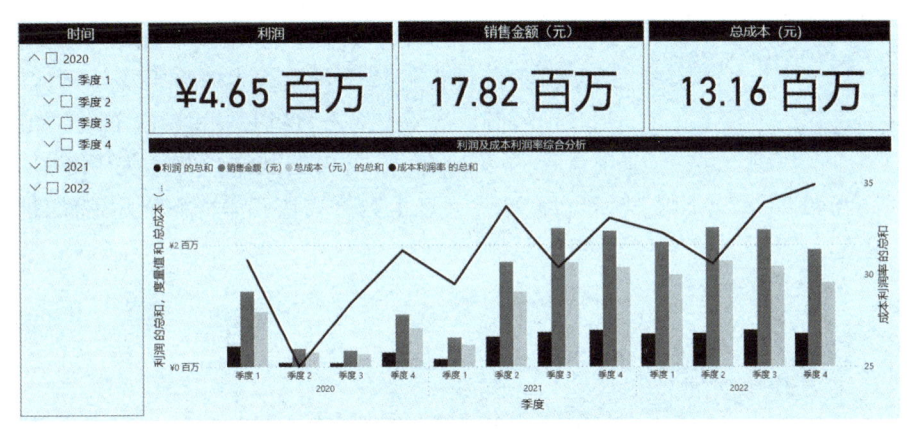

图 5-46　"利润及成本利润率综合分析"组合图

通过切片器可以选择时间段，页面中的图表其他数据会同步显示所选择时间段内的数据。通过这种方式，不仅可以看出利润和成本利润率的变化趋势，还可以通过自定义的方式，清晰地显示出对应时间段内的销售数据，如图 5-47 所示。

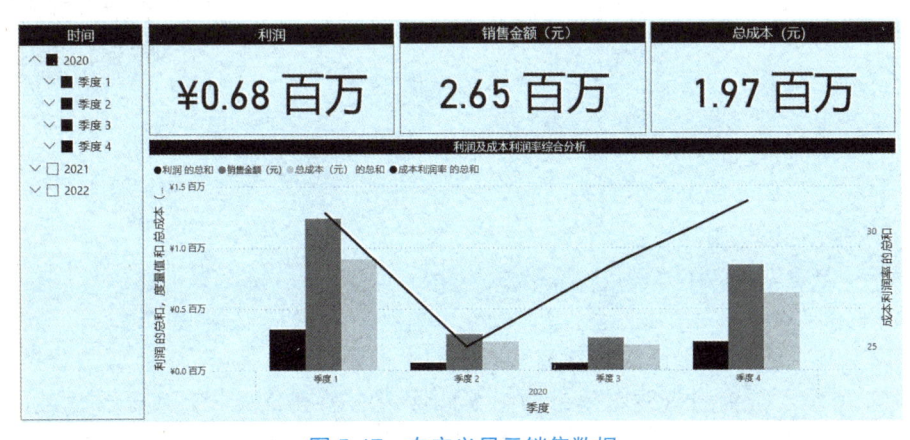

图 5-47　自定义显示销售数据

161

二、销售利润预测

销售利润预测是企业运营中必不可少的一个步骤。企业管理者可在历史数据和现有生产运营条件的基础之上，根据各种影响因素与利润的依存关系，对利润的变化趋势进行预测。

步骤一：选择可视化图表

在"可视化"窗格中选择"折线图"，在"数据"窗格中选择"销售数据"工作表中的"日期"字段拖动到"X轴"组中，并取消勾选"日期层次结构"选项中的"日"；将"利润"字段拖动到"Y轴"组中，如图5-48所示。

步骤二：销售利润预测分析

切换至"可视化"窗格下的"分析"选项卡，在"预测"组中对单元、预测长度等进行调节，如图5-49所示。至此，可得到销售利润预测的可视化分析折线图，如图5-50所示。将鼠标指针置于预测线上时，会显示对应时间的利润预测值，以及预测的利润上限和利润下限，如图5-50中显示的2023年10月份的利润预测值为148918.00元，上限为369649.98元，下限为-71813.97元（以上数据均在图中完整显示，此处为四舍五入的数值，下同）。

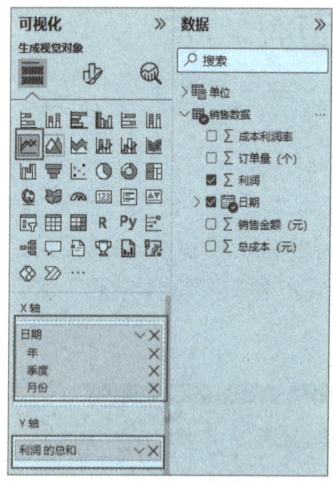

图5-48 添加折线图并设置字段

图5-49 选择"预测"

图5-50 "销售利润预测分析"折线图（1）

在"分析"选项卡下修改"预测"组中的"预测长度"为6，其他设置保持不变，如图5-51所示，得到的折线图效果如图5-52所示。将在鼠标指针置于预测线的最后一个点上，会显示2023年6月份的利润预测值为148918.00元，上限为321197.53元，

项目五　销售数据可视化

下限为 -23361.52 元。

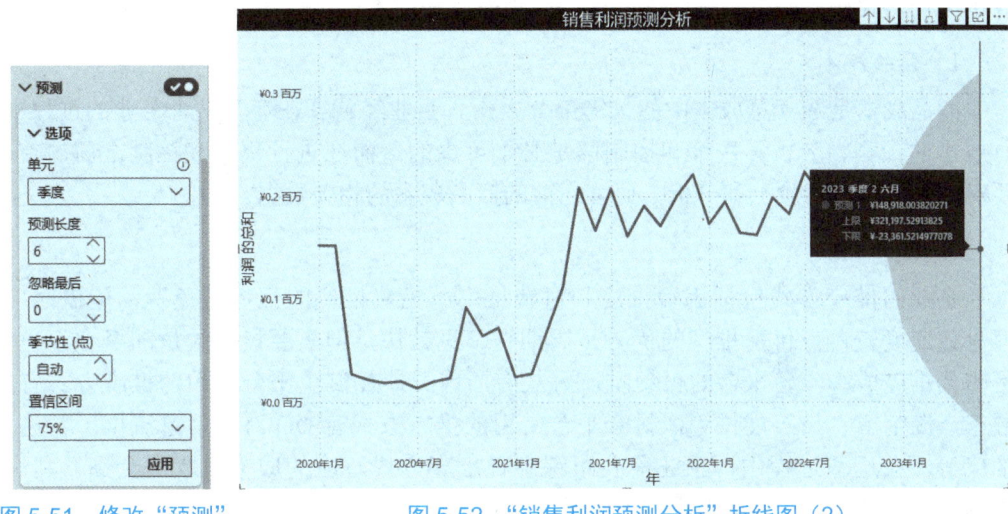

图 5-51　修改"预测"长度

图 5-52　"销售利润预测分析"折线图（2）

通常情况下，销售数据预测包括销售利润预测、销售金额预测、成本预测等，分析及预测的方式均与销售利润数据可视化的操作方法基本一致（字段设置见图 5-53），即通过折线图呈现某段时间内的数据趋势，之后根据实际需求对相关数据进行预测处理，如图 5-54 所示。

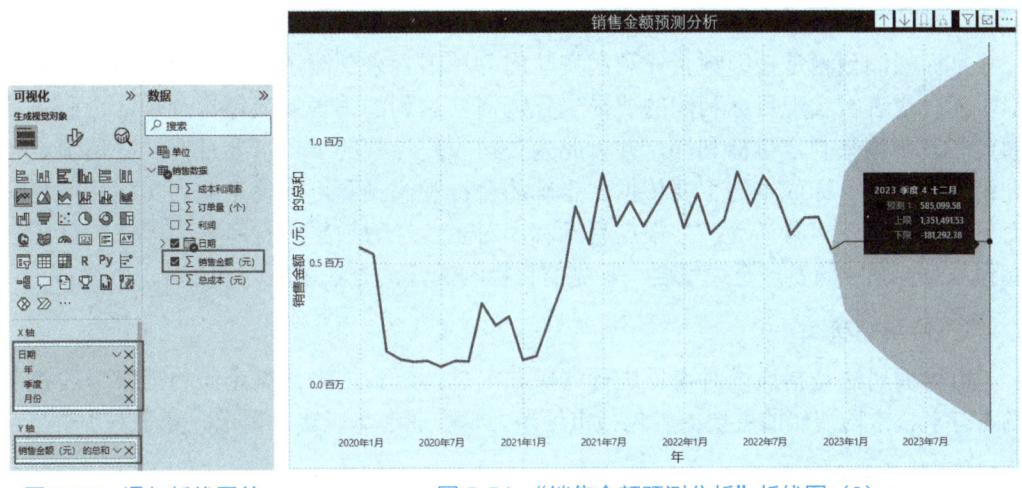

图 5-53　添加折线图并设置字段

图 5-54　"销售金额预测分析"折线图（3）

知识链接

一、企业利润影响因素分析

利润是衡量一个企业盈利状况、优劣程度的重要指标，也是企业经营效果的综合

163

体现。企业的运营核心是盈利。在销售金额不变的情况下，企业经营者会通过减少总成本来提高利润，而影响总成本的主要因素有商品成本、推广成本和固定成本。

1. 商品成本

商品成本是经营总成本中的关键部分之一。企业经营者在运营整个企业的过程中，对成本的预测、分析、决策和控制都是必不可少的。而在进行决策和控制之前，首先要对商品成本进行预测和分析，研究之前的商品成本的相关数据。

2. 推广成本

企业的推广方式包括免费推广和付费推广。免费推广的优势是免费、覆盖面广，但见效速度较慢；付费推广的优势是周期短、见效快，但需要投入大量的资金，也就是需要推广成本。各平台的付费推广方式有所差异，如淘宝平台常用的推广方式有直通车、淘宝客、钻石展位等，抖音平台常用的推广方式有DOU+、信息流推广、达人推广等。在运营过程中，企业需要跟踪各种推广方式对应的成本、成交金额、利润、成本利润率等数据，并根据推广效果及时优化推广策略。

3. 固定成本

固定成本又称固定费用，是成本总额在一定时期和一定业务量范围内，不受业务量增减变动影响而能保持不变或波动较小的成本。对电商企业而言，固定成本主要包括场地租金、员工工资、网络信息费、设备折旧费等。

二、企业利润预测的方法

目标利润预测是按影响企业利润变动的各种因素来预测企业将来所能达到的利润水平的，或者按实现目标利润的要求来预测需要达到的销售量或销售金额。企业通常通过利润预测来制定目标利润，并以此为公司生产经营的一项重要目标，它是确定计划销售收入和目标成本的主要依据。正确的目标利润预测可促使企业为实现目标利润而更有效地进行运营活动，并根据目标利润对企业经营效果进行考核。因此，目标利润预测对于企业的发展至关重要。常见的目标利润预测方法包括以下几种。

1. 市场调研法

市场调研法是指通过对市场进行调研并汇总调研数据来预测企业的销售金额和市场占有率。市场调研的主要内容包括市场潜力、行业趋势、客户需求、竞争对手等。

2. 本量利分析法

本量利分析法即损益平衡分析法，主要是根据成本、业务量和利润三者之间的变化关系来分析某一因素的变化对其他因素造成的影响。其中，成本按其性态可分为变动成本、固定成本和混合成本。由此可知，利润的计算公式：利润 = 销售收入 − 总成本 = 销售收入 − 变动成本 − 固定成本。

由以上公式可知，本量利分析法是一种以成本性态研究为基础的方法，可用于利润、销售收入及成本的预测。

3. 相关比率法

相关比率法是一种根据利润与有关指标之间的内在关系，对计划期间的利润进行预测的方法。常用的相关比率主要有销售收入利润率、资金利润率等。其中，利润的计算公式：利润＝预计销售收入×销售收入利润率。

素养园地

《中华人民共和国反不正当竞争法》是为了促进社会主义市场经济健康发展，鼓励和保护公平竞争，制止不正当竞争行为，保护经营者和消费者的合法权益而制定的一部法律。该法明确规定经营者在生产经营活动中，应当遵循自愿、平等、公平、诚信的原则，遵守法律和商业道德。法则第八条表示：经营者不得对其商品的性能、功能、质量、销售状况、用户评价、曾获荣誉等作虚假或者引人误解的商业宣传，欺骗、误导消费者。经营者不得通过组织虚假交易等方式，帮助其他经营者进行虚假或者引人误解的商业宣传。法则第十一条表示：经营者不得编造、传播虚假信息或者误导性信息，损害竞争对手的商业信誉、商品声誉。

同步实训

一、实训概述

本实训要求学生以销售数据分析为主题，通过教师提供的销售数据并结合本书内容，完成销售成交数据可视化、销售转化数据可视化、销售利润数据可视化。

二、实训步骤

实训一：销售成交数据可视化

学生需根据本书所讲的销售成交数据可视化流程，并结合教师提供的销售数据，完成销售成交数据可视化分析。

学生可以从以下基本步骤着手准备。
步骤一：销售目标达成情况分析。
步骤二：销售同比增长分析。
步骤三：销售环比增长分析。

实训二：销售转化数据可视化

学生需根据本书所讲的销售转化数据可视化流程，并结合教师提供的销售订单数据，完成销售转化数据可视化分析。

学生可以从以下基本步骤着手准备。

步骤一：单品转化率可视化分析。
步骤二：客单价可视化分析。

实训三：销售利润数据可视化

学生需根据教材所讲的销售利润数据可视化流程，并结合教师提供的销售利润数据，完成销售利润数据可视化分析。

学生可以从以下基本步骤着手准备。

步骤一：利润及成本利润率分析。
步骤二：销售利润预测。

项目六　服务数据可视化

学习目标

知识目标

1. 了解 DSR 服务评价数据的基本概念和分析维度。
2. 掌握借助 Power BI 进行 DSR 评分数据可视化的方法。
3. 了解 DSR 服务评价数据低的原因及对应的改善方法。
4. 理解客服 KPI 服务考核数据可视化的基本指标和定义。
5. 掌握借助 Power BI 进行 KPI 考核的计算方法。

技能目标

1. 能够使用图表工具实现网店 DSR 服务评价数据的可视化表达。
2. 能够使用 Power BI 实现网店客服 KPI 考核数据的统计、权重定义和可视化表达。
3. 能够根据可视化展现结果，并结合 DSR 评分计算规则，对网店 DSR 服务评价数据进行深入分析，为网店服务决策提供支持。
4. 能够根据网店客服 KPI 服务考核数据可视化结果，深入分析网店客服 KPI 情况，为网店客服团队的管理提出改进意见。

素养目标

1. 具备结构化思维，能够按不同方向分类需要分析的问题，之后不断拆分细化，全方位地思考问题。
2. 具备公式化思维，能够在结构化的基础上将分析过程量化，并通过相关指标进行分析从而得出结论。

项目任务分解

本项目包含两个任务，具体内容如下。
任务一：DSR 服务评价数据可视化。
任务二：KPI 服务考核数据可视化。

本项目旨在引导学生了解网店服务数据分析的主要内容。通过对本项目的学习，学生能够掌握 DSR 服务评价数据可视化和 KPI 服务考核数据可视化所包含的数据指标及相关概念，能够在明确数据分析目标的基础上，使用 Power BI 进行数据可视化呈现，更直观地展现数据分析结果。

项目情境

北京某日用品网店主要销售零食、饮料、纸巾这三类产品，每类产品又分别来自 A、B、C 三个品牌。近期新上任的客服部门主管李沐颜接到上级通知，经初步分析去年的业绩发现，去年网店的 DSR 评分中有一项内容持续走低，现需要客服部门对半年的网店 DSR 服务评价数据和网店客服 KPI 服务考核数据进行分析，并借助 Power BI 进行可视化展现，以便进一步追踪 DSR 评分下降的原因。

任务一　DSR 服务评价数据可视化

任务分析

对网店而言，服务质量主要体现在 DSR 评分上，而 DSR 评分主要受买家对服务评价的影响。一般来说，DSR 评分越高，意味着该网店的服务质量越好，反之，则说明服务质量越差。在对该网店半年的 DSR 服务评价数据进行分析之前，客服主管李沐颜需要深入了解 DSR 服务评价数据的基本知识。在此基础上，她计划选择最有利于提升该网店服务质量的数据内容，并将其转为图表、图形等视觉元素，以便客服部门更好地理解和分析 DSR 服务评价情况。为此，李沐颜选择 Power BI 进行数据可视化，并利用可视化工具来对 DSR 服务评价数据进行深入分析，以寻找提升服务质量的关键点。

任务实施

一、DSR 服务评价数据解析

在使用 Power BI 进行 DSR 服务评价数据可视化之前，客服部门主管李沐颜通过互联网查询等方式，了解了 DSR 服务评价数据的定义及其具体构成，掌握了 DSR 服务评价数据可视化的主要应用途径，以及获取了该网店 DSR 服务评价相关的后台数据。

步骤一：了解什么是 DSR 服务评价数据

DSR（Detailed Seller Ratings）服务评价数据可视化是对网店 DSR 服务评价数据进行分析和评估的一种方法。该方法利用分析结果来衡量网店的销售情况和服务质量，并基于分析结果制定改进方案，从而提升网店的 DSR 评分和客户满意度。

步骤二：熟悉 DSR 服务评价数据具体构成

在网店服务中，DSR 服务评价数据主要涉及以下 3 个方面。

（1）商品质量：店铺所售产品的描述与实际产品的相符度，如尺码是否准确、颜色是否与图片一致等。

（2）服务质量：在店铺服务人员与客户的交流过程中，店铺服务人员所展现的服务态度和专业程度，主要包括服务态度、响应速度、退换货处理等。

（3）物流服务：店铺所售产品的发货速度和物流配送时效等，主要包括发货速度、配送时效、配送服务质量等。

步骤三：DSR 服务评价数据可视化主要应用途径

对网店而言，提升客户满意度有利于降低流失率、提升复购率，从而增加企业或店铺的销售金额、销售利润和品牌价值。而对 DSR 服务数据进行分析和评估，有助于网店管理人员了解网店的服务质量和相关问题，便于有针对性地制定改进措施，提升客户满意度。例如，可以通过分析 DSR 评分，进一步明确客户对产品质量、服务质量或物流服务是否存在不满意的情况，如果是对产品质量不满意，则需要进一步分析原因，并有针对性地提升产品的品质、包装或降低产品的价格；如果是对服务质量不满意，则需要结合客服的 KPI 服务数据，进一步对客服的服务质量进行优化；如果是物流服务出现异常，则需要明确是否为发货问题、物流服务商配送问题等，从而有针对性地提升物流服务质量。

步骤四：DSR 服务评价数据获取

网店客服部门主管李沐颜在后台导出了一份该网店下半年的 DSR 评分和行业 DSR 评分，并将其整理为如图 6-1 所示的表格。

月份	宝贝描述		卖家服务		物流服务	
	店铺评分	行业平均分	店铺评分	行业平均分	店铺评分	行业平均分
7	4.723	4.742	4.863	4.791	4.825	4.761
8	4.721	4.742	4.861	4.791	4.824	4.761
9	4.723	4.742	4.863	4.791	4.821	4.761
10	4.719	4.742	4.862	4.791	4.825	4.761
11	4.724	4.742	4.861	4.791	4.823	4.761
12	4.726	4.742	4.864	4.791	4.821	4.761

图 6-1 网店下半年的 DSR 评分和行业 DSR 评分数据表

二、DSR 评分可视化分析

结合后台导出的网店下半年的 DSR 评分和行分 DSR 评分数据表中的店铺评分和行业平均分数据，借助 Power BI 中的"图标"功能来直观地展现宝贝描述、卖家服务和物流服务这个三个方面的 DSR 评分变化趋势。

步骤一：DSR评分数据可视化分析

（1）单击"Excel工作簿"按钮，在弹出的对话框中选择"网店下半年的DSR评分和行业DSR评分"数据表并打开，在"导航器"对话框中选择"网店半年的DSR评分"工作表，随后单击"加载"按钮，如图6-2所示。

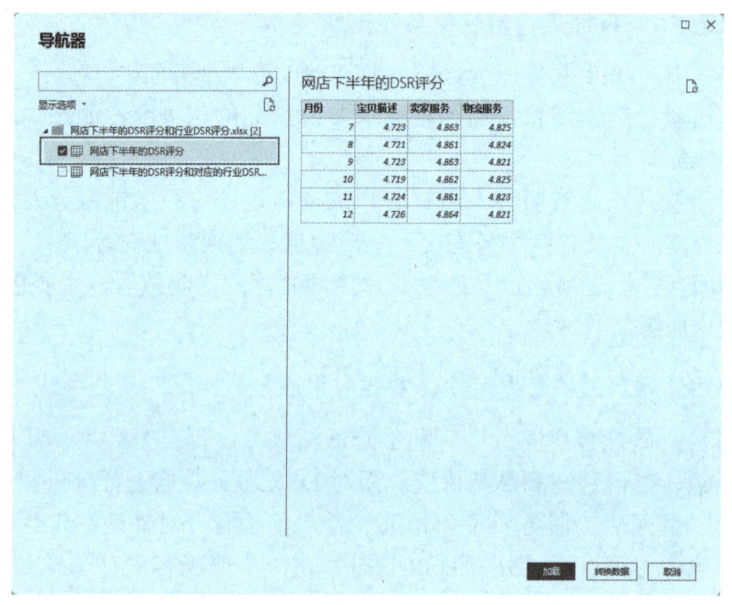

图6-2　在"导航器"对话框中导入数据

（2）进入报表视图，在"可视化"窗格中选择"表"并插入。单击插入后的视觉对象，在"数据"窗格中选择"网店下半年的DSR评分"工作表，并将"月份"、"宝贝描述"、"卖家服务"和"物流服务"字段依次拖动到"列"组中。由于默认列的数据显示方式为"求和"，因此单击"列"组中的"月份"字段，并在弹出的快捷菜单中选择"不汇总"命令，操作过程如图6-3所示。

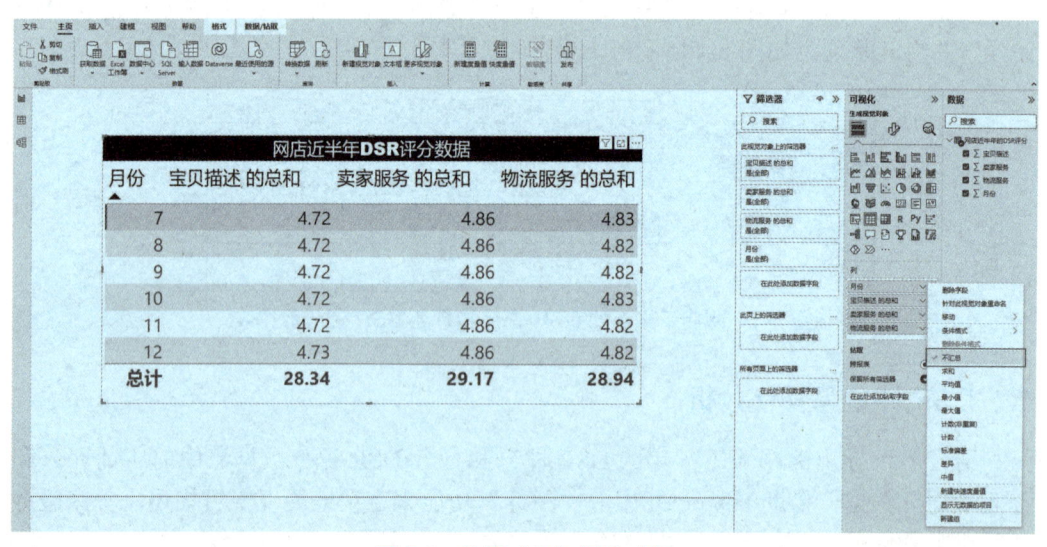

图6-3　选择"表"视觉对象

（3）由图 6-2 可知，在导入数据之前各数据的小数位为 3，而图 6-3 显示的导入数据之后各数据的小数位为"2"，为保证计算的精确性，需进一步调整视觉对象中各字段的格式。

在"可视化"窗格下的"设置视觉对象格式"选项卡中展开"特定列"选项，依次选择将设置应用于除"月份"外的所有数据系列，并打开"应用到值"，同时设置"值的小数位"为 3，此时即可看到对应字段数值小数位的变化，设置过程如图 6-4 所示。

（4）由图 6-1 可知，在这半年中，宝贝描述、卖家服务和物流服务这三个方面的行业平均分分别为 4.742、4.791 和 4.761。基于以上数据，接下来通过在 Power BI 中加入相关图标的方式，对"表"视觉对象进行可视化，以便直观地展现网店的 DSR 评分与行业平均分的对比情况。

在"可视化"窗格中找到"宝贝描述"字段并单击，在弹出的快捷菜单中选择"条件格式"→"图标"命令，操作过程如图 6-5 所示。在打开的"图标"窗口中，依据图 6-1 中的"宝贝描述行业平均分"，设置图标布局及规则。当店铺的宝贝描述值大于行业平均分时，显示绿色向上箭头；当店铺的宝贝描述值等于行业平均分时，显示黄色横杠；当店铺的宝贝描述值小于行业平均分时，显示红色向下箭头，如图 6-6 所示。

图 6-4　设置视觉对象格式

图 6-5　条件格式设置

数据可视化处理

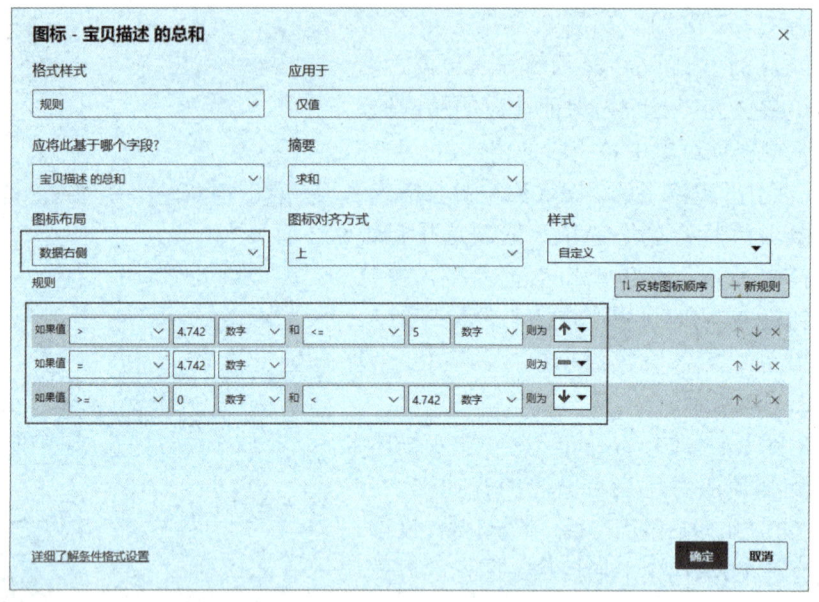

图 6-6 "宝贝描述"图标设置

图 6-7 完成"宝贝描述"图标设置后的视觉对象

完成设置后单击"确定"按钮,即可看到"宝贝描述"字段的数据后面显示了向下的红色箭头,如图 6-7 所示。

同理,根据图 6-1 中的卖家服务行业平均分和物流服务行业平均分,分别设置对应的"卖家服务"和"物流服务"字段数据的图标显示格式,设置过程分别如图 6-8 和图 6-9 所示。

图 6-8 "卖家服务"图标设置

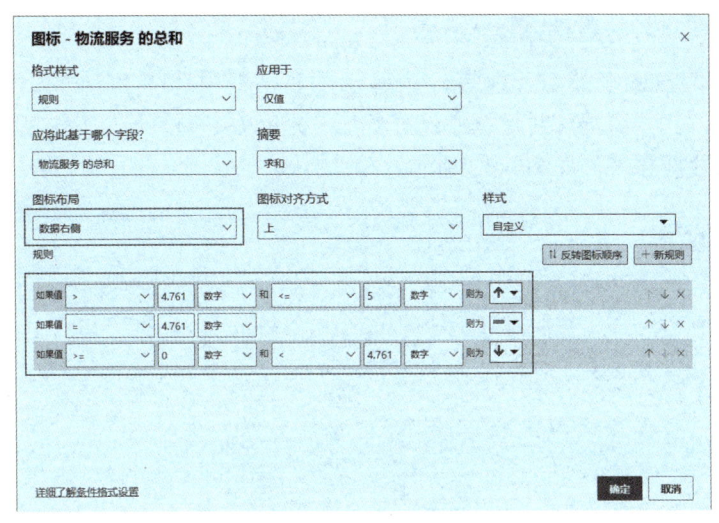

图 6-9 "物流服务"图标设置

完成上述操作后，即可通过图标直观地看到该网店 DSR 评分的变化趋势。在"设置视觉对象格式"选项卡中选择"常规"选项，添加"网店下半年的 DSR 评分数据"标题文本，调节标题格式，最终完成后的视觉效果如图 6-10 所示。

（5）由图 6-10 可知，在这半年中，该网店宝贝描述的店铺评分长期低于行业平均分，而卖家服务的店铺评分和物流服务的店铺评分均高于行业平均分。由此可见，网店中的产品可能无法满足客户的需求，在后期经营过程中要加强对产品问题的重视程度。

为了进一步明确网店商品让客户不满意的原因，客服主管李沐颜计划先从网店产品的客户评价入手，发掘可能导致这一问题的原因。于是，她在网店后台导出了网店下半年的客户评价明细，并将每条评论依据评论关键词进行了整理，同时逐条判断了评论的等级，将其划分为高负面差评、中负面差评、低负面差评三个等级，如图 6-11 所示。

月份	宝贝描述 的总和	卖家服务 的总和	物流服务 的总和
7	4.723 ↓	4.863 ↑	4.825 ↑
8	4.721 ↓	4.861 ↑	4.824 ↑
9	4.723 ↓	4.863 ↑	4.821 ↑
10	4.719 ↓	4.862 ↑	4.825 ↑
11	4.724 ↓	4.861 ↑	4.823 ↑
12	4.726 ↓	4.864 ↑	4.821 ↑

图 6-10 网店下半年的 DSR 评分数据可视化结果

客户ID	问题分类	评价关键词
ID_733520	低负面	回头客
ID_464252	低负面	口感味道好
ID_257890	低负面	会回购
ID_697817	低负面	价格很便宜
ID_206088	低负面	发货速度很快
ID_513729	低负面	很好吃
ID_966217	低负面	在保质期中
ID_195144	低负面	包装精致
ID_875020	低负面	分量很足
ID_218292	低负面	商家服务很好
ID_839032	低负面	性价比高
ID_940903	低负面	与描述一致
ID_882878	低负面	包装很好
ID_401416	低负面	我和孩子都很喜欢吃
ID_110997	低负面	客服态度很好
ID_238548	低负面	回头客
ID_315483	低负面	口感味道好
ID_195553	低负面	会回购
ID_572844	低负面	价格很便宜
ID_464768	低负面	发货速度很快
ID_908539	低负面	很好吃
ID_228850	低负面	在保质期中
ID_784309	低负面	包装精致
ID_141995	低负面	分量很足
ID_774480	低负面	商家服务很好
ID_555005	低负面	性价比高
……	……	……

图 6-11 客户评价关键词统计

步骤二：DSR 评分数据可视化分析

（1）单击"Excel 工作簿"按钮，在弹出的对话框中选择"客户评价关键词统计"数据表并打开，在"导航器"对话框中选择"客户评价关键词统计"工作表，随后单击"加载"按钮完成数据导入，如图 6-12 所示。

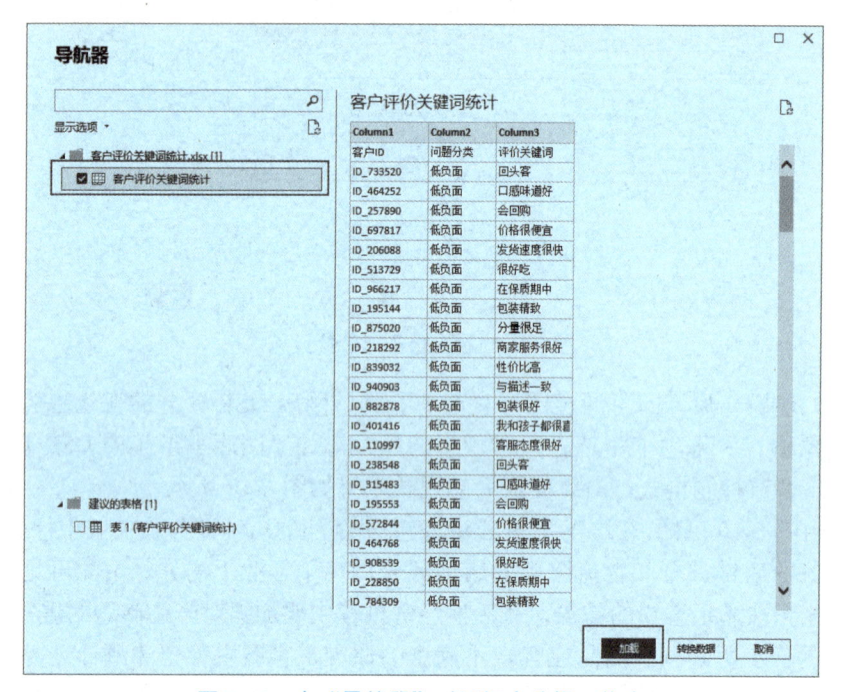

图 6-12 在"导航器"对话框中选择工作表

（2）因导入的数据量较大，其中可能存在空值问题，且首行非标题行，所以为了使数据符合分析需求，需借助 Power BI 中的 Power Query 编辑器进行数据清洗整理。单击"主页"选项卡下"转换数据"下拉按钮中的"转换数据"命令，进入 Power Query 编辑器，如图 6-13 所示。

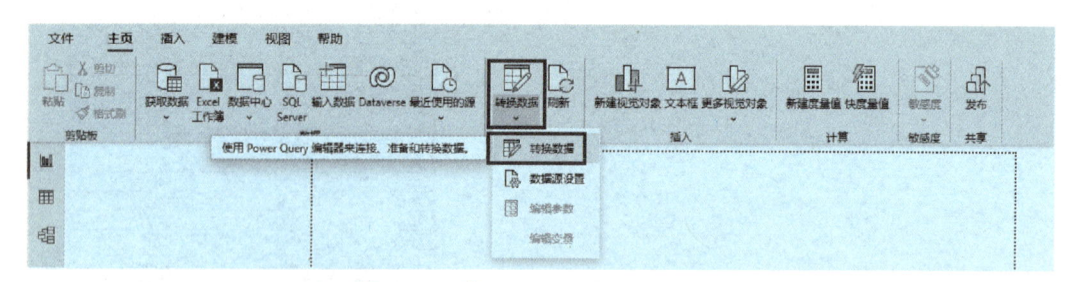

图 6-13 进入 Power Query 编辑器

在 Power Query 编辑器中，因数据表只有三列，所以可以分别单击每个列标题的下拉按钮，在弹出的菜单中查看是否存在空值，如图 6-14 所示。

排查无误后，单击表格左上角的"表格"下拉按钮，在弹出的快捷菜单中选择"将第一行用作标题"命令，如图 6-15 所示，以避免第一行标题出现在最终的可视化分析内容中。

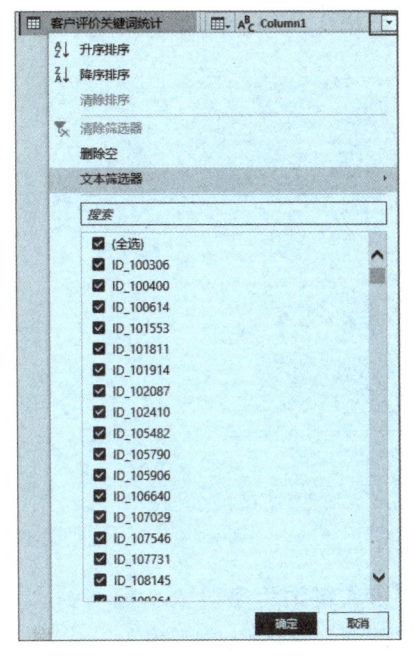

图6-14 排查空值

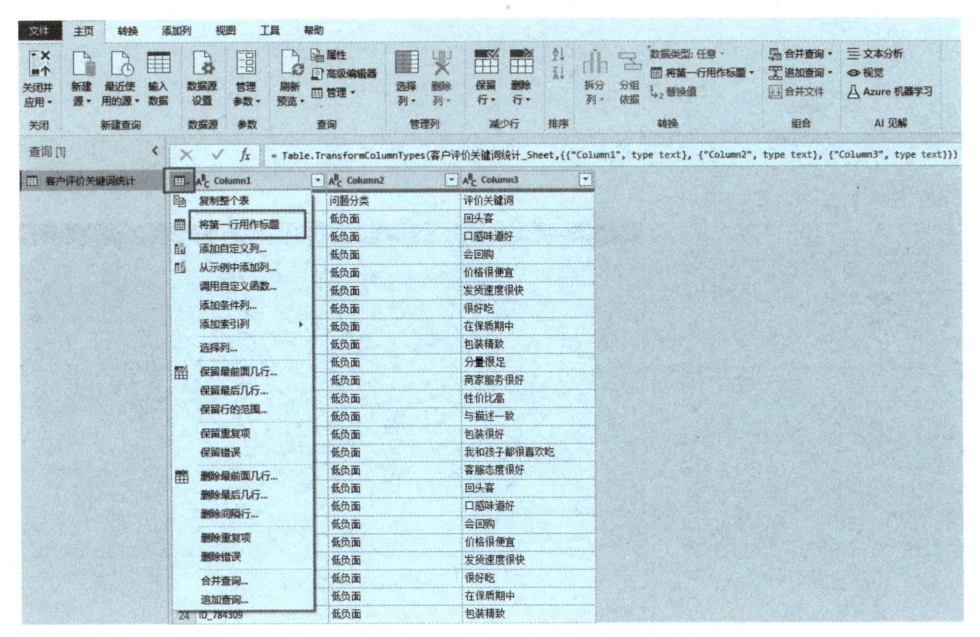

图6-15 选择"将第一行用作标题"命令

（3）参考任务背景、任务分析过程，以及客户评价统计关键词的数据特征，客服部门主管李沐颜决定使用Power BI中的"Word Cloud"功能可视化对象，展现下半年的客户评价关键词，以便更加清晰地了解评论关键词的具体内容和不同等级关键词的占比。

数据清洗整理无误后，单击"关闭并应用"按钮，返回Power BI的报表视图。通过"获取更多视觉对象"功能搜索并导入"Word Cloud"视觉对象至该报表中，单击

Word Cloud 图标，即可弹出待填充的视觉对象，如图 6-16 所示。

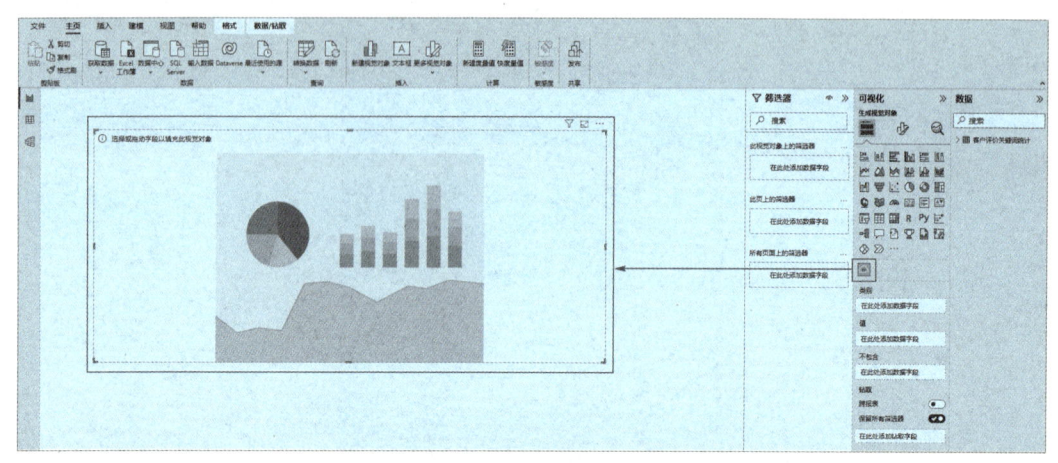

图 6-16　插入"Word Cloud"视觉对象

将"数据"窗格中"评价关键词"字段依次拖动到"类别"组和"值"组中，并设置"值"组中的"评价关键词"字段以"计数"方式显示，如图 6-17 所示。切换至"可视化"窗格下的"设置视觉对象格式"选项卡，修改图表的标题文本为"客户评价关键词"，并调节标题格式、视觉对象的效果，完成后的"Word Cloud"视觉对象如图 6-18 所示。

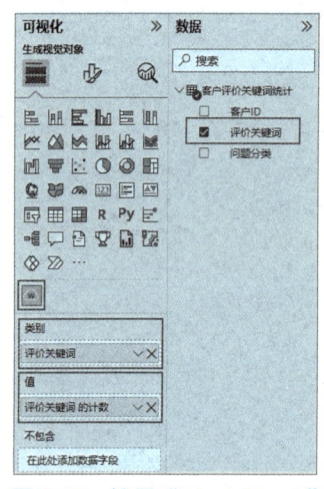

图 6-17　设置"Word Cloud"视觉对象

图 6-18　完成后的"Word Cloud"视觉对象

为了方便查看各类别的客户评价关键词，可在"可视化"窗格中单击插入切片器，将"数据"窗格中的"问题分类"字段拖动到"字段"组中，如图 6-19 所示。切换至"可视化"窗格下的"设置视觉对象格式"选项卡，修改标题文本并调节格式、位置等，操作完成后的画布区整体的视觉对象如图 6-20 所示。单击切片器视觉对象中的任意一个问题类别即可直观地查看该类别对应的客户评价关键词词云图，如单击标题为"类别"的视觉对象下的"低负面"，即可查看该问题分类下对应的"客户评价关键词"词云图，如图 6-21 所示。同理"高负面客户评价关键词"词云图如图 6-22 所示，"中负面客户评价关键词"词云图如图 6-23 所示。

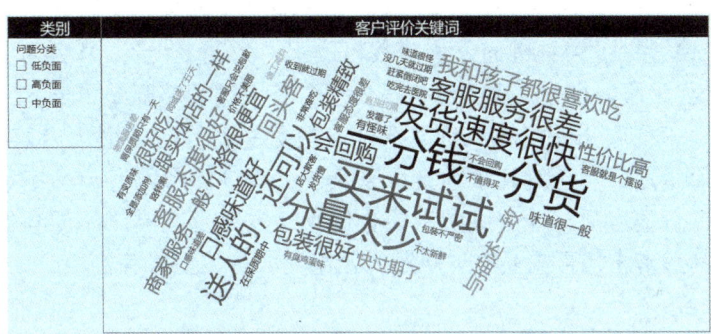

图 6-19　插入切片器并设置字段

图 6-20　"客户评价关键词"词云图

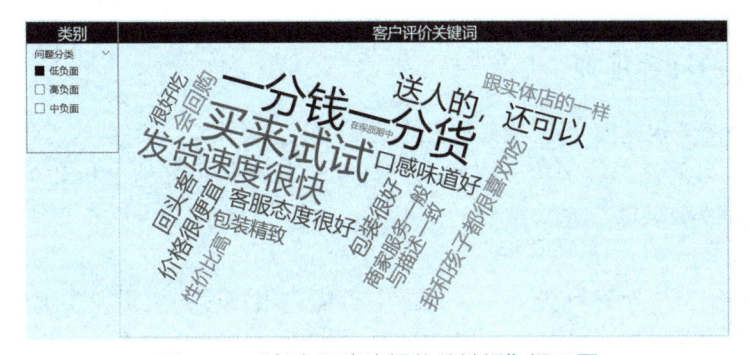

图 6-21　"低负面客户评价关键词"词云图

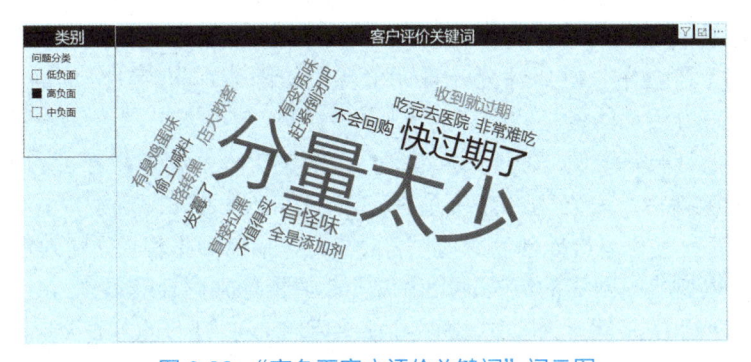

图 6-22　"高负面客户评价关键词"词云图

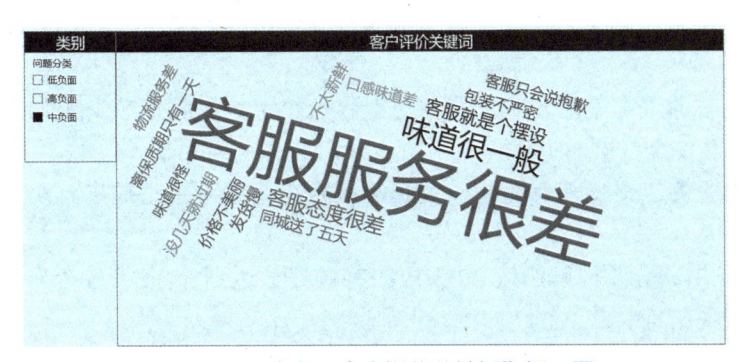

图 6-23　"中负面客户评价关键词"词云图

（4）根据客户评价关键词数据可视化结果可知，该网店半年来的客户评价内容以低负面评价为主，评价内容围绕"一分钱一分货"和"买来试试"等关键词展开；其次为高负面评价，评价内容主要围绕"分量太少"展开，除此之外，高负面评价中的"快过期了"关键词评价次数仅次于"分量太少"；最后为中负面评价，评价内容围绕"客服服务很差"和"味道很一般"等关键词展开。

重点分析网店高负面评价和中负面评价的关键词内容可知，半年来产品的分量、保质期、口感这几个因素可以在较大程度上影响客户的满意度，需要回访发表高负面评价的客户，并改进网店的仓储管理方案及此类产品的仓储条件。同时，综合成本和利润考虑是否需要改进研发工艺流程、包装规格等。

知识链接

一、DSR 评分计算规则

网店评分在一定程度上会影响客户的购买决策，因此，正确认识不同平台 DSR 评分的计算规则和主要影响因素，对网店管理和运营人员更好地分析和管理这些评分，提升网店运营效率来说是非常重要的。下面以淘宝、京东和拼多多 3 个平台为例进行说明。

淘宝平台中有 3 个评分维度，分别是宝贝描述相符度、宝贝发货速度和卖家服务态度，满分为 5 分。计算方法为：网店评分＝每项网店评分取连续 6 个月客户给予该项评分的总和÷连续 6 个月客户给予该项评分的次数。卖家网店仅计取前三次（计取时间以交易成功的时间为准）每个自然月中相同客户与卖家之间的交易评分。需要注意的是，在淘宝平台中，网店评分一旦评出就无法修改，网店评分的高低会直接影响网店参加淘宝官方活动的资格和网店的流量。

京东平台的评分满分为 10 分，网店评分由两类组成，即客户评价和平台监控。客户评价包括 5 项指标，分别为产品质量满意度、卖家服务态度满意度、物流速度满意度、宝贝描述满意度和退货处理满意度；平台监控包括 3 项指标，分别为售后处理时长、交易纠纷率和退换货，网店的综合评分由以上 8 项指标共同计算得出。

拼多多平台的 DSR 评分为 5 分，影响拼多多网店 DSR 评分的主要因素包括以下 3 个。

一是产品描述，要遵守平台的规则，真实准确地描述产品卖点，避免出现误导性宣传和虚假宣传。如果因为拍摄问题造成图片与实物差距过大，则需要在商品详情页中说明。

二是物流服务，卖家应及时发货并更新物流信息，与物流公司密切合作优化物流服务，保证产品安全、准时送达。

三是客服服务，要热情有礼貌，及时响应客户问题，主动提出解决方案，引导客户进行五星好评。

拼多多 DSR 评分要在网店近 30 天内的有效评分达到 50 条后才会显示，系统自动给出的好评不算在其中。

总的来说，不同平台的 DSR 评分体系各有不同，但计算规则都围绕网店产品、物流和客户服这 3 个方面展开。

二、DSR 低分的原因和改善方法

常见的 DSR 低分的原因和改善方法如表 6-1 所示。

表 6-1　常见的 DSR 低分的原因和改善方法

问题类型	DSR 低分原因	改善方法
产品问题	① 产品质量差，引发客户投诉； ② 产品实物与描述不符； ③ 产品实物低于客户预期等	① 优化产品描述，如实介绍产品的相关信息，不夸大产品的功能性描述； ② 回应客户差评，尝试用真诚的态度打动客户，并适当给予补偿
服务问题	① 客服未能及时回复客户消息； ② 客服与客户产生纠纷，如口头矛盾、订单纠纷等； ③ 客服未能及时或准确解答客户问题； ④ 客服服务态度差	① 设置快捷短语应答； ② 制定客服人员培训计划，提升客服人员服务态度； ③ 通过培训来加强客服人员对店内产品及品牌知识的专业度； ④ 建立客服人员考核制度，并通过量化指标来考核客服人员日常的服务态度
物流问题	① 货品缺少； ② 物流时间太长； ③ 因物流问题导致货物破损	① 优化发货流程，确保产品及时发货，避免出现多发、漏发及发错的情况； ② 加强与物流合作方的协调，优先选择可靠的物流服务商，以确保订单能够及时处理和发货； ③ 对于发生了物流问题的订单，积极与客户沟通，耐心解决问题

任务二　KPI 服务考核数据可视化

任务分析

优质的网店客服服务对于网店销售金额的增长有着至关重要的作用。因此，在客服服务方面，网店管理人员需要制定合理的绩效考核标准，对客服人员进行管理和评估，提升客服服务水平，从而为网店带来更多的销售收益。为了更全面地了解客服部门的绩效情况，部门主管李沐颜需要一份部门内所有客服人员的 KPI 考核数据可视化结果。通过数据可视化的方式，李沐颜可以清晰地了解每位客服人员在绩效方面的表现，找出表现较差的客服人员，并帮助他们分析客户服务工作中的不足，进而提高工作效率。

任务实施

一、客服 KPI 服务考核数据认知

在使用 Power BI 进行客服的 KPI 服务考核数据可视化分析之前,首先需要了解客服 KPI 服务考核数据的来源和具体构成,在掌握这些理论知识后,才可以更好地借助 Power BI 展现客服 KPI 服务考核数据的可视化分析结果,从而有针对地寻找优化客服绩效考核制度的具体措施。

步骤一:了解什么是客服 KPI 服务考核数据

将 KPI(Key Performance Indicator)服务考核数据分析对应到客服部门来说的话,它是一种根据网店客服关键绩效指标进行分析和评估的方法,用于衡量网店客服人员完成客户服务工作的效果和效率,并根据分析结果制定客服绩效考核制度的相关改进措施,从而提高网店的业绩和客户满意度。

步骤二:熟悉客服 KPI 服务考核数据的具体构成

一般来讲,客服 KPI 服务考核数据分析的维度主要包括以下 3 个方面。

(1)销售数据:包括网店的销售金额、销售数量、客单价、订单数量、折扣率等。通过对这些数据进行分析,可以了解销售情况、客户消费习惯和产品受欢迎程度,并以此为基础优化销售策略。

(2)客户数据:包括网店的客户满意度、客户投诉率、客户转化率、客户关系等级、客户忠诚度等。通过对客户数据进行分析,可以了解客户对产品和服务的满意程度,以及客户的投诉情况、维系方案的实施效果等,以优化客户服务策略。

(3)质量数据:包括网店的客服质量、客服效率、客服专业度等。通过对这些指标进行分析,可以提高客服服务水平和服务质量。

为了提升客服服务质量和产品销量,该网店的管理人员制定了 KPI 复合模型考核制度和相关考核指标的权重分配,权重分配情况如图 6-24 所示。

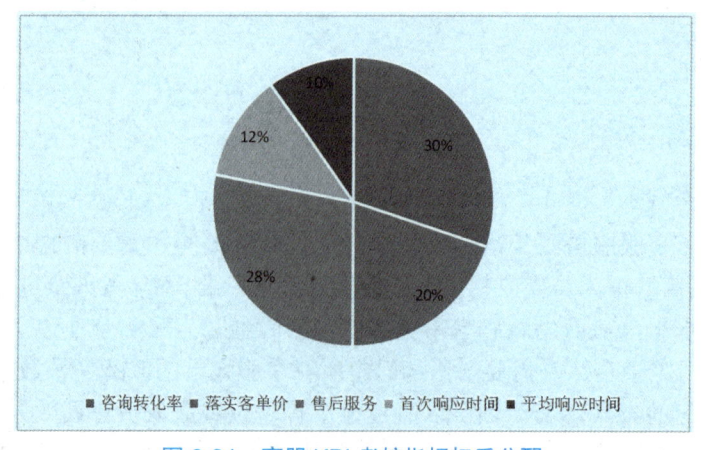

图 6-24 客服 KPI 考核指标权重分配

二、客服 KPI 服务数据可视化分析

该网店共有 6 名客服人员，现通过网店后台搜集有关客服 KPI 指标的数据，为了更好地分析这 6 名客服人员在咨询转化率、落实客单价、售后服务、首次响应时间及平均响应时间方面的具体表现，需要借助 Power BI 制作数据动态看板来展示考核数据，以及最终的 KPI 综合评估结果，以便进行客服 KPI 考核数据分析。

步骤一：导入数据

单击"Excel 工作簿"按钮，在弹出的对话框中选择"客服 KPI 服务考核数据可视化分析"数据表并打开，在"导航器"对话框中选择"落实客价单"、"售后服务"、"响应时间"和"咨询转化率"工作表，随后单击"加载"按钮完成数据导入，如图 6-25 所示。

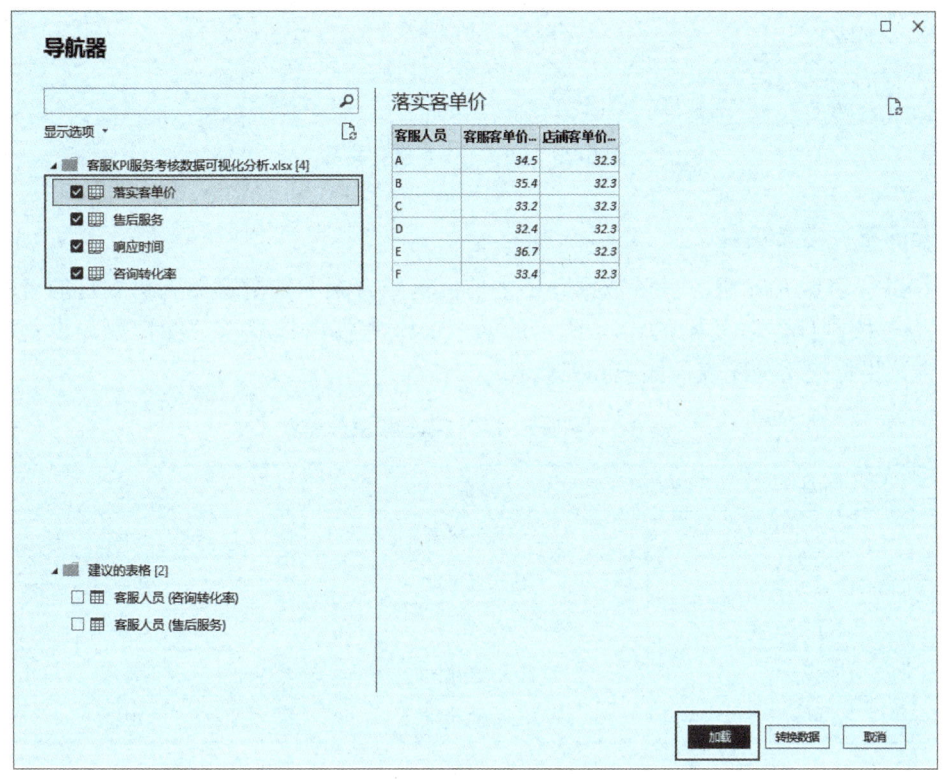

图 6-25 在"导航器"对话框中导入工作表

步骤二：建立关系

进入模型视图，查看系统已自动建立的关系。对于未建立关系的表格，可拖动工作表中的"客服人员"字段到另一个工作表中对应的"客服人员"字段，完成两个数据表之间关系的建立，最终完成的 4 个表之间的关系如图 6-26 所示。

数据可视化处理

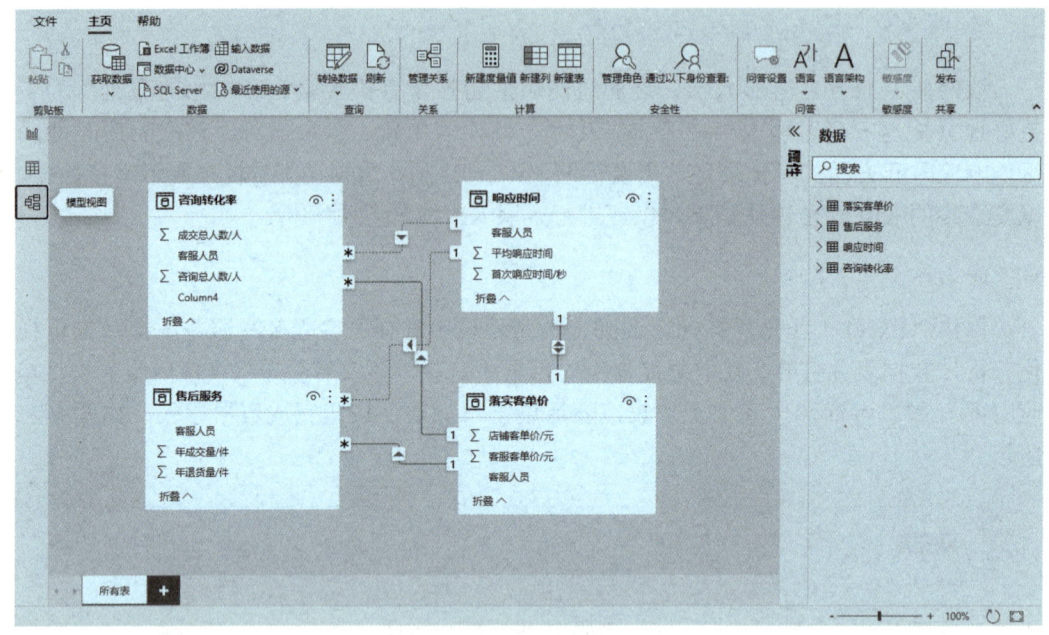

图 6-26　4 个工作表建立关系

步骤三：定义权重

在进行客服 KPI 服务考核数据分析之前，需结合企业针对客服人员制定的 KPI 复合模型考核制度，以及如图 6-24 所示的客服 KPI 考核指标权重分配情况，设置客服 KPI 考核指标权重分配表，如表 6-2 所示。

表 6-2　客服 KPI 考核指标权重分配表

序号	项目	权重
1	咨询转化率	30%
2	落实客单价	20%
3	售后服务	28%
4	首次响应时间	12%
5	平均响应时间	10%

步骤四：咨询转化率统计

进入 Power Query 编辑器，在左侧的"查询"窗口中会显示已导入的 4 个工作表。选中"咨询转化率"工作表，由于表格中存在空行和空列，所以首先需要进行数据清洗。单击"删除行"下拉按钮选择"删除空行"命令，即可完成空行数据的删除，如图 6-27 所示。选中最后一列数据，单击"删除列"下拉按钮，选择"删除列"命令，即可完成空列数据的删除，如图 6-28 所示。

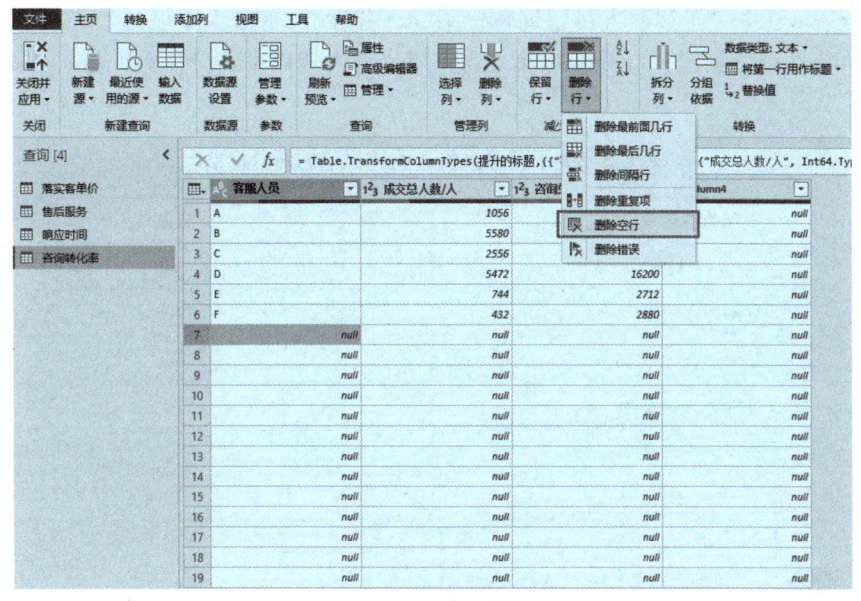

图 6-27 删除空行

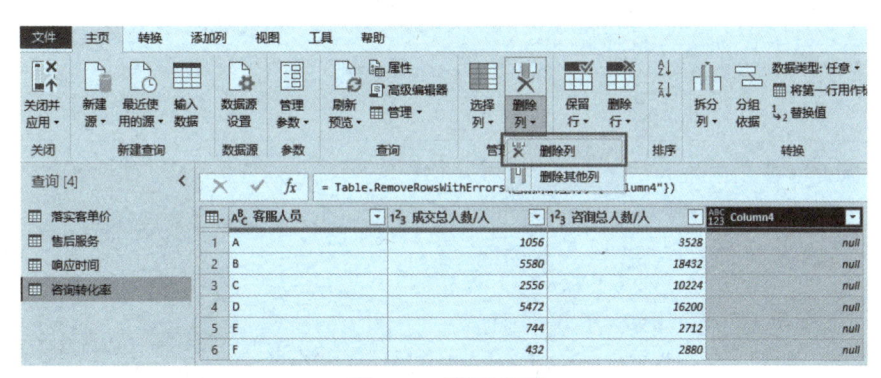

图 6-28 删除空列

新建"咨询转化率"列，结合咨询转化率的计算公式：咨询转化率 = 成交总人数÷咨询总人数，计算 6 名客服的咨询转化率，如图 6-29 所示。

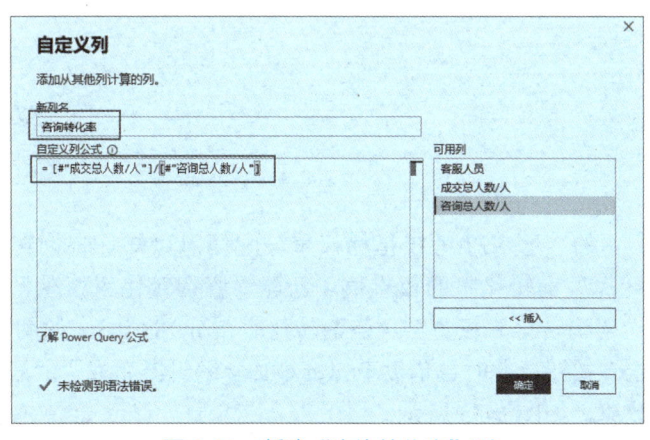

图 6-29 新建"咨询转化率"列

结合表 6-3 中关于客服人员咨询转化率的评分标准，单击"添加列"选项卡"常规"组中的"条件列"按钮，如图 6-30 所示，完成"咨询转化率得分"列的添加，如图 6-31 所示。

表 6-3　关于客服人员咨询转化率的评分标准

咨询转化率	分值
$X \geq 41\%$	100
$41\% > X \geq 36\%$	90
$36\% > X \geq 31\%$	80
$31\% > X \geq 26\%$	70
$26\% > X \geq 21\%$	60
$X < 21\%$	0

图 6-30　新建条件列

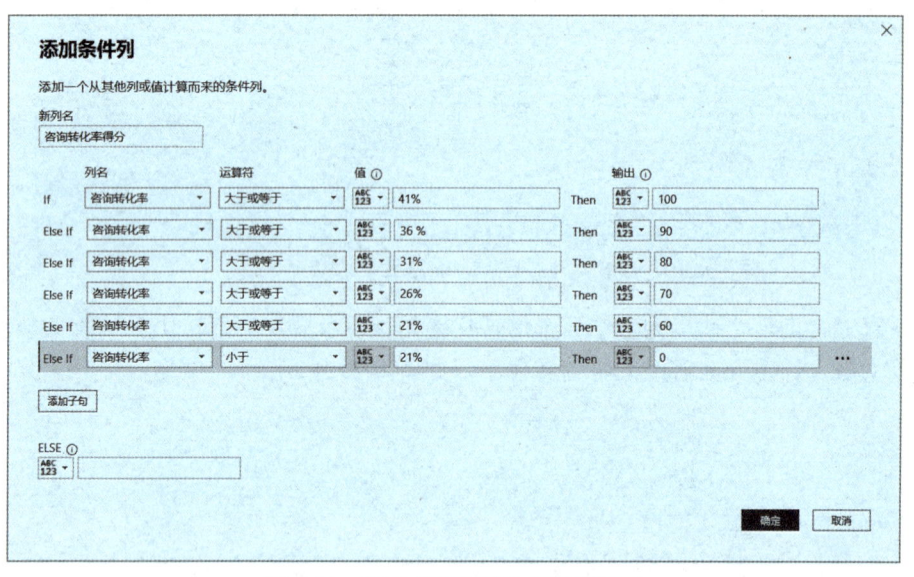

图 6-31　新建"咨询转化率得分"列

结合表 6-2 所示的客服 KPI 考核指标权重分配信息可知，咨询转化率的权重占比为 30%，基于此计算咨询转化率的权重值。新建"咨询转化率权重"列并结合咨询转化率的计算公式：咨询转化率权重 =（咨询转化率得分）× 0.3，如图 6-32 所示。确认无误后单击"确定"按钮，此时已借助 Power Query 编辑器完成了"咨询转化率"工作表中相关数据的计算，如图 6-33 所示。

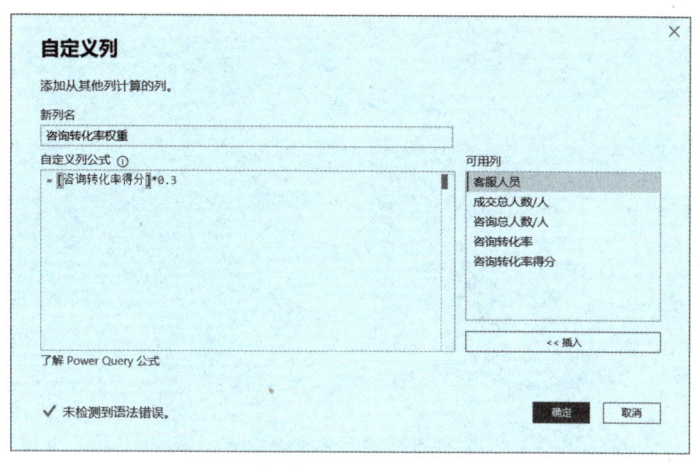

图 6-32　新建"咨询转化率权重"列

图 6-33　"咨询转化率"工作表中相关数据的计算

落实客单价、售后服务及响应时间数据的统计、计算，与咨询转化率的计算流程基本一致，即通过入 Power Query 编辑器，首先在完成数据清洗的基础上，计算出落实客单价、年退货率等指标数据；然后在指标数据的基础上，结合相关指标的评分标准，计算出具体的得分；最后根据客服 KPI 考核指标权重分配信息，计算出每名客服人员关于该项指标的权重分值。

步骤五：落实客单价统计

在 Power Query 编辑器中，选中左侧"查询"窗口中显示的"落实客单价"工作表，完成数据的清洗后，新建"落实客单价"列，结合客服人员落实客单价的计算公式：落实客单价 = 客服客单价 ÷ 店铺客单价，计算出 6 名客服的落实客单价。

结合表 6-4 中关于客服人员落实客单价的评分标准，单击"添加列"选项卡下"常规"组中的"条件列"按钮，完成"落实客单价得分"列的添加，如图 6-34 所示。

表 6-4　关于客服人员落实客单价的评分标准

落实客单价	分值
$Y \geqslant 1.21$	100
$1.21 > Y \geqslant 1.17$	90
$1.17 > Y \geqslant 1.13$	80
$1.13 > Y \geqslant 1.05$	70
$1.05 > Y \geqslant 1.01$	60
$Y < 1.01$	0

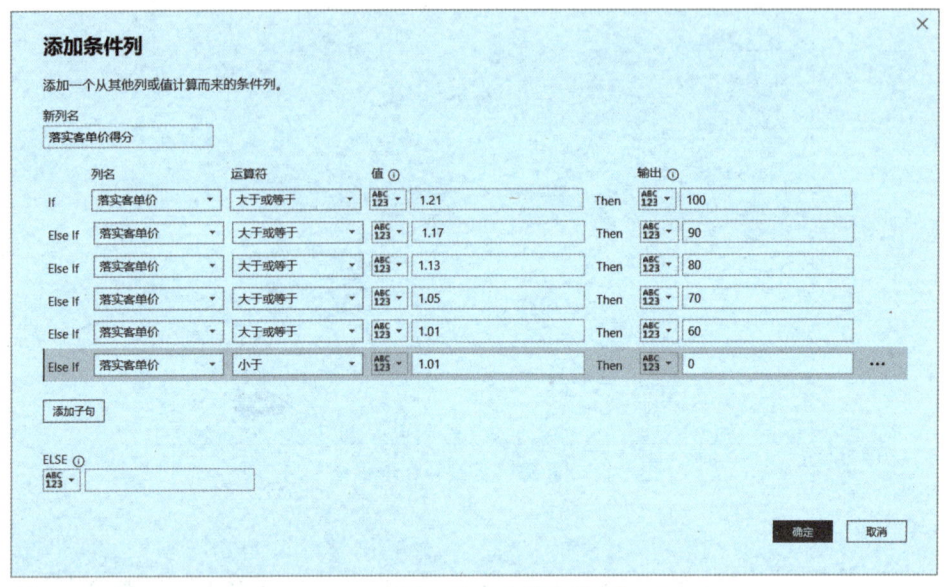

图 6-34　新建"落实客单价得分"列

结合表 6-2 所示的客服 KPI 考核指标权重分配信息可知，客服落实客单价的权重占比为 20%，基于此完成落实客单价的权重计算：落实客单价权重 =（落实客单价得分）× 0.2。确认无误后单击"确定"按钮，此时已借助 Power Query 编辑器完成了"落实客单价"工作表中相关数据的计算，如图 6-35 所示。

图 6-35　"落实客单价"工作表中相关数据的计算

步骤六：售后服务统计

在 Power Query 编辑器中，选中左侧"查询"窗口中显示的"售后服务"工作表，完成数据清洗后，新建"售后服务统计"列，结合客服人员售后服务的计算公式：年均退货率 = 年退货量 ÷ 年成交量，计算出 6 名客服的年均退货率。

结合表 6-5 中关于客服人员售后服务的评分标准，单击"添加列"选项卡下"常规"组件的"条件列"按钮，完成"售后服务得分"列的添加，如图 6-36 所示。

表 6-5　关于客服人员售后服务的评分标准

售后服务评分标准	分值
$T < 1\%$	100
$1\% \leqslant T < 2\%$	90
$2\% \leqslant T < 3\%$	80
$3\% \leqslant T < 4\%$	70

续表

售后服务评分标准	分值
4% ≤ T < 5%	60
T ≥ 5.00%	0

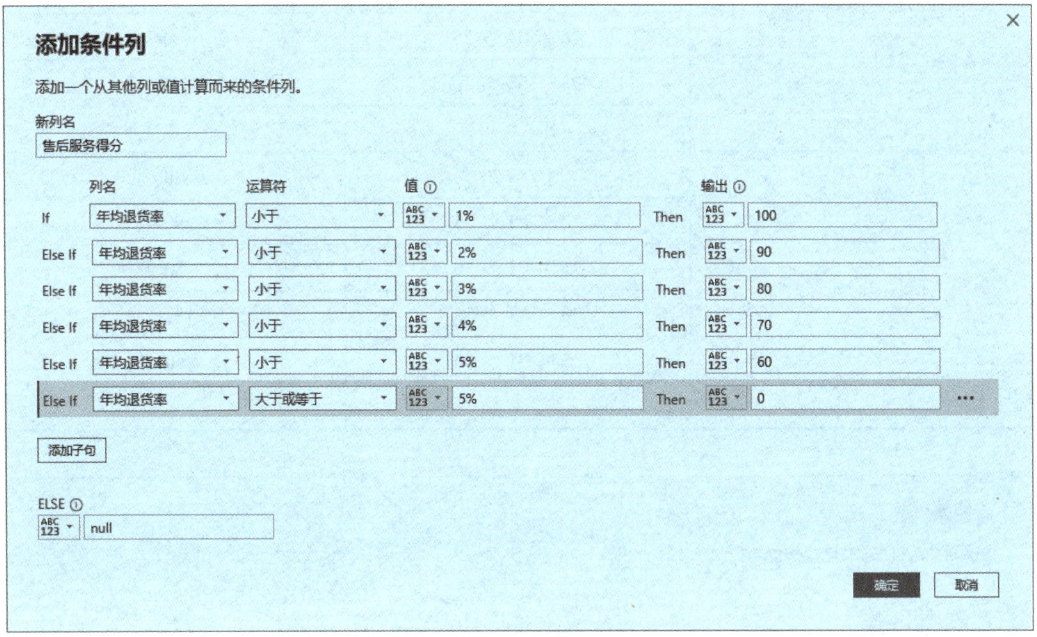

图 6-36 新建"售后服务得分"列

结合表 6-2 所示的客服 KPI 考核指标权重分配信息可知,售后服务的权重为 28%,基于此完成售后服务的权重计算:售后服务权重 =(售后服务得分)× 0.28。确认无误后单击"确定"按钮,此时已借助 Power Query 编辑器完成了"售后服务"工作表中相关数据的计算,如图 6-37 所示。

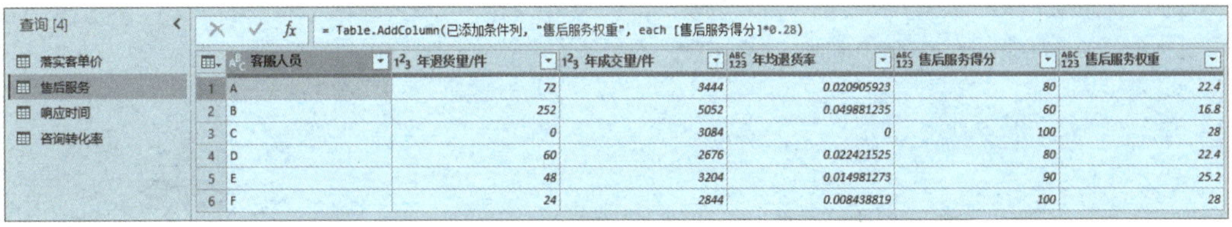

图 6-37 "售后服务"工作表中相关数据的计算

步骤七:响应时间统计

在 Power Query 编辑器中,选中左侧"查询"窗口中显示的"响应时间"工作表,完成数据清洗。结合表 6-6 中关于客服人员响应时间的评分标准,单击"添加列"选项卡下"常规"组中的"条件列"按钮,分别完成"首次响应得分"和"平均响应得分"列的添加,如图 6-38 和图 6-39 所示。

表 6-6 关于客服人员响应时间的评分标准

KPI 考核指标	评分标准	分值
首次响应时间（ST）	ST ≤ 10	100
	10 ＜ ST ≤ 15	90
	15 ＜ ST ≤ 20	80
	20 ＜ ST ≤ 25	70
	25 ＜ ST ≤ 30	60
	ST ＞ 30	0
平均响应时间（PT）	PT ≤ 20	100
	20 ＜ PT ≤ 25	90
	25 ＜ PT ≤ 30	80
	30 ＜ PT ≤ 35	70
	35 ＜ PT ≤ 40	60
	PT ＞ 40	0

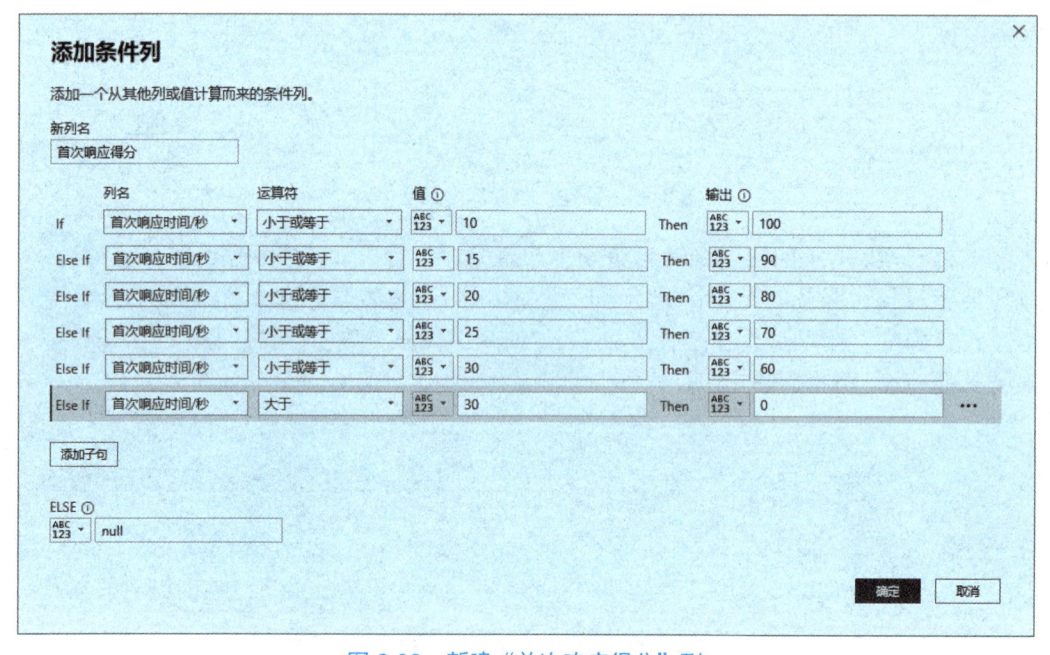

图 6-38 新建"首次响应得分"列

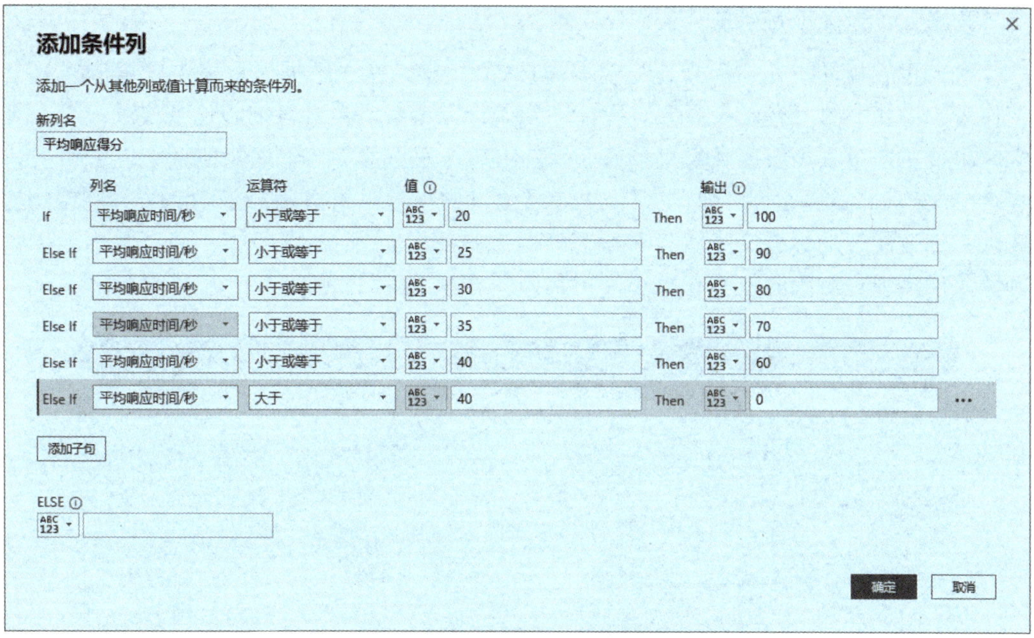

图6-39 新建"平均响应得分"列

完成条件列的添加后返回数据视图新建列。

根据首次响应权重（首次响应得分×0.12）和平均响应权重（平均响应得分×0.1）的公式进行计算，得出的数据如图6-40所示。

客服人员	首次响应时间/秒	平均响应时间/秒	首次响应得分	平均响应得分	首次响应权重	平均响应权重
A	12	22	90	90	10.8	9
B	7	19	100	100	12	10
C	17	26	80	80	9.6	8
D	15	14	90	100	10.8	10
E	18	19	80	100	9.6	10
F	10	11	100	100	12	10

图6-40 根据公式计算得出的数据

步骤八：计算综合得分

确认无误后单击"文件"选项卡下的"关闭并应用"按钮，返回报表视图页面。为了方便后续操作，分别建立5个基础度量值，各度量值公式如下。

> 咨询转化率权重值 = SUM(' 咨询转化率 '[转化率权重])
> 落实客单价权重值 = SUM(' 落实客单价 '[落实客单价权重])
> 售后服务权重值 = SUM(' 售后服务 '[售后服务权重])
> 首次响应权重值 = SUM(' 响应时间 '[首次响应权重])
> 平均响应权重值 = SUM(' 响应时间 '[平均响应权重])

完成后建立综合得分度量值。

> 综合得分 = [咨询转化率权重值]+[落实客单价权重值]+[售后服务权重值]+[首次响应权重值]+[平均响应权重值]

步骤九：生成视觉对象

进入报表视图，在"可视化"窗格中选择"表"，在"数据"窗格中任意选择一个工作表，将其中的"客服人员"字段拖动到"行"组中，将"咨询转化率权重值"、"落实客单价权重值"、"售后服务权重值"、"首次响应权重值"、"平均响应权重值"和"综合得分"字段依次拖动到"列"组中。切换至"设置视觉对象格式"选项卡并选择"常规"选项，修改图表的标题文本为"客服KPI考核数据分析"，调整字体、文本颜色、背景颜色，以及视觉对象的位置和大小，得到如图6-41所示的表。

客服KPI考核数据分析

客服人员	咨询转化率权重值	落实客单价权重值	售后服务权重值	首次响应权重值	平均响应权重值	综合得分
A	21.00	14.00	22.40	10.80	9.00	77.20
B	21.00	14.00	16.80	12.00	10.00	73.80
C	18.00	12.00	28.00	9.60	8.00	75.60
D	24.00	0.00	22.40	10.80	10.00	67.20
E	21.00	16.00	25.20	9.60	10.00	81.80
F	0.00	12.00	28.00	12.00	10.00	62.00
总计	105.00	68.00	142.80	64.80	57.00	437.60

图6-41 "客服KPI考核数据分析"表

单击"综合得分"列下方的三角形图标，可形成按照"综合得分"进行降序排列的表格，如图6-42所示。

客服KPI考核数据分析

客服人员	咨询转化率权重值	落实客单价权重值	售后服务权重值	首次响应权重值	平均响应权重值	综合得分 ▼
E	21.00	16.00	25.20	9.60	10.00	81.80
A	21.00	14.00	22.40	10.80	9.00	77.20
C	18.00	12.00	28.00	9.60	8.00	75.60
B	21.00	14.00	16.80	12.00	10.00	73.80
D	24.00	0.00	22.40	10.80	10.00	67.20
F	0.00	12.00	28.00	12.00	10.00	62.00
总计	105.00	68.00	142.80	64.80	57.00	437.60

图6-42 客服KPI考核数据降序排列

复制一张"客服KPI考核数据分析"表，选中新复制的"表"视觉对象，在"可视化"窗格中选择"堆积柱形图"，删除"Y轴"组中的"综合得分"字段。切换至"设置视觉对象格式"选项卡并选择"常规"选项，修改图表的标题文本为"客服KPI考核数据可视化"，最终的堆积柱形图效果如图6-43所示。

在"可视化"窗格中单击"切片器"，切换至"设置视觉对象格式"选项卡并选择"视觉对象"选项，设置切片器的样式为"磁贴"，取消选中切片器表标，调整视觉对象的位置和大小，最终的切片器效果图如图6-44所示。

完成切片器添加后，即可看到网店6名客服人员的KPI考核整体数据的可视化表达，如图6-45所示，选中切片器中的柱形"A"，即可看到关于客服A的所有KPI考核数据，如图6-46所示，选中除柱形"A"之外的其他柱形同理。

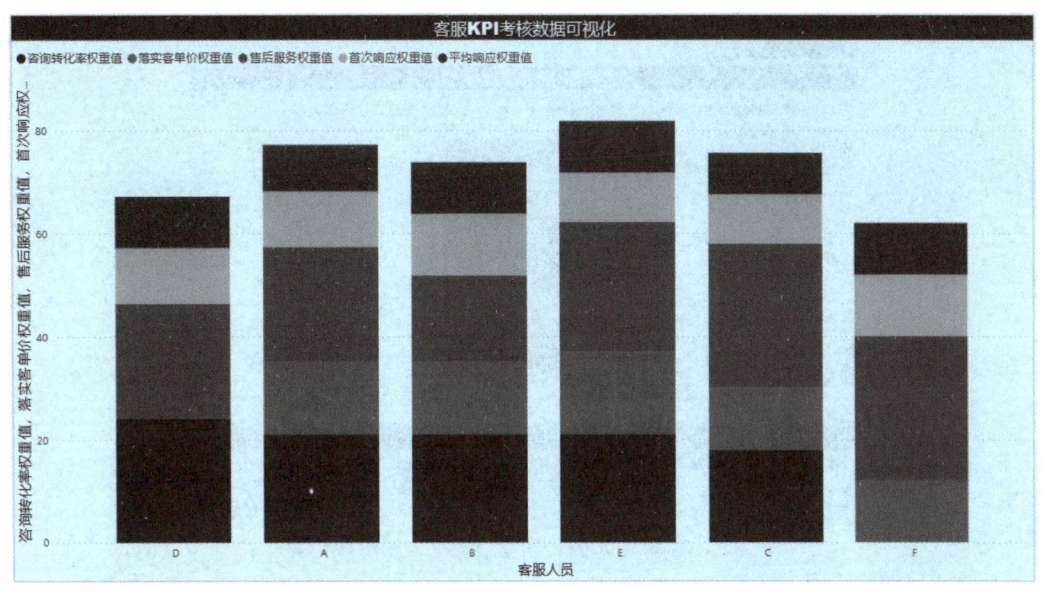

图 6-43 "客服 KPI 考核数据可视化"堆积柱形图

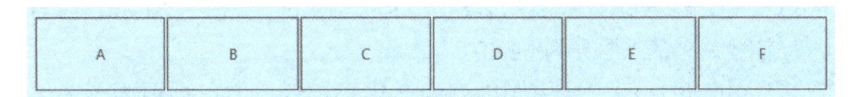

图 6-44 客服人员切片器效果图

客服人员	咨询转化率权重值	落实客单价权重值	售后服务权重值	首次响应权重值	平均响应权重值	综合得分
E	21.00	16.00	25.20	9.60	10.00	81.80
A	21.00	14.00	22.40	10.80	9.00	77.20
C	18.00	12.00	28.00	9.60	8.00	75.60
B	21.00	14.00	16.80	12.00	10.00	73.80
D	24.00	0.00	22.40	10.80	10.00	67.20
F	0.00	12.00	28.00	12.00	10.00	62.00
总计	105.00	68.00	142.80	64.80	57.00	437.60

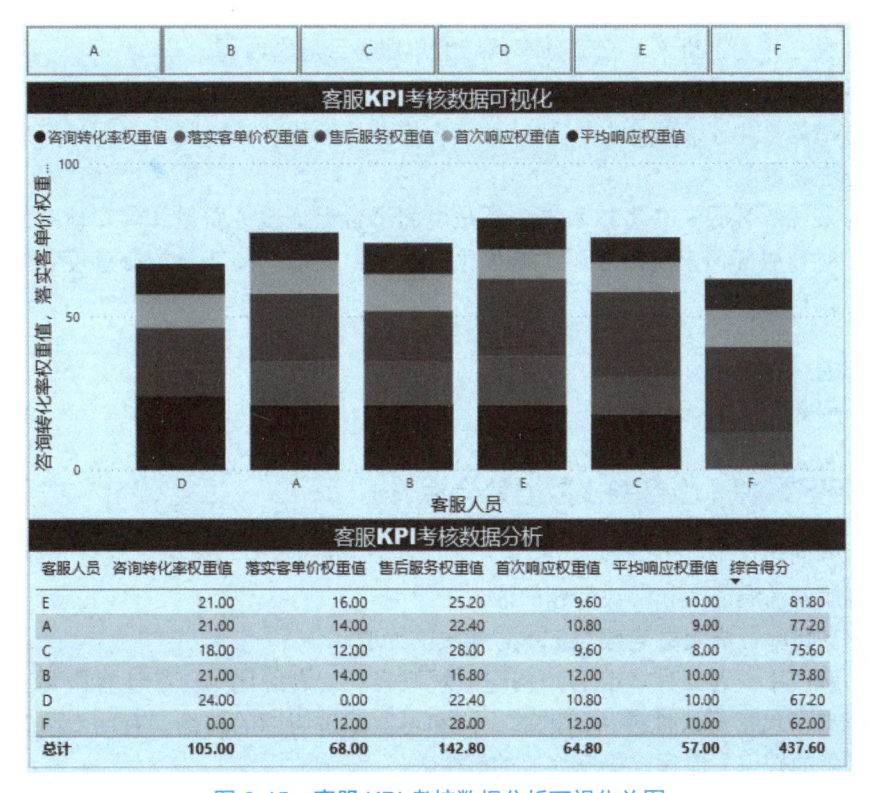

图 6-45 客服 KPI 考核数据分析可视化总图

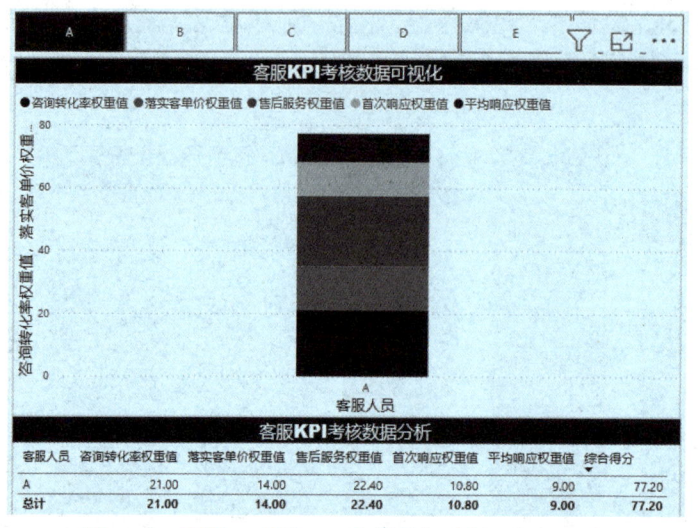

图 6-46 客服 A 人员 KPI 考核数据分析可视化图表

步骤十：分析评估

由图 6-45 可知，综合得分最高的客服人员为客服 E，分值为 81.80；综合得分最低的客服人员为客服 F，综合得分为 62.00。

客服 F 综合得分最低的主要原因为咨询转化率过低，所以需要为该客服人员制定销售技巧方面的培训，提高营销沟通技能。但是，客服 E 在响应时间和售后服务这两个方面表现突出。基于以上分析结果，管理人员后期可组织客服人员进行相关培训，并安排客服 E 作为主讲人，交流分享网店客户服务经验和心得。

最后，该网店需要对实施改进措施后的 KPI 数据再次进行分析，以监控改进效果。如果改进措施产生了积极效果，则应继续实施并持续优化该措施，以保证客服服务的质量和客户满意度。

总的来说，客服 KPI 考核数据分析是电商平台保证服务质量和客户体验的重要手段之一。对客服部门来说，通过不断优化和改进，可以提高客户的满意度和电商平台的竞争力。

知识链接

一、网店客服 KPI 服务考核数据分析相关指标

（1）咨询转化率：咨询客服并最终产生购买行为的人数与咨询客服总人数的比值，体现了客服的沟通能力和解决问题的能力。

（2）支付率：成交总笔数与下单总笔数的比值。

（3）解决率：客服在收到客户问题后解决客户问题的比率。统计客服解决客户问题的综合率，包括一次性解决问题的比例和再次跟进问题的比例，有助于了解并掌握产品和服务的知识与流程，提升客服的解决率。

（4）响应时间：在客户咨询后，客服回复客户的时间间隔。响应时间又分为首次

响应时间和平均响应时间，两者都会影响成交转化率。一般来讲，网店客服响应时间越短，且回复态度越专业、热情，网店产品的咨询转化率也会越高。

（5）落实客单价：在一定时期内，客服个人客单价与网店客单价的比值。将客服个人客单价与网店客单价联系起来，可以更加直观地看到客服团队的 KPI 完成情况。

（6）售后及日常工作：网店的售后服务和日常服务对网店的忠诚度有着直接影响。在处理售后和日常工作的过程中，经常会出现客户反馈、投诉、退货等情况。如果客服人员能够及时、有效地处理并解决问题，那么将有助于提升客户满意度，进而推动网店业绩的增长。对此，可使用月投诉率、月退货量、月成交量等指标来衡量客服人员在售后和日常工作中的表现。

二、Power BI 基础知识——创建表关系

当使用多个表在 Power BI 中进行分析操作时，为使在报表中显示的计算结果正确无误，需要为这些表创建关系。一般来讲，在 Power BI 中创建关系的方法有两种，即应用自动检测功能创建关系和手动创建关系。

1. 应用自动检测功能创建关系

打开 Power BI，在已获取对应数据的基础上，在"建模"选项卡下，选择"管理关系"下的"自动检测"功能，如图 6-47 所示。

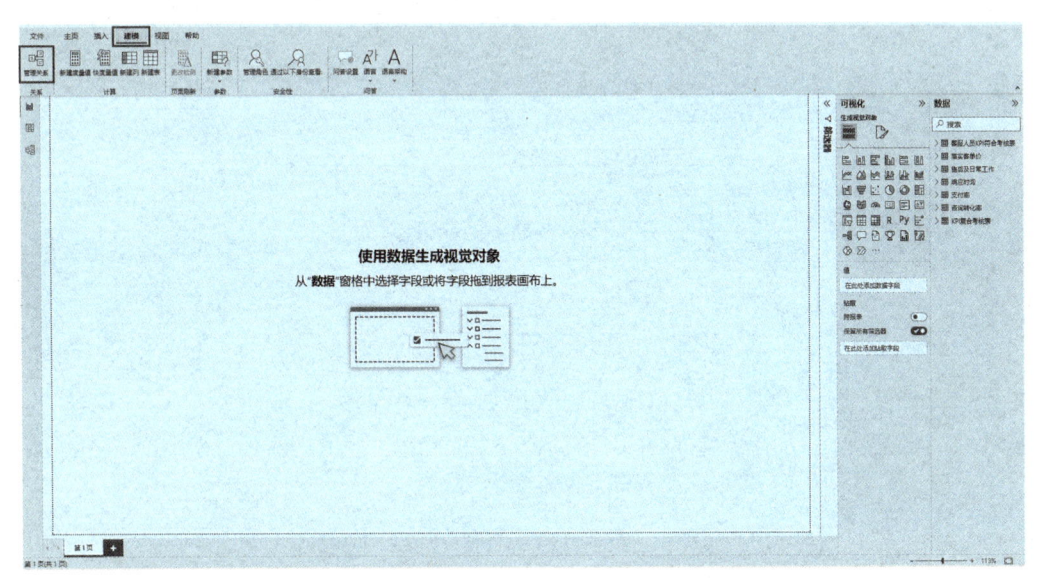

图 6-47　应用自动检测功能创建关系

2. 手动创建关系

同自动检测功能一样，首先在已获取对应数据的基础上，在"建模"选项卡下，单击"关系"组中的"管理关系"按钮，在弹出的"管理关系"对话框中单击"新建"按钮，如图 6-48 所示。然后在"创建关系"对话框第一个表的下拉列表中任意选择一个表及在关系中使用的列，接着在第二个表的下拉列表中选择要在关系中使用的其他表，最后选择要使用的其他列，如图 6-49 所示。

数据可视化处理

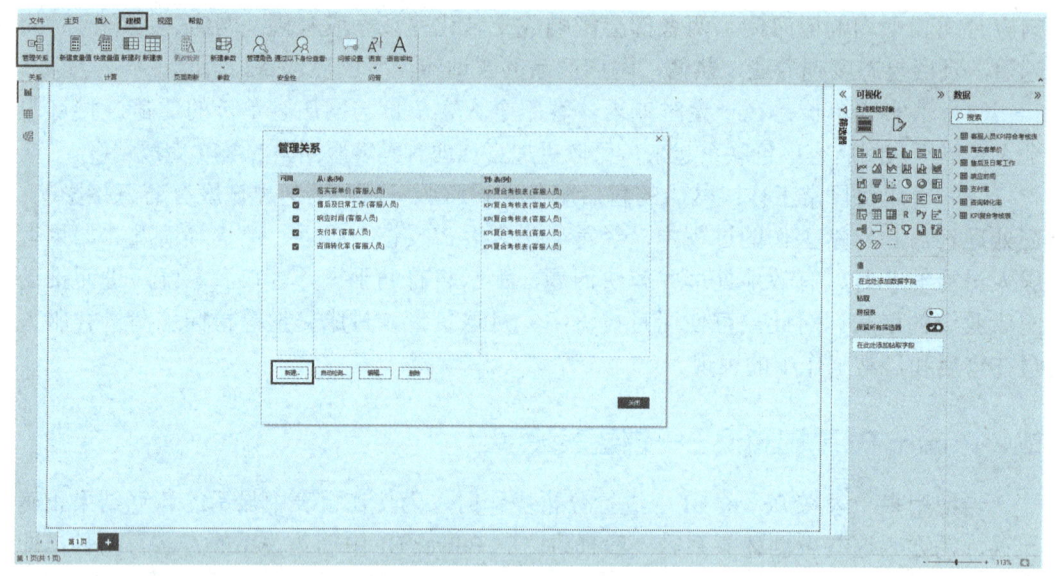

图 6-48　单击"新建"按钮

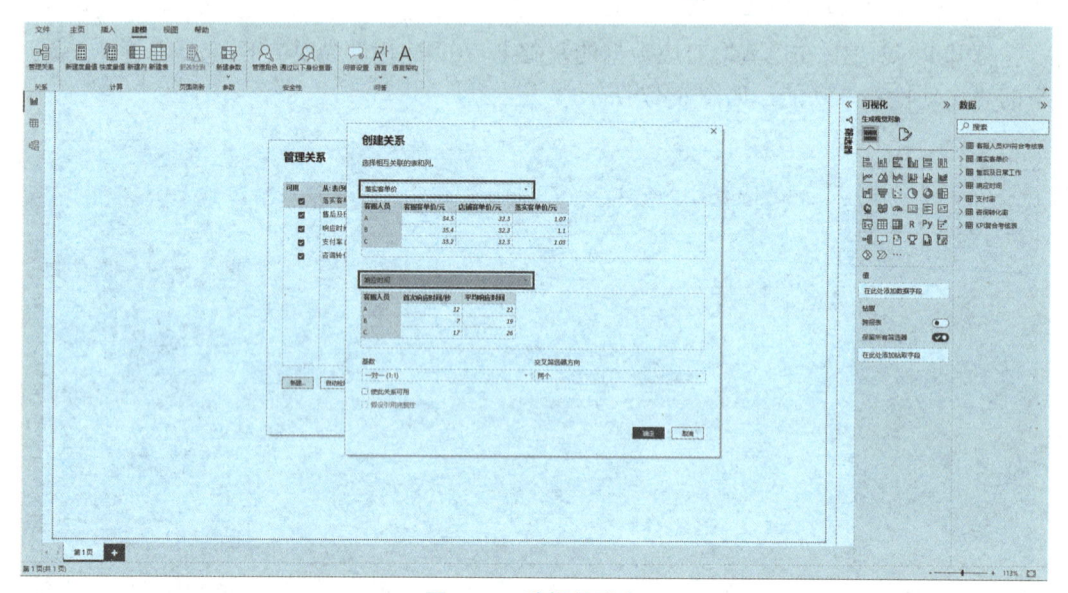

图 6-49　选择关联表

素养园地

《中华人民共和国消费者权益保护法》是为了保护消费者的合法权益，维护社会经济秩序，促进社会主义市场经济健康发展而制定的一部法律。法则第八条表示：消费者享有知悉其购买、使用的商品或者接受的服务的真实情况的权利。消费者有权根据商品或者服务的不同情况，要求经营者提供商品的价格、产地、生产者、用途、性能、规格、等级、主要成份、生产日期、有效期限、检验合格证明、使用方法说明书、售后服务，或者服务的内容、规格、费用等有关情况。法则第二十四条表示：经营者提供的商品或者服务不符合质量要求的，消费者可以依照国家规定、当事人约定退货，或者要求经营者履行更换、修理等义务。没有国家规定和当事人约定的，消费者可以自收到商品之日起七日内退货；七日后符合法定解除合同条件的，消费者可以及时退货，不符合法定解除合同条件的，可以要求经营者履行更换、修理等义务。依照前款规定进行退货、更换、修理的，经营者应当承担运输等必要费用。

同步实训

一、实训概述

本实训要求学生根据网店 DSR 服务评价数据和 KPI 服务考核数据，通过教师提供的网店数据并结合本书内容，完成零食类网店服务数据可视化分析工作，掌握使用 Power BI 进行网店服务数据可视化分析的方法与流程，完成最终的可视化图表的呈现。

二、实训步骤

实训一：DSR 服务评价数据可视化

学生需根据本书所讲的 DSR 服务评价数据相关理论，并结合在 Power BI 中的实际操作步骤，确定在 Power BI 中展示该部分数据内容的工具和视觉对象，并选择合适的字段进行可视化呈现。

学生可以从以下基本步骤着手准备。

步骤一：确定要进行分析的指标数据。

步骤二：在 Power BI 中选择合适的工具进行 DSR 评分可视化呈现。

步骤三：总结 DSR 评分的可视化分析结果，在此基础上，在 Power BI 中使用合适的视觉对象，进一步挖掘产生 DSR 评分结果的原因，并使用可视化工具呈现。

实训二：KPI 服务考核数据可视化

以实训一中的网店数据为准，学生可根据教师所给的客服 KPI 服务考核数据，进行客服 KPI 服务考核数据可视化实操。

学生可以从以下基本步骤着手准备。

步骤一：制定客服 KPI 服务考核指标权重。

步骤二：使用 Power BI 统计各考核指标数据。

步骤三：综合上述步骤中的计算结果，统计各指标权重值，计算出网店各客服人员的综合得分。

步骤四：使用 Power BI 进行客服 KPI 服务考核数据的可视化表达。

步骤五：分析和评估最终结论。

项目七 供应链数据可视化

学习目标

知识目标

1. 认识采购数据、仓储数据和物流数据。
2. 了解采购数据的分析思路。
3. 了解仓储数据统计与分析的意义。
4. 明确不同数据可视化图表的制作流程。

技能目标

1. 能够根据所提供的原始数据完成采购数据可视化。
2. 能够根据所提供的原始数据完成仓储数据可视化。
3. 能够对物流数据进行采集处理。
4. 能够对物流数据进行可视化图表的制作。
5. 能够根据数据类型选择不同的可视化图表。
6. 能够对图表进行简单分析和总结。

素养目标

1. 具有较强的数据分析能力、逻辑思维能力和良好的沟通能力。
2. 具备较强的互联网思维和团队意识。
3. 对图形效果的可视化、科学化、美观化具有一定的判断能力。

项目任务分解

本项目包含三个任务，具体内容如下。

任务一：采购数据可视化。

任务二：仓储数据可视化。

任务三：物流数据可视化。

本项目旨在引导学生了解供应链数据可视化工作。通过对本项目的学习，学生能够具备数据可视化图表制作能力，能够根据所提供的数据完成采购数据、仓储数据和物流数据的可视化图表制作。

项目七 供应链数据可视化

项目情境

北京某电商企业经过两年的运营，店铺销售金额逐渐上升，有时爆款和热销产品会出现断货的情况，尤其是在活动期间，因此企业要求采购部每个月对采购数据、仓储数据和物流数据进行可视化分析。初入职场的实习生小刘主要负责供应链数据的采集与处理，以便企业部门进行数据分析。对小刘来说，采购数据、仓储数据和物流数据可视化的最终目的都是更直观地找到问题所在，进而根据分析结果提出营销建议。

任务一 采购数据可视化

任务分析

小刘在进行采购数据可视化工作时，将任务分为两个部分，包括产品需求量预测和不同渠道采购成本分析，以便后期分析人员了解目前采购的运营状态，有助于企业及时调整工作中出现的问题。

任务实施

一、产品需求量预测

（1）打开 Power BI，如图 7-1 所示，在画布区中选择"从 Excel 导入数据"选项，在弹出的对话框中选择"任务一 采购数据可视化"数据表并打开，在弹出的"导航器"对话框中选择"某网店上半年销售数量"工作表，随后单击"加载"按钮，如图 7-2 所示。

完成数据导入后，在右侧的"数据"窗格中可以看到加载后的表字段，如图 7-3 所示。

（2）如图 7-4 所示，可视化图表分为很多种，包括条形图、柱形图、折线图、散点图、环形图、树状图等，小刘为了使对比效果更加明显，最终选择了簇状柱形图。在"可视化"窗格中选择"簇状柱形图"，在"数据"窗格中选择"某网店上半年销售数量"工作表，将"月份"字段拖动到"X 轴"组中，依次将"产品 A"、"产品 B"、"产品 D"、"产品 C"和"产品 E"字段拖动到"Y 轴"组中，如图 7-5 所示。

数据可视化处理

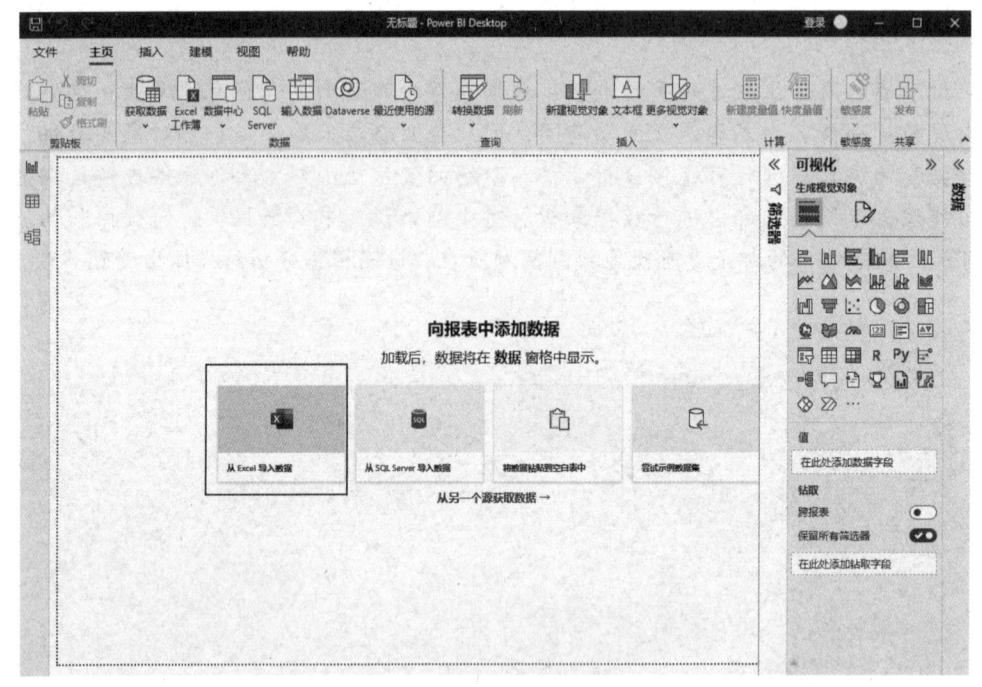

图 7-1 从 Excel 导入数据

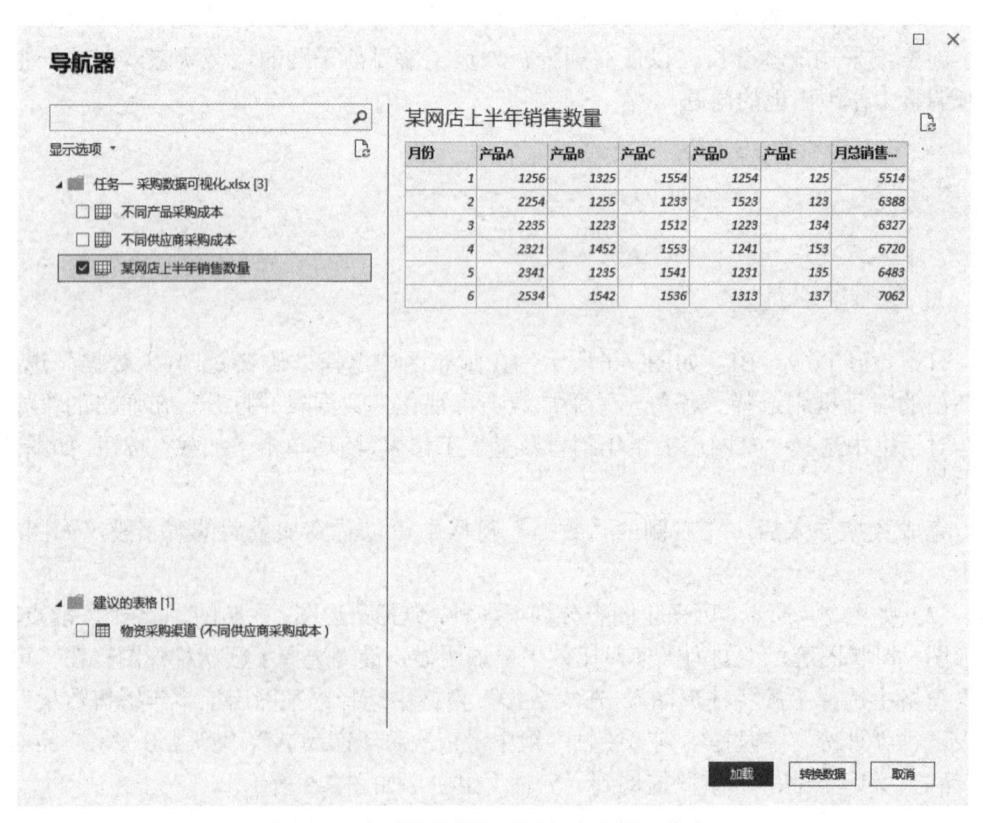

图 7-2 在"导航器"对话框中选择工作表

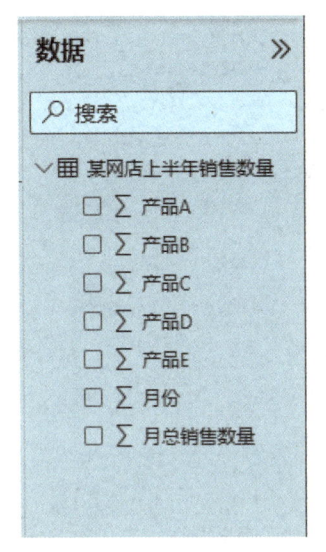

图 7-3　加载后的表字段

图 7-4　可视化图表选择

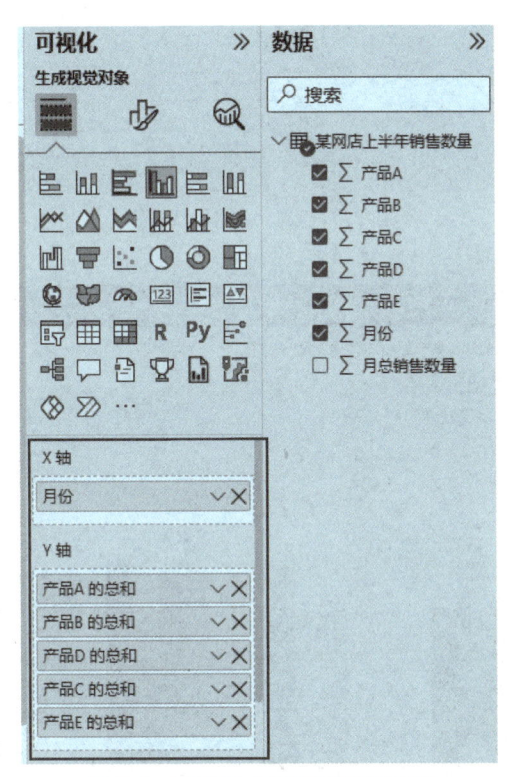

图 7-5　产品需求量预测字段设置

（3）切换至"可视化"窗格下的"设置视觉对象格式"选项卡，调整视觉对象的格式，对 X 轴、Y 轴及标题进行设置，如图 7-6 所示，可对视觉对象的类型、数值范围、值的颜色、字体大小等进行设置。选择"常规"选项，编辑图表的标题文本为"某网店上半年销售数量"，最终的簇状柱形图效果如图 7-7 所示。

数据可视化处理

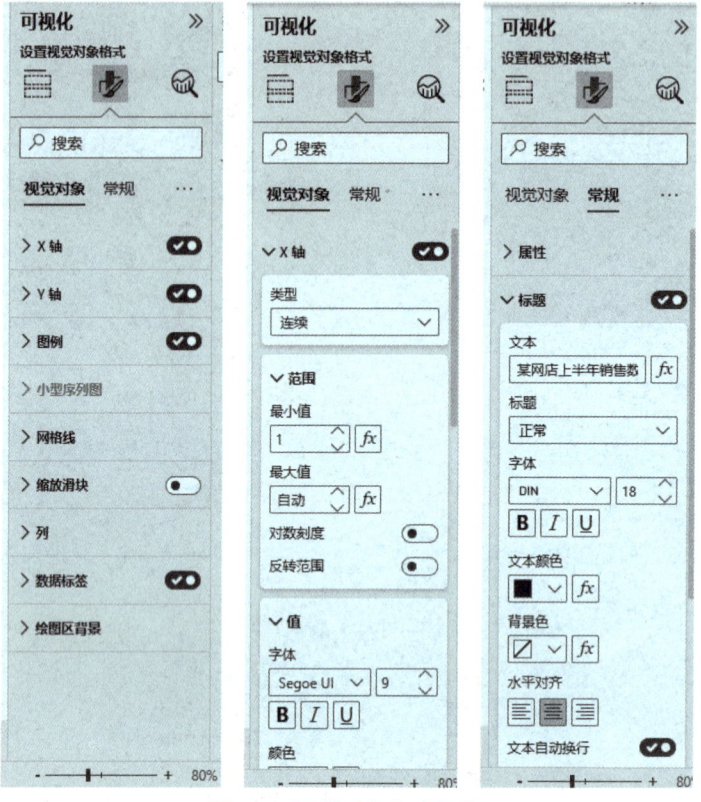

图 7-6　视觉对象格式设置

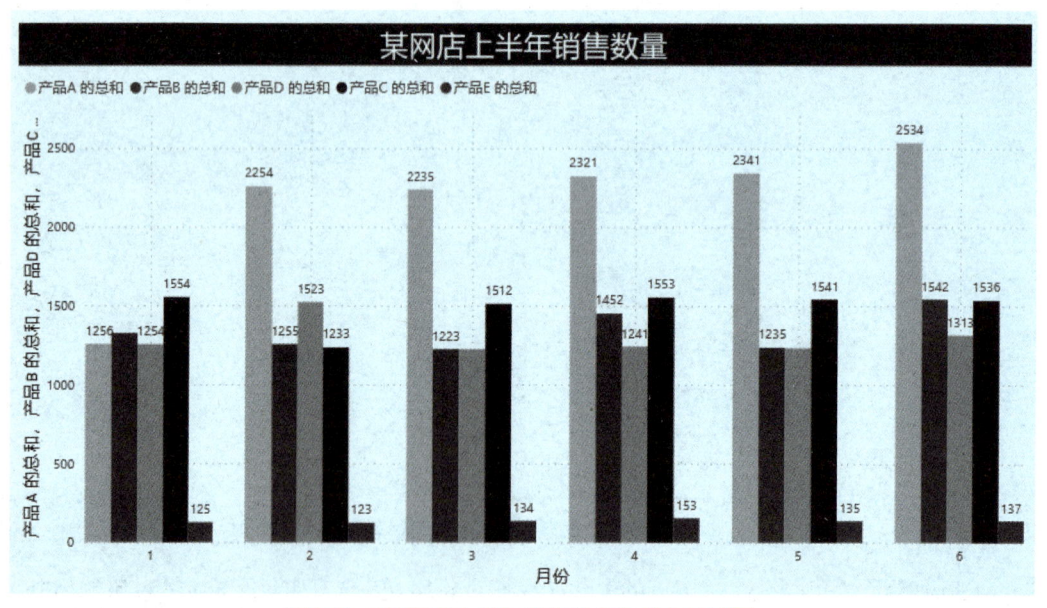

图 7-7　"某网店上半年销售数量"簇状柱形图

（4）查看图表效果。由图 7-7 可知，在上半年，产品 A 的销量最高，产品 E 的销量最低，分析人员需进一步查看关于产品 E 的相关数据，找出问题所在，其他产品的销量在上半年均表现平稳，无明显波动。

200

二、不同渠道采购成本分析

步骤一：不同供应商采购成本分析

（1）单击"Excel 工作簿"按钮，在弹出的对话框中选择"任务一　采购数据可视化"数据表并打开，在"导航器"对话框中选择"不同供应商采购成本"工作表，随后单击"加载"按钮，如图 7-8 所示。

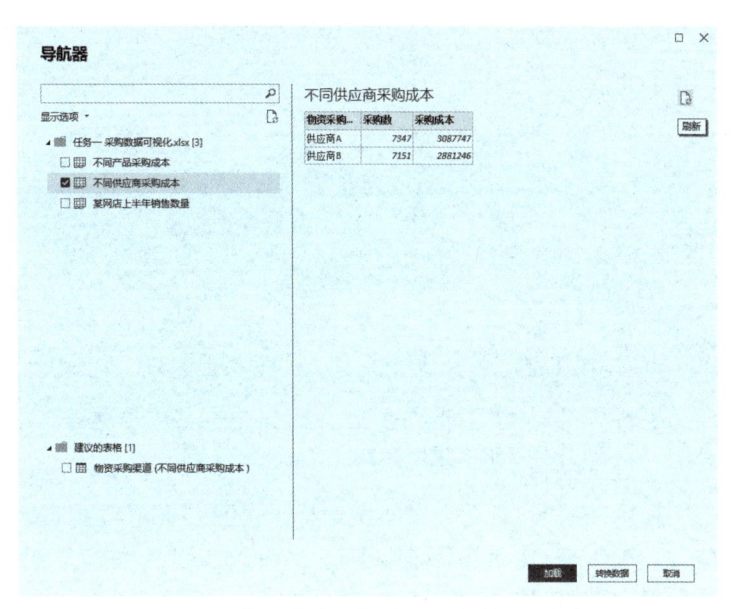

图 7-8　在"导航器"对话框中选择工作表

（2）单击"主页"选项卡下的"转换数据"按钮，进入 Power Query 编辑器，添加自定义列并计算不同采购商的采购成本占比。每个采购商的采购成本占比 = 该采购商的采购成本 / 采购成本的总和 ×100%，分别计算出各个采购商的采购成本占比，如图 7-9 所示，并将新建的"占比"列的数据类型设置为"百分比"，操作完成的结果如图 7-10 所示。

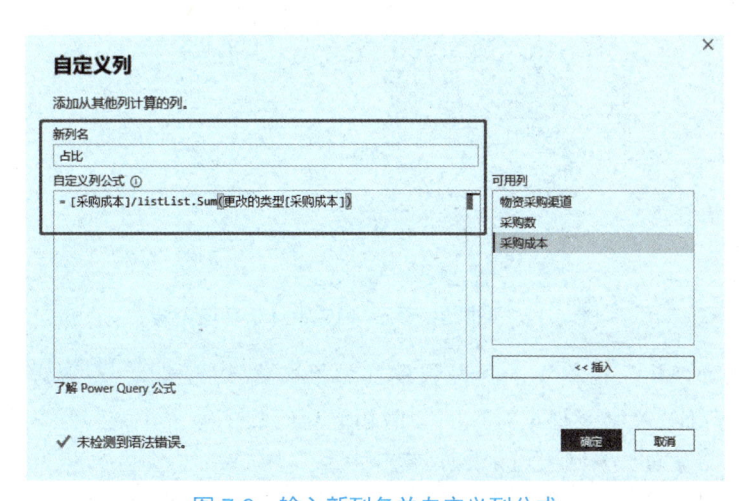

图 7-9　输入新列名并自定义列公式

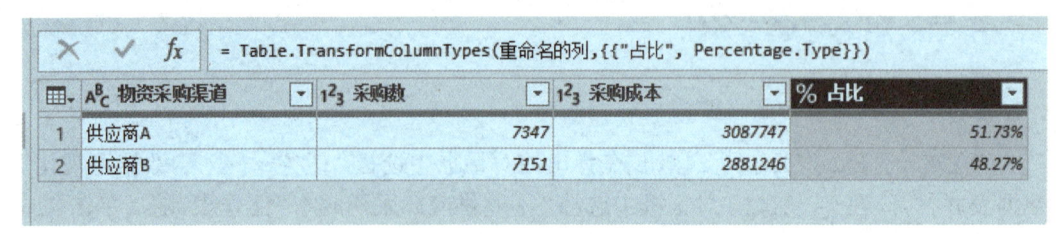

图 7-10 完成占比计算

（3）确定自定义列添加无误后，单击"主页"选项卡下"关闭"组中的"关闭并应用"按钮，如图 7-11 所示。

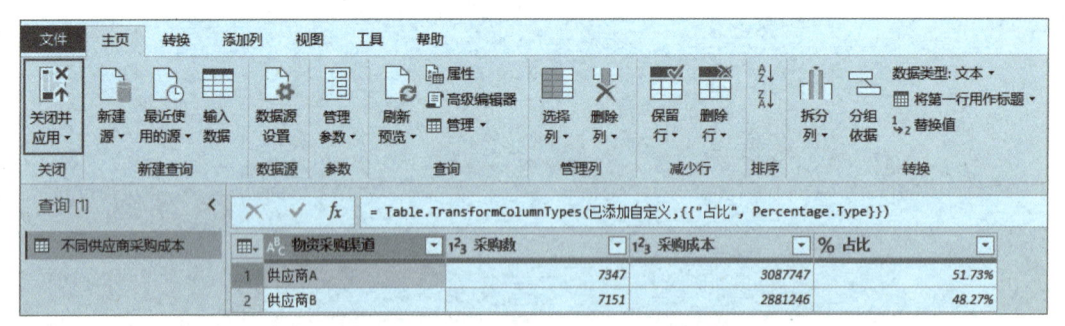

图 7-11 退出 Power Query 编辑器

（4）进入报表视图，在"可视化"窗格中选择"饼图"，在"数据"窗格中选择"不同供应商采购成本"工作表，将"物资采购渠道"字段拖动到"图例"组中，将"占比"字段拖动到"值"组中，如图 7-12 所示。

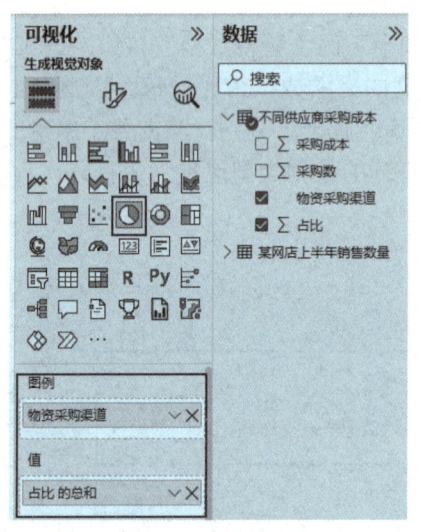

图 7-12 不同供应商采购成本分析字段设置

切换至"可视化"窗格下的"设置视觉对象格式"选项卡，设置详细信息标签的内容为"总百分比"，调整视觉对象的图例和值对应的字体大小，显示数据标签，将图表的标题文本设置为"不同渠道采购成本占比"。

（5）查看图表效果。结合呈现效果，继续调节视觉对象的数据标签、标题等元素的格式，调整视觉对象的位置和大小，最终的饼图效果如图 7-13 所示。由图 7-13 可知，供应商 A 的采购成本占比较多。

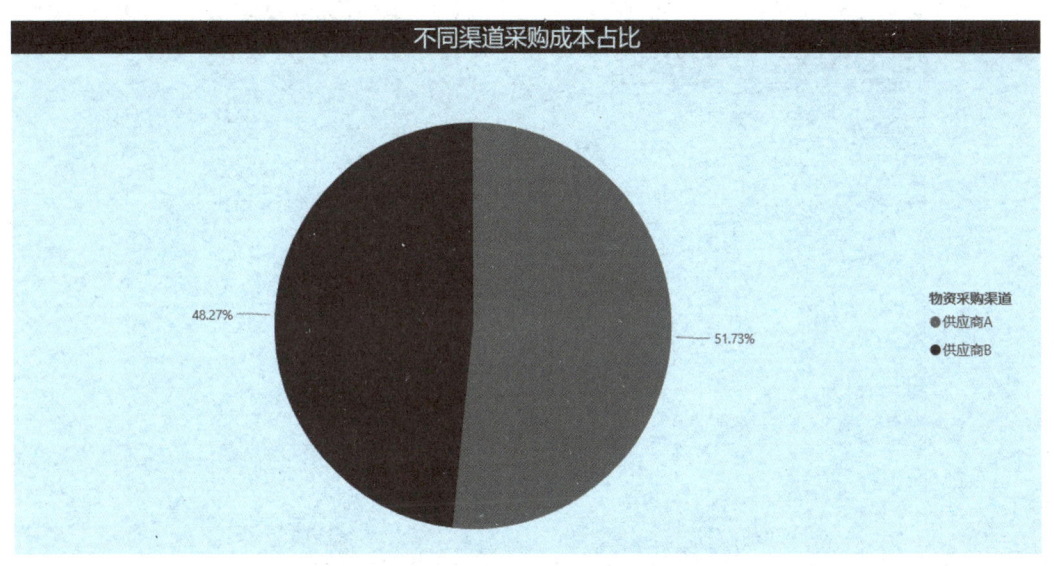

图 7-13 "不同渠道采购成本占比"饼图

步骤二：不同产品采购成本对比分析

（1）在"文件"选项卡中选择"获取数据"选项中的"Excel 工作簿"，如图 7-14 所示，在弹出的对话框中选择"任务一 采购数据可视化"数据表并打开，在弹出的"导航器"对话框中选择"不同产品采购成本"工作表，随后单击"加载"按钮，如图 7-15 所示。

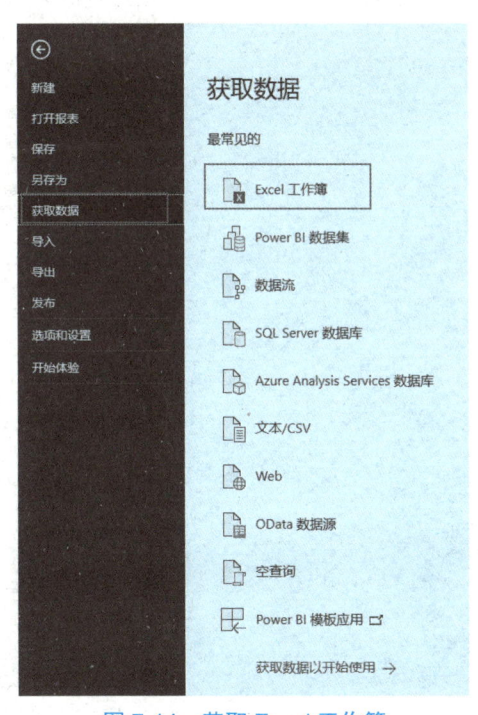

图 7-14 获取 Excel 工作簿

数据可视化处理

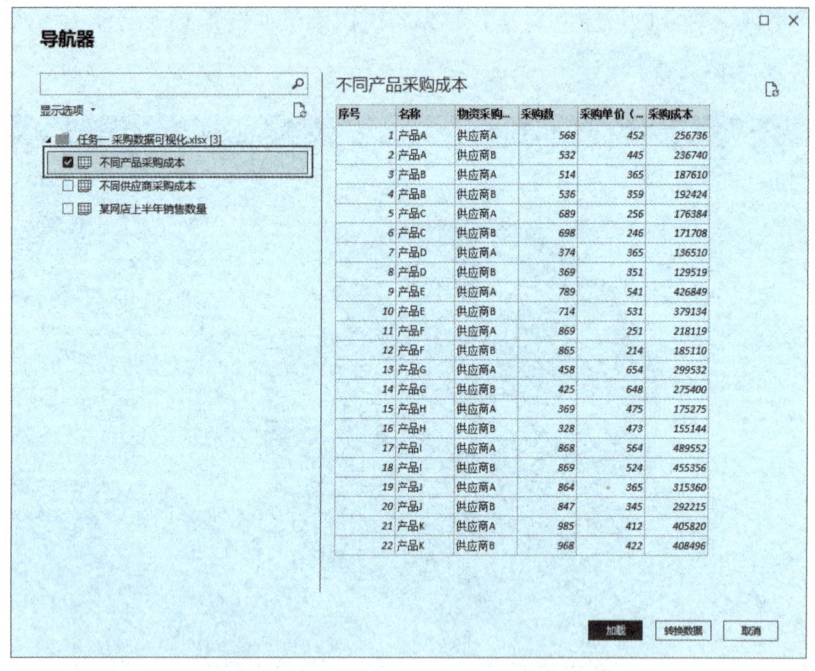

图 7-15 在"导航器"对话框中选择工作表

完成数据导入后，在右侧的"数据"窗格中可以看到加载后的表字段，如图 7-16 所示。

（2）单击页面左下方的"新建页"按钮，在"可视化"窗格中选择"折线图"，在"数据"窗格中选择"不同产品采购成本"工作表，将"名称"字段拖动到"X 轴"组中，将"采购成本"字段拖动到"Y 轴"组中，将"物资采购渠道"字段拖动到"图例"组中，将"采购单价（元）"拖动到"工具提示"组中，如图 7-17 所示。

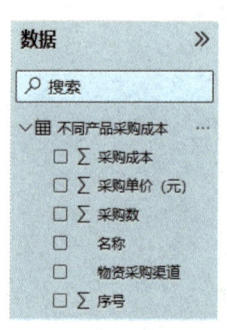

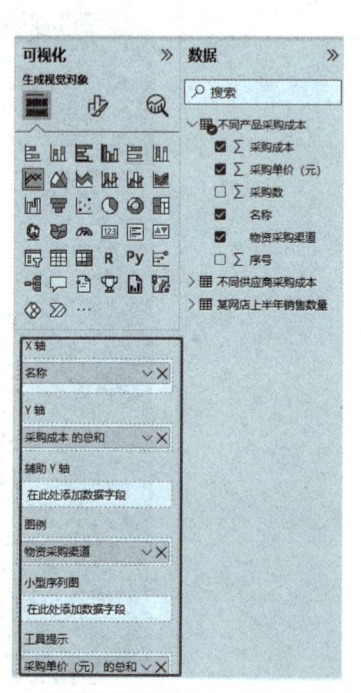

图 7-16 完成数据导入　　　　图 7-17 不同产品采购成本对比分析字段设置

切换至"可视化"窗格下的"设置视觉对象格式"选项卡,调整视觉对象的格式。例如,打开"图例",将图例标题的"位置"设置为"靠下居中","样式"设置为"标记",随后选择"常规"选项,在"标题"组中将"文本"修改为"不同产品采购成本对比分析",如图 7-18 所示。

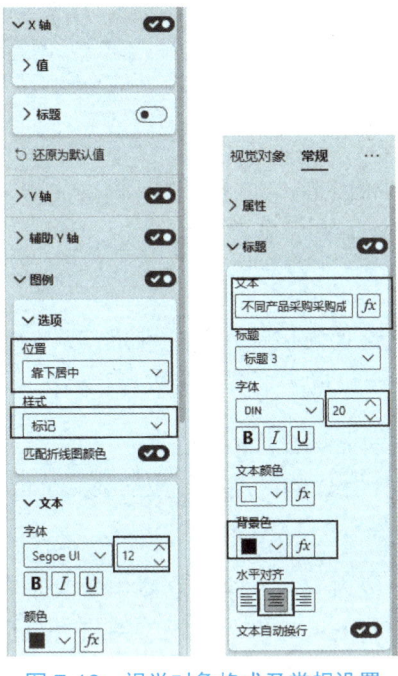

图 7-18　视觉对象格式及常规设置

（3）查看图表效果。结合呈现效果,继续调节视觉对象的数据标签、标题等元素的格式,调整视觉对象的位置和大小,最终的折线图效果如图 7-19 所示,任意单击图中的任意字段都会出现该产品详细的采购信息。由图 7-19 可知,产品 I 的采购成本最高,后期需要结合该产品的库存与销售情况进行调整。

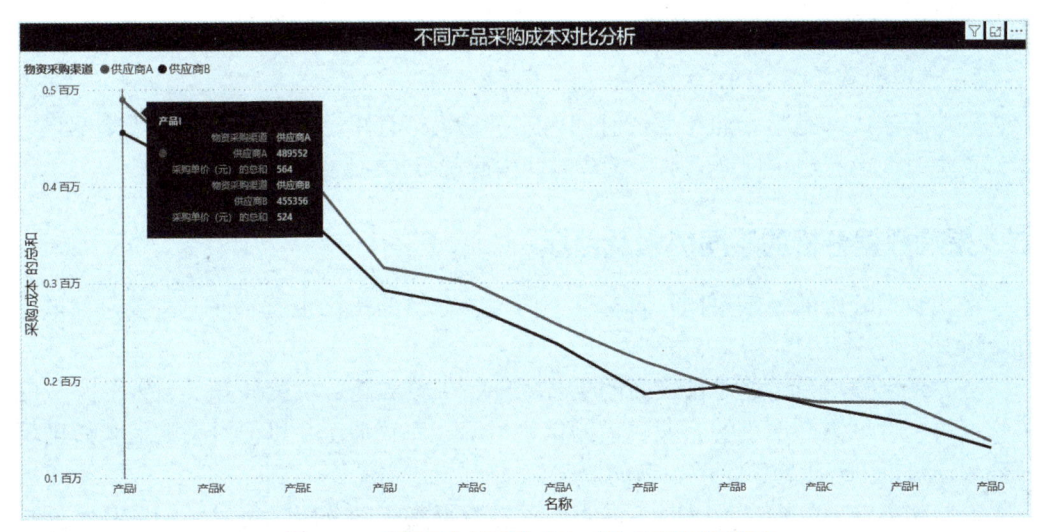

图 7-19　"不同产品采购成本对比分析"折线图

知识链接

一、常见的采购数据分析指标

常见的采购数据分析指标包括采购金额、采购数量、库存金额、库存数量、库存天数、送货数量、平均配送成本等。

1. 采购金额

采购金额是指企业在一定时间内采购产品、物资或服务的总金额，根据采购时长的不同，一般可以分为月采购金额、季度采购金额、年度采购金额等。

2. 采购数量

采购数量是指企业阶段性地从供应市场中获取产品、物资或服务的总数量，一般可以分为周采购数量、月采购数量、季度采购数量、年度采购数量等。

3. 库存金额

库存金额是指企业仓库中保管的产品所对应的金额总数。

4. 库存数量

库存数量是指某时间单位内存放在企业仓库中暂时没有被出售的产品数量。库存产品包括企业生产且检验合格的入库产品、已有销售对象但尚未发货的产品、已入库有瑕疵但暂未办理出库的产品等多种类型。

5. 库存天数

库存天数是指产品在企业仓库中存放的天数，库存时间越长，库存成本就越大。

6. 送货数量

送货数量是指某时间单位内客户下单后企业为客户配送的实际产品、物资或服务的总数量。

7. 平均配送成本

平均配送成本是指企业在单位时间内花费在每笔订单上的配送成本，平均配送成本 = 单位时间内配送货物总成本 ÷ 单位时间内配送货物总数量。

二、采购数据分析的不同场景及目标

采购数据分析的场景不同，目标就不同，所分析的指标也就不同，主要包括以下几种情况。

（1）需求预测：通过对供应商的供货周期、供货数量、供货质量及目前的存货的进行分析，可以清楚地了解企业目前的销售情况、库存情况，以便对采购需求做出精准预测，防止出现供应不足或过量的情况。

（2）品类管理分析：通过对各品类的关键数据指标的分析，可以了解各品类的具

体情况，划分出不同品类的供货商。通过筛选比较找出节省成本的方法，优化品类采购管理策略，实现降本增效。

（3）供应商管理：通过对供应商的各类关键数据指标的分析，可以了解企业采购过程中不同供应商的成本差异，以及供应商变动对企业的影响，为供应商的选择、更换提供重要依据。

（4）采购过程监控：通过对采购申请、订单、发票等文件的分析，可以发现企业在采购管理过程中的差异、漏洞，找到优化方向，使企业的采购工作得到最大程度的改善，提高企业采购管理效率。

（5）合同管理：通过分析采购合同的数据，可以很容易地追踪到合约的更新情况，以便预测采购数量，优化采购策略，节约采购成本。

（6）风险管理：通过对采购数据的分析，可以了解企业与供应商之间的关系，梳理出联系薄弱、贡献值较小且存在信用危机的供应商，提前应对供应链中断的风险，为企业的采购风险防控提供依据。

（7）成本控制：通过对采购数据分析，可以发现降低成本的方法，将无谓的开支削减到最低程度，精简批准程序，对支付条款及精确度进行评价，降低采购过程中的成本支出。

任务二　仓储数据可视化

任务分析

小刘在完成采购数据可视化制作后，对仓储数据的相关知识进行了解学习，并根据以下步骤完成部分数据的可视化，包括目前店铺库存产品占比图、结存数量与库存标准量分析图等，以便后期分析人员了解仓库的运营状态，帮助企业对工作中出现的问题时及时做出调整。

任务实施

一、不同产品结存量占比

步骤一：计算结存量

（1）单击"Excel 工作簿"按钮，在弹出的对话框中选择"任务二　仓储数据可视化"数据表并打开，在"导航器"对话框中选择"仓储数据"工作表，随后单击"加载"按钮，如图 7-20 所示。

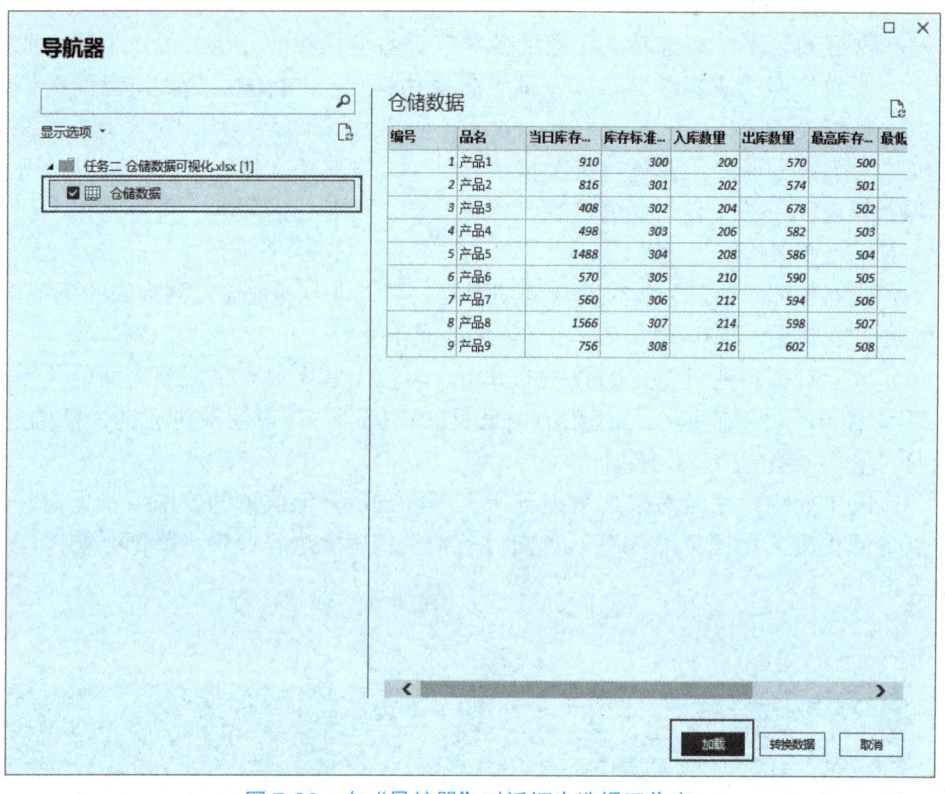

图 7-20 在"导航器"对话框中选择工作表

（2）单击"主页"选项卡"查询"组中的"转换数据"按钮，进入 Power Query 编辑器，添加自定义列，计算不同产品的结存量。单击"自定义列"按钮，在"自定义列"对话框中输入新列名"结存量"，并输入自定义列公式，如图 7-21 所示。

=[入库数量]+[当日库存数量]-[出库数量]

最终完成的结存量计算如图 7-22 所示。

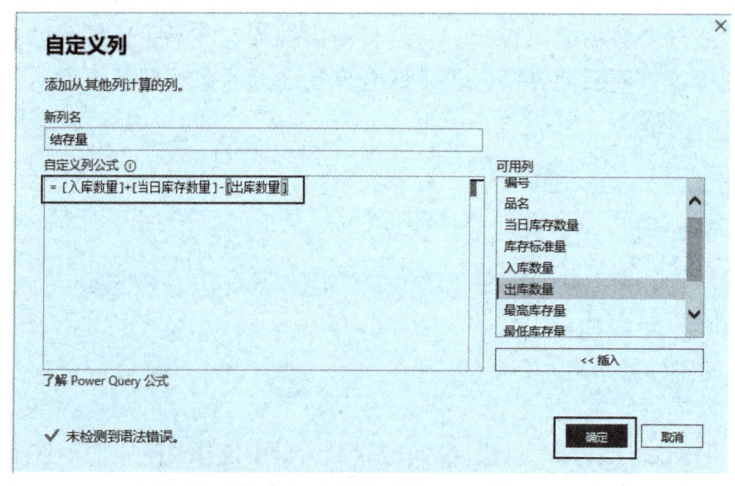

图 7-21 输入列名与公式

图 7-22 完成结存量计算

步骤二：计算不同产品结存量占比

（1）添加自定义列，计算不同产品结存量占比。在 Power Query 编辑器中的"添加列"选项卡下单击"常规"组中的"自定义列"按钮，在弹出的"自定义列"对话框中输入新列名"不同产品结存量占比"，并输入自定义列公式，如图 7-23 所示。

=[结存量]/List.Sum(更改的类型 1[结存量])

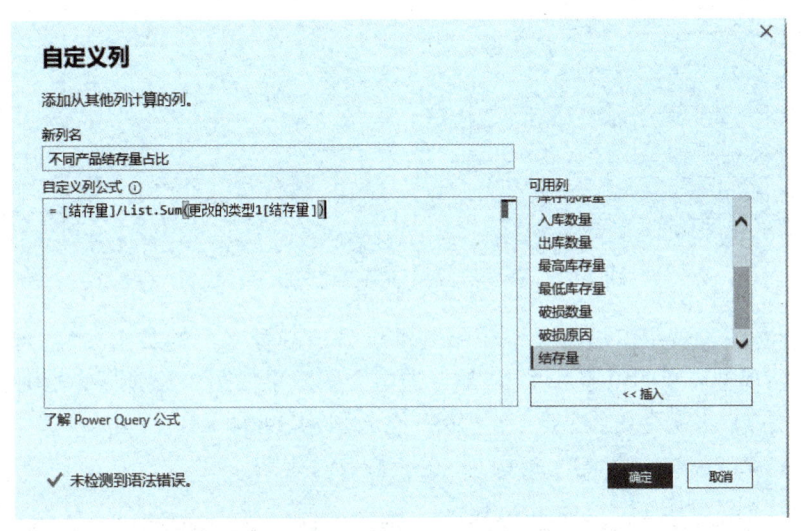

图 7-23 添加自定义列

单击选中"不同产品结存量占比"列，设置显示方式为"百分比"，操作完成的结果如图 7-24 所示。

图 7-24 不同产品的结存量占比

二、不同产品结存量占比分析

（1）确定自定义列无误后，单击"主页"选项卡下"关闭"组中的"关闭并应用"按钮。

（2）进入报表视图，在"可视化"窗格中选择"折线和簇状柱形图"，在"数据"窗格中选择"仓储数据"工作表，将"品名"字段拖动到"X轴"组中，将"不同产品结存量占比"字段拖动到"列y轴"组中，如图7-25所示。将"不同产品结存量占比"的显示方式设置为"占总计的百分比"。

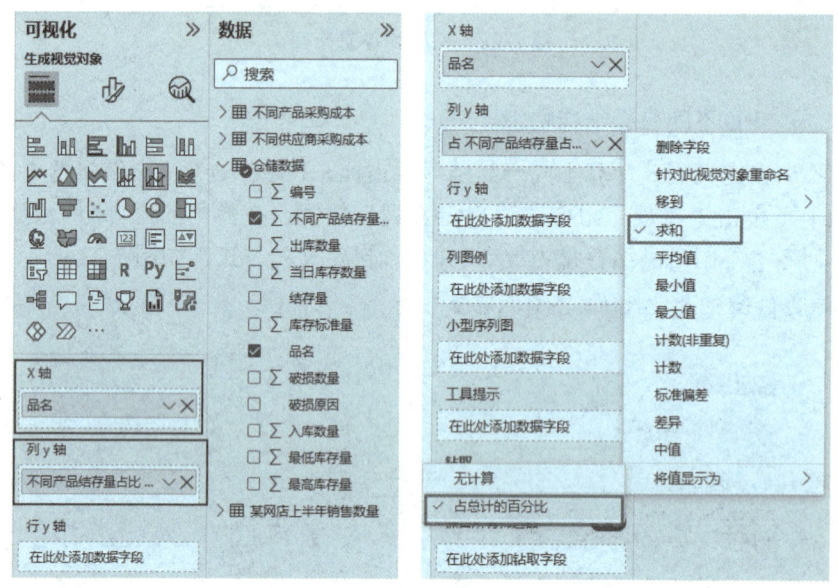

图7-25　不同产品结存量占比分析字段设置

（3）查看图表效果。结合呈现效果，继续调节视觉对象的数据标签、标题等元素的格式，调整视觉对象的位置和大小，最终的组合图效果如图7-26所示。由图7-26可知，产品8和产品5的库存量很大，结存量占比分别为29.04%和27.27%，而产品3的结存量占比为-1.62%，说明该产品库存不足，需及时采购。

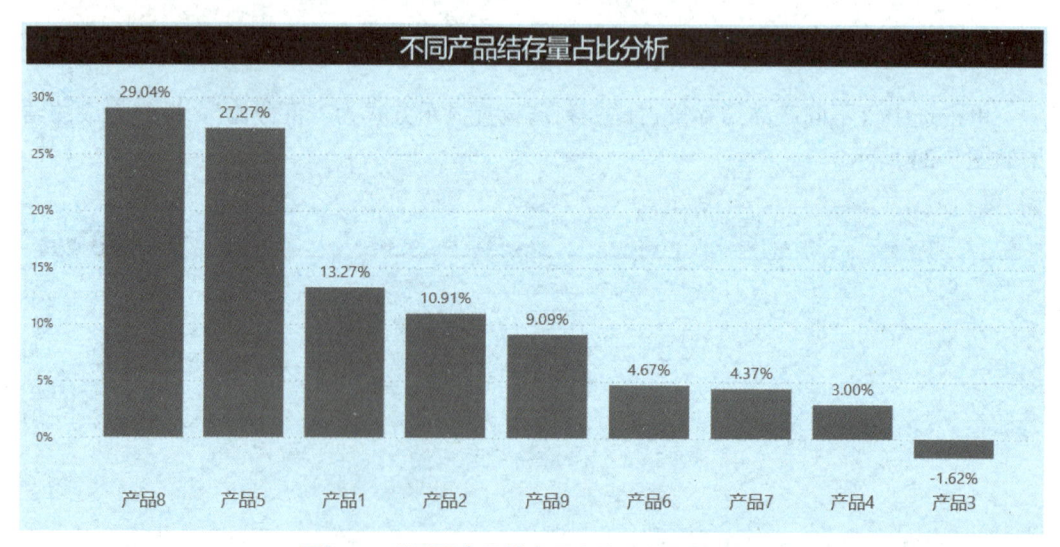

图7-26　"不同产品结存量占比分析"组合图

三、不同产品库存结存分析

（1）在"可视化"窗格中选择"折线和簇状柱形图"，在"数据"窗格中选择"仓储数据"工作表，将"品名"字段拖动到"X轴"组中，将"最低库存量"和"最高库存量"字段拖动到"列 y 轴"组中，将"库存标准量"和"结存量"字段拖动到"行 y 轴"组中，如图 7-27 所示。

（2）切换至"可视化"窗格下的"设置视觉对象格式"选项卡，调整视觉对象的格式。将字体大小修改为 12，将"图例"组中"选项"下的"位置"设置为"靠下居中"，"样式"设置为"标记"，调整"数据标签"为显示状态，并调整"数据标签"组中"值"下的字体大小为 12。选择"常规"选项，编辑图表的标题文本为"库存结存分析"，如图 7-28 所示。

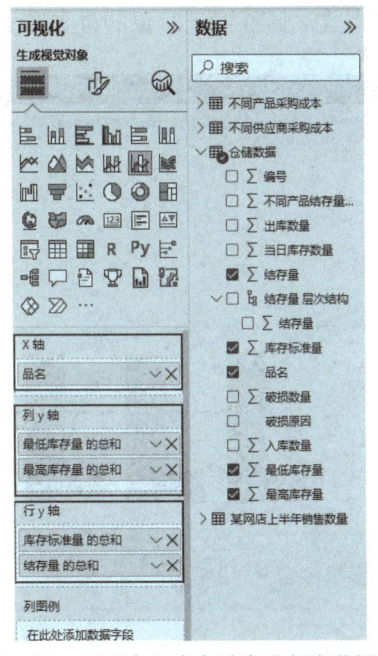

图 7-27　不同产品库存结存分析字段设置

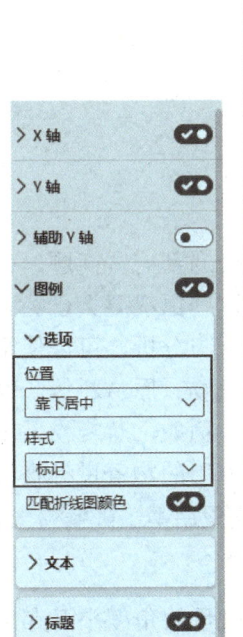

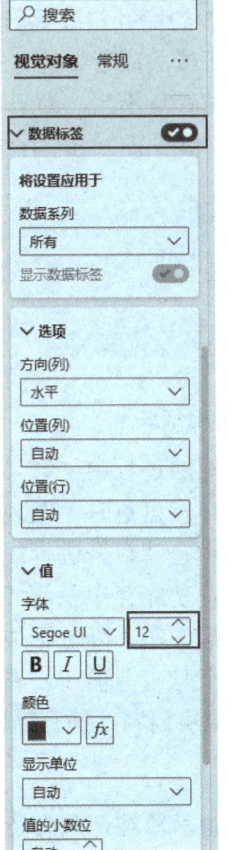

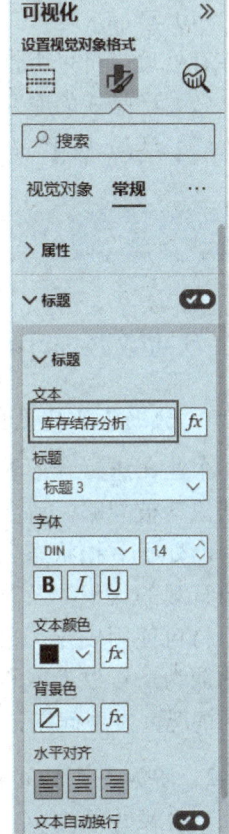

图 7-28　视觉对象格式设置

（3）查看图表效果。结合呈现效果，继续调节视觉对象的数据标签、标题等元素的格式，调整视觉对象的位置和大小，最终组合图如图 7-29 所示。

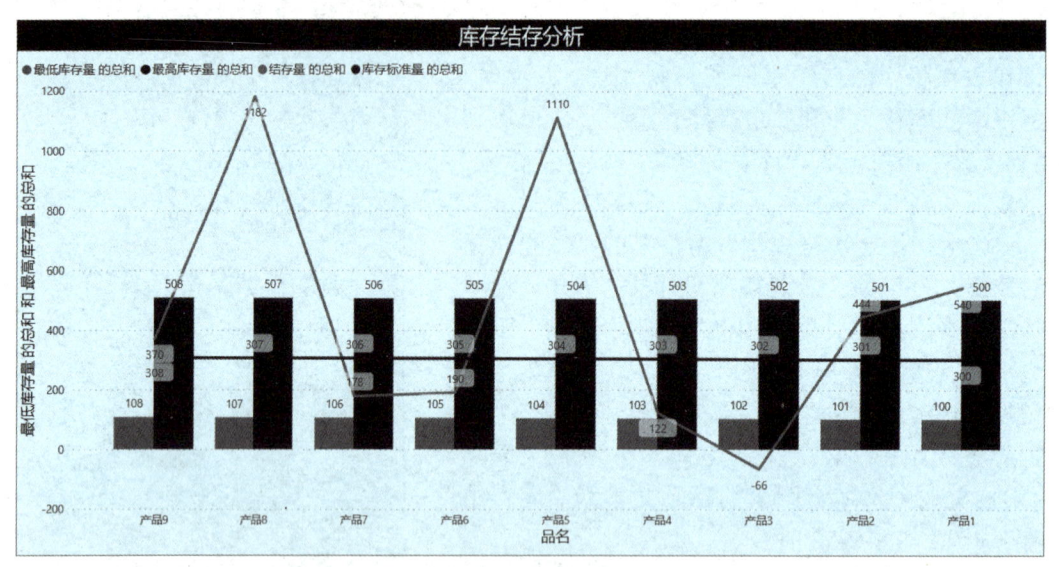

图 7-29　库存结存分析组合图

由图 7-29 可知，该店铺目前的库存结存量有以下几个问题。

（1）产品 8 与产品 5 的库存结存量较大，已高出最高库存量，所以需要对其进行清库存处理，可采用打折或关联营销的方式尽快处理。

（2）产品 3 的库存结存量不足，为了不影响销售需及时采购。

（3）产品 4、产品 6 和产品 7 的库存结存量低于库存标准量，需适量采购。

> **知识链接**

一、仓储数据统计与分析的意义

1. 协助企业处置积压货物

企业在进行仓库管理的过程中，经常会遇到一些问题，如因产品不断更新而导致一些原料被忽略，等到存货盘点时才发现这些原料要么已经到期不能再用，要么市值下降，处于亏损状态。对仓储数据进行统计与分析，可以使企业对仓库的存货状况有一个直观的认识，及时发现库存中积压的货物、原材料等，并采取措施消减库存，优化原材料使用安排、采购策略，降低损失。例如，对货物采用批号管理措施，可以对采购期为一年以上或六个月以上但还没有使用的物资进行查询，及时了解这些物资的使用情况，发现问题，解决问题，提升物资使用率，降低损失。

2. 增加存货利用率

在对存货进行分析时，单纯地从存货数量的角度来看存货费用是不完整的。因为各种原料的价格和存货的价值是不一样的。为了增加存货的利用率，企业需要学习如何进行物资的价值评估。通过每月的存货报告，分析人员可以清晰地知道到哪种存货的库存量较大、价值如何，这样在以后的策略制定和存货管理中，就可以对价格比较高的原料进行专门的管理，精细化采购与出库标准及流程等，从而增加存货的利用率。

3. 减少存货成本

销售的淡季和旺季也很大区别。例如，某类产品在八月至十一月是销售的高峰期，其他月份都是淡季。分析人员可以根据销售的淡旺季并结合往年的存货状况来推断出当年各月的存货数量，并进行相应的储备。同时，提前采购还能减少购买费用。因为在销售旺季，产品的采购成本通常会比之前高，提前采购可以减少成本。

二、仓储数据分析指标

仓储数据是指在库存管理过程中产生的各种数据，常见的仓储数据分析指标有以下几种。

1. 库存周转率

库存周转率是指某一时间段内库存产品周转的次数，能够反映库存周转的快慢，库存周转率越大说明企业的销售情况越好，其计算公式：库存周转率 =360÷库存周转天数。库存周转天数 = 某时间单位天数 ×（1/2）×（开始库存数量 + 结束库存数量）÷某时间单位销售量。

2. 售罄率

售罄率是指某一时间段内某类产品的销售量占其库存总量或采购总量的比例，其计算公式：售罄率 = 销售量÷库存总量（或采购总量）× 100%。

3. 储位利用率

储位利用率是衡量仓库储位的利用程度的指标，其计算公式：储位利用率 = 实际占用的储位数量÷总储位数量。

4. 出库准时率

出库准时率是衡量企业按时完成出库操作的能力，其计算公式：出库准时率 = 按时出库的订单数量÷总出库订单数量。

5. 订单满足率

订单满足率是衡量订单效率的指标，是单位时间内完成订单数与总订单数的比值，比值越接近 1 越好，其计算公式：订单满足率 = 单位时间内已完成订单数量／单位时间内已接收的订单总数量 × 100%。

6. 拣货准确率

拣货准确率是衡量仓库拣货操作准确性的指标，其计算公式：拣货准确率 = 准确拣货的订单数量÷总拣货订单数量。

任务三 物流数据可视化

任务分析

小刘了解到物流是指物品从供应地向接收地的实体流动过程，是电子商务活动中不可或缺的一个环节。物流数据的可视化方便运营者了解物流情况，如哪些包裹发货时间较长、哪些快递公司破损率较高、异常物流情况分析等。因此小刘计划从两个方面来进行物流数据可视化，分别是订单时效数据分析和异常物流数据分析。

任务实施

一、订单时效数据分析

小刘获取了订单时效相关数据，如图 7-30 所示。由图 7-30 可知，订单时效数据包括快递公司、收货地、线路单量、到货时长（h）、24 小时揽收及时率、支付-发货时长（h）、发货-揽收时长（h）、揽收-派送时长（h）等。

快递公司	收货地	线路单量	到货时长（h）	24小时揽收及时率	支付-发货时长（h）	发货-揽收时长（h）	揽收-派送时长（h）
圆通速递	山西省	5521	98.58	79.75%	34.5	0.19	61.23
中通快递	山西省	652	85.92	87.95%	25.46	1.54	56.32
百世快递	山西省	382	103.31	84.98%	33.33	1.92	66.21
EMS	山西省	125	107.95	96.21%	21.35	2.59	82.36
邮政快递包裹	山西省	125	104.39	81.94%	36.01	0.08	64.25

图 7-30 订单时效相关数据

（1）单击"Excel 工作簿"按钮，在弹出的对话框中选择"任务三　物流数据可视化"数据表并打开，在"导航器"对话框中选择"快递数据"工作表，随后单击"加载"按钮，如图 7-31 所示。

完成数据导入后，在"数据"窗格中查看加载的表字段是否完整，如图 7-32 所示。

（2）在"可视化"窗格中选择"折线和堆积柱形图"，在"数据"窗格中选择"快递数据"工作表，将"快递公司"字段拖动到"X 轴"组中，将"发货-揽收时长（h）"字段拖动到"列 y 轴"组中，将"到货时长（h）"和"揽收-派送时长（h）"字段拖动到"行 y 轴"组中，如图 7-33 所示。

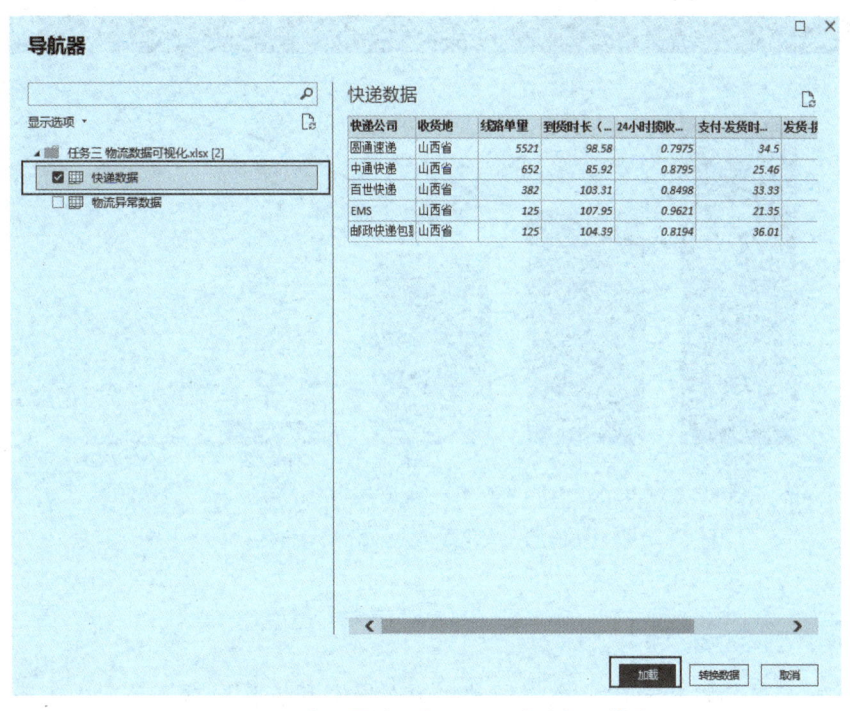

图 7-31 在"导航器"对话框中选择工作表

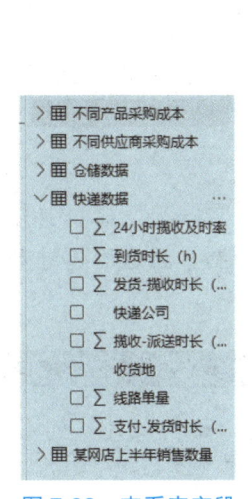

图 7-32 查看表字段

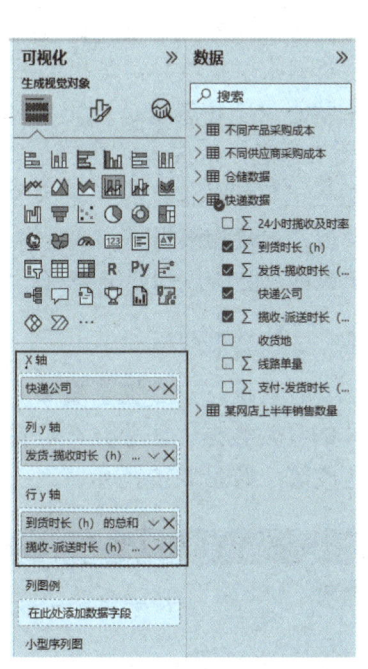

图 7-33 订单时效数据分析字段设置

（3）查看图表效果。结合呈现效果，继续调节视觉对象的数据标签、标题等元素的格式，调整视觉对象的位置和大小，最终的组合图如图 7-34 所示。由图 7-34 可知，中通快递在该地区的到货时长和揽收－派送时长均小于其他快递，店铺可考虑长期与该快递公司合作。

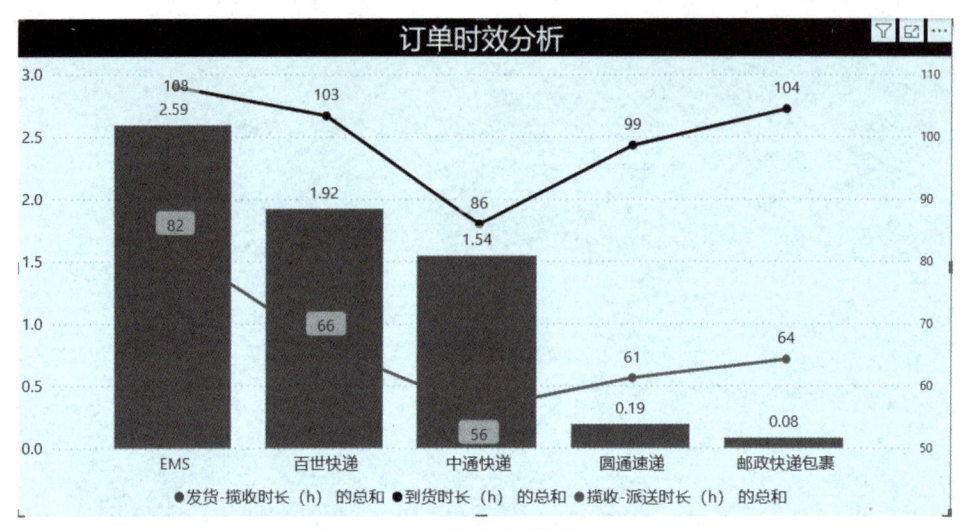

图 7-34 "订单时效分析"组合图

二、异常物流数据分析

异常物流包括发货异常、揽收异常、派送异常和签收异常等情况。一般情况下,电商企业针对异常物流的具体说明有 4 种。

发货异常是指用户下单并支付完成 24 小时后仍未发货,造成该问题的主要原因是缺货或出货量大。揽收异常是指商品发货超过 24 小时仍未揽收,造成该问题的主要原因是物流信息未上传或快递公司人员取件不及时。派送异常是指物流揽收后停滞超过 24 小时仍未派送,造成该问题的主要原因是运输出现问题或物流信息更新不及时。签收异常是指当日派件但次日还未签收,造成该问题的主要原因有两个,一是快递原因导致未妥投,如货物破损等;二是客户原因导致未妥投,如客户拒签等。

各平台的划分维度和标准略有不同,节假日和特殊地区也会有所不同。

步骤一:数据提取

(1)查看数据。在"生意参谋"→"物流"→"异常概况"页面中查看不同快递公司具体的异常数据,如总异常单量、揽收后超时未更新、派送后超时未签收、线路时效未达成等,如图 7-35 所示。

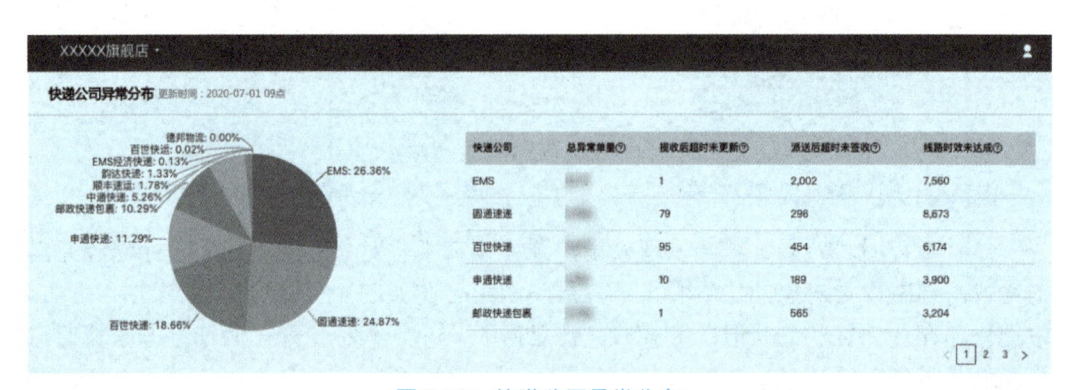

图 7-35 快递公司异常分布

（2）异常数据统计。根据分类统计来获取异常数据，如图 7-36 所示。

订单编号	买家会员名称	订单创建时间	物流公司	运单号	物流异常原因	物流异常分类
3217344413	嗦嘎CAGA	2022/10/31 12:45	百世	75302548851255	超48小时未发货	发货异常
3217344414	heila_love	2022/10/27 18:42	圆通	75301024589785	超72小时揽收	揽收异常
3217344415	老王iwant	2022/10/20 16:35	中通	23517895488954	物流停滞超48小时	派送异常
3217344416	个萝卜一个坑	2022/10/21 19:47	顺丰	75306541547844	物流停滞超48小时	派送异常
3217344417	天意0011	2022/10/22 19:32	韵达	75302458975621	物流停滞超48小时	派送异常
3217344418	龙娃	2022/10/22 21:08	EMS	75309865442687	超24小时揽收	揽收异常
3217344419	名字不好起	2022/10/31 22:23	中通	75309865442687	超48小时未发货	发货异常
3217344420	小黑and小吴	2022/10/31 20:53	EMS	75309865442687	超48小时未发货	发货异常
3217344421	疯狂扫货ing	2022/11/1 10:45	邮政快递包裹	75309865442687	超48小时未发货	发货异常
3217344422	yoyo天后	2022/10/26 10:54	顺丰	75309865442687	超48小时签收	签收异常

图 7-36　异常数据统计

步骤二：异常物流数据可视化分析

（1）单击"Excel 工作簿"按钮，在弹出的对话框中选择"任务三　物流数据可视化"数据表并打开，在"导航器"对话框中选择"物流异常数据"工作表，随后单击"加载"按钮，如图 7-37 所示。

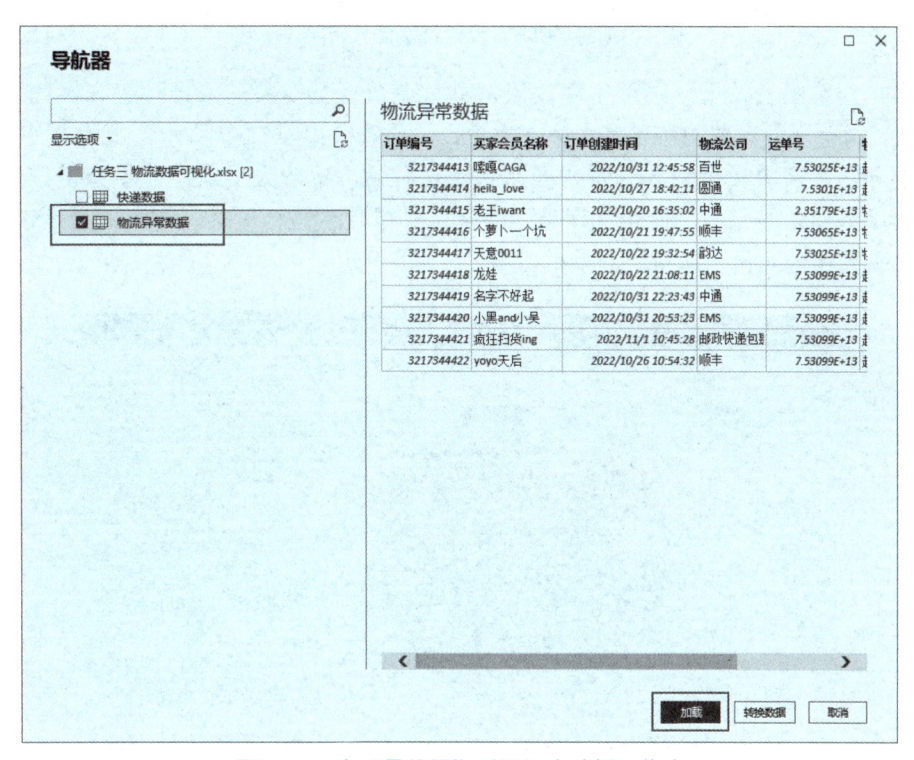

图 7-37　在"导航器"对话框中选择工作表

（2）进入报表视图，在"可视化"窗格中选择"饼图"，在"数据"窗格中选择"物流异常数据"工作表，将"物流异常分类"字段依次拖动到"图例"和"值"组中，如图 7-38 所示。

（3）切换至"可视化"窗格下的"设置视觉对象格式"选项卡，调整视觉对象的图例和值对应的字体大小，将图表的标题文本设置为"异常物流占比"，在"详细信息标签"下将标签内容修改为"总百分比"。

数据可视化处理

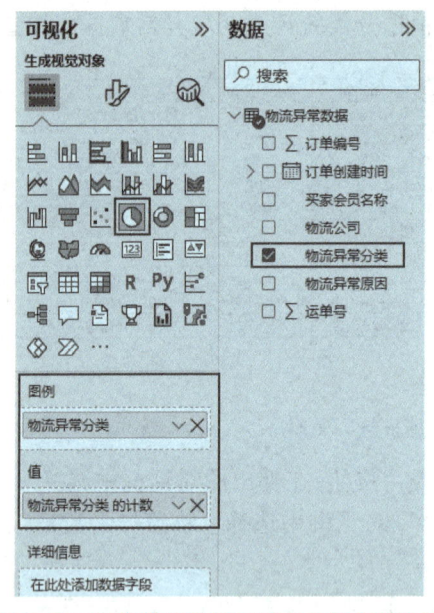

图 7-38　异常物流数据可视化分析字段设置

（4）查看图表效果。结合呈现效果，继续调节视觉对象的数据标签、标题等元素的格式，调整视觉对象的位置和大小，最终的饼图效果如图 7-39 所示。由图 7-39 可知，该店铺异常物流的类型主要为发货异常和派送异常，运营人员需进一步分析导致发货异常和派送异常的原因，检查库存是否缺货、订单数量是否增多、物流信息是否更新，并及时联系派送人员了解货物目前的状况。

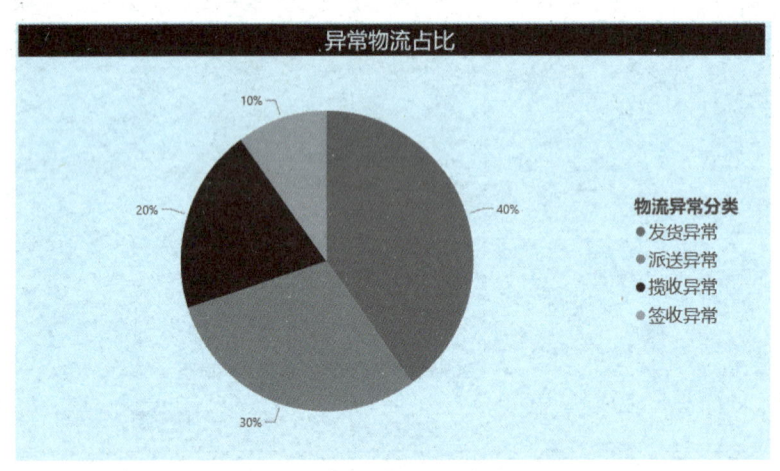

图 7-39　"异常物流占比"饼图

知识链接

一、物流数据统计分析的意义

现代物流系统是一个庞大且复杂的系统，包括运输、仓储、配送、搬运、包装、

218

再加工等诸多环节，每个环节的信息流量都十分巨大，会产生海量数据流。对物流数据加以分析，可以帮助物流企业及时、准确地收集和分析客户、市场、销售及整个企业内部的各种信息。对客户行为和市场趋势加以分析，可以帮助企业了解客户偏好和企业内部物流问题的关键所在，从而在提高服务质量和物流效率的同时，降低企业的物流成本。

在电子商务环境中，物流活动与物流数据的管理密不可分。通过对物流数据的分析，电商企业可以实时追踪物流订单、监控订单时效，进行异常物流诊断，避免因物流而导致的客户投诉和客户流失，从而避免企业被动接受这些负面结果。

二、物流数据统计指标

（1）货运量是指企业在一段时间内组织完成的、利用各种运输工具实际运送到目的地并卸完的货物数量。按运输方式可分为铁路、公路、水路、航空和其他运输方式。同时，货运量是运输货物的计费重量，由物流企业按照物品计费重量统计。

（2）周转量是指企业利用各种运输工具实际完成货物运送过程的运输量。按运输方式可分为铁路、公路、水路、航空和其他运输方式。周转量由企业按物品计费重量和运程统计。其中，运程按核定的营运里程或国家相关部门公布的营运里程计算；周转量由企业从运输单据中取数，按每辆运输车实际承载物品的计费重量和运程统计。周转量＝∑每批物品的计费重量 × 该批次物品的运程。

（3）配送量是指物流企业根据客户的要求，对物品进行拣选、加工、包装、分割、组配等作业，并按时送达指定地点的货物数量。指定地点包括区域配送和同城配送。

（4）包装量是指货物从生产地到消费地的过程中，由物流企业施加包装过程的货物数量。

（5）快递业务量是指由物流企业收寄的各类快件的数量。

（6）期末库存额是指期末企业处于储存状态的货物价值总量。

（7）仓储成本是指企业为完成货物储存业务而花费的全部成本，包括业务人员的工资福利、仓库设施年折旧、水电费、燃料与动力消耗、设施设备维修保养费、业务费等。

（8）包装成本是指企业为完成货物包装业务而花费的全部成本，包括运输包装费和集装、分装包装费、业务人员的工资福利、包装设施年折旧、包装材料消耗、设施设备维修保养费、业务费等。

（9）货物损耗成本是指企业在采购、销售、回收货物的过程中，因物品损耗（包括破损维修与完全损毁）而的价值丧失，同时包括部分时效性要求高的物品因物流时间较长而产生的折旧贬值损失。

素养园地

《中华人民共和国邮政法》是调整邮政部门同用户之间，以及邮政部门同其他有关方面之间，在邮政事务中所发生的关系的法律规范的总称。其中规定"同城快递五十克以下、异地快递一百克以下由邮政专营"。这意味着民营快递或将失去八成信件快递业务，而信

数据可视化处理

件业务一般占快递企业业务总量的四至六成。邮政法第二条、第三十九条、第四十条规定，邮政普遍服务业务资费、邮政企业专营业务资费等邮政资费，由国务院价格主管部门会同国务院财政部门、国务院邮政管理部门制定。考虑到上述规定的竞争性领域商品和服务中，部分可以通过市场竞争形成价格，部分可以由政府与企业协商或者通过招标的形式定价，价格放开后，国务院价格主管部门可以通过制定监管规则，加强价格监测，严肃查处价格违法行为，草案对上述条款做了修改，开放了邮政领域竞争性价格。

同步实训

一、实训概述

本实训要求学生以供应链数据可视化为主题，通过教师提供的供应链数据并结合本书内容，完成采购数据可视化、仓储数据可视化、物流数据可视化，掌握不同图表的制作方法与流程。

二、实训步骤

实训一：采购数据可视化

学生需根据本书所讲的产品需求量预测和不同渠道采购成本分析的流程，并结合教师提供的销售数据和采购数据，完成采购数据可视化制作。

学生可以从以下基本步骤着手准备。

步骤一：产品需求量分析。

步骤二：不同渠道采购成本分析。

实训二：仓储数据可视化

学生需根据本书所讲的仓储数据可视化流程，并结合教师提供的仓储数据，完成仓储数据可视化分析。

学生可以从以下基本步骤着手准备。

步骤一：不同产品结存量占比计算。

步骤二：不同产品结存量占比分析。

步骤三：产品库存结存分析。

实训三：物流数据可视化

学生需根据本书所讲的物流数据可视化流程，并结合教师提供的物流数据，完成物流数据可视化分析。

学生可以从以下基本步骤着手准备。

步骤一：订单时效分析。

步骤二：异常物流数据分析。

项目八　驾驶舱数据可视化

🔵 学习目标

知识目标

1. 了解数据驾驶舱的常见类型。
2. 掌握用 Power BI 绘制驾驶舱布局的基本方法。
3. 掌握用 Power BI 实现驾驶舱数据可视化的技巧。
4. 掌握用 Power BI 美化驾驶舱数据的方法。

技能目标

1. 能够根据已知数据源完成数据建模。
2. 能够在 Power BI 画布中绘制驾驶舱框架,设计背景配色。
3. 能够对数据进行可视化和交互处理,具备良好的数据表达能力。
4. 能够对数据图表、切片器、小图标等驾驶舱元素进行美化。

素养目标

1. 在数据可视化过程中秉持着严谨的工作态度,培养安全意识、工匠精神和创新思维。
2. 具备遵守《中华人民共和国统计法》《中华人民共和国数据安全法》等相关法律法规的职业操守。
3. 具备审美意识,在驾驶舱制作过程中培养美学素养。

🔵 项目任务分解

本项目包含三个任务,具体内容如下。
任务一:驾驶舱页面布局。
任务二:驾驶舱页面图表可视化。
任务三:驾驶舱页面配色优化可视化。

本项目旨在培养学生将抽象的数据以图形化的形式展现及构建企业管理驾驶舱的能力。通过对本项目的学习,学生能够根据不同的分析需求和目的,选择合适的驾驶舱类型,并根据数据信息及相关背景对驾驶舱进行合理的规划与布局,能够熟悉并掌

数据可视化处理

握驾驶舱中的模型建立、指标计算、图表选择和视觉化表达，以及在 Power BI 中对数据驾驶舱布局、色彩、图表、动效的综合运用。

项目情境

数据驾驶舱可以有效整合企业经营数据，实现动态交互，管理者可以在驾驶舱大屏中看到所需的所有重要数据。驾驶舱能够通过各种图表形象展示企业运行的关键指标（KPI），直观监测企业运营情况，并对异常关键指标做出预警和挖掘分析。领导安排小林完成企业 2020—2022 年度销售数据驾驶舱的制作，以便为企业后续调整运营策略提供数据支持。

任务一　驾驶舱页面布局

任务分析

数据驾驶舱是数据可视化分析的关键，驾驶舱页面的布局设计是确定整体框架的过程。布局设计的目的是让数据信息有序、整洁地呈现在驾驶舱大屏上，所以布局的首要原则是对齐，其次是主次分明的排版。布局合理且美观的数据驾驶舱能让用户眼前一亮，也能让客户感受到设计的专业与严谨。为了更好地完成任务，小林需要对数据驾驶舱有充分的认识，并完成草图设计。

任务实施

一、认识数据驾驶舱

小林首先需要学习数据驾驶舱的基础分类，然后选择正确的驾驶舱类型。

数据可视化通常是指将数据用统计图表的方式呈现。在日常生活中，数据可视化无处不在。例如，通过大屏呈现数据、图片、视频等内容，并且随着交易平台、用户数量、交通方式等数据容量和复杂性的日益增加，数据可视化的需求变得越来越大，数据可视化的边界也变得越来越广。

从技术层面来讲，大屏可视化是数据可视化的重要分支之一。从应用需求层面来讲，我国的大屏可视化项目所占比例越来越高。最初的大屏可视化只是各类系统信号的拼接投放，可以说是小孩子玩的拼图。直到出现了风格统一、一体化的大屏画面，可视化才基本定性。如今的可视化大屏主要可以分为以下 4 类。

1. 展示类驾驶舱

（1）关注重点：公司规划或品牌理念，对业务亮点进行汇总与聚类。

（2）信息表现：大多采用平铺的方式来展现信息，风格契合企业调性。

（3）使用目的：向领导汇报业务成果，向业界展示业务实力，如图 8-1 所示。

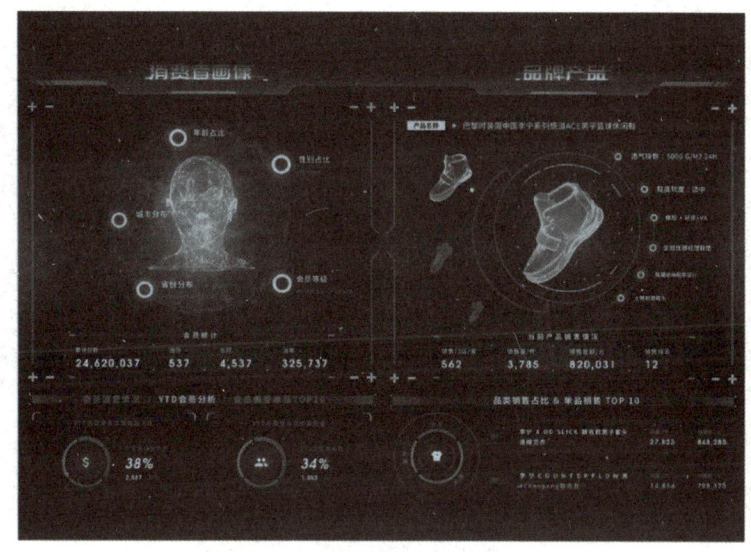

图 8-1 展示类驾驶舱

2. 提案类驾驶舱

（1）关注重点：客户关注的重点、客户痛点、自身的核心竞争力等。

（2）信息表现：在展现时除了需要清晰表现出数据，还需要理清数据之间的对比、串联关系，需要用到较多的交互切换功能，设计难度较大。

（3）使用目的：取得客户信任，达成业务或项目合作，如图 8-2 所示。

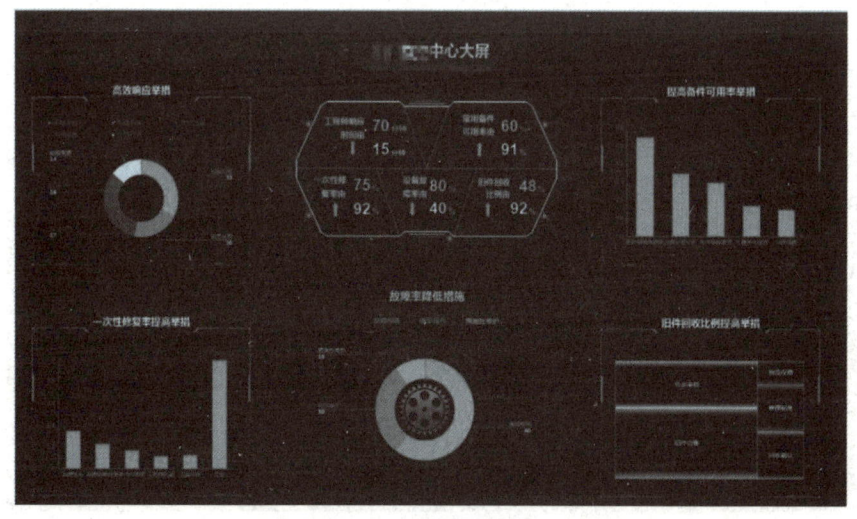

图 8-2 提案类驾驶舱

3. 分析类驾驶舱

（1）关注重点：行业（或企业）的现行模式、行业痛点或创新点，以及核心指标数据等。

（2）信息表现：既可以对数据进行清晰展示，又可以方便数据之间的对比、串联。

（3）使用目的：展示运营规划（计划）带来的成效、数据变化趋势、指导决策等，如图 8-3 所示。

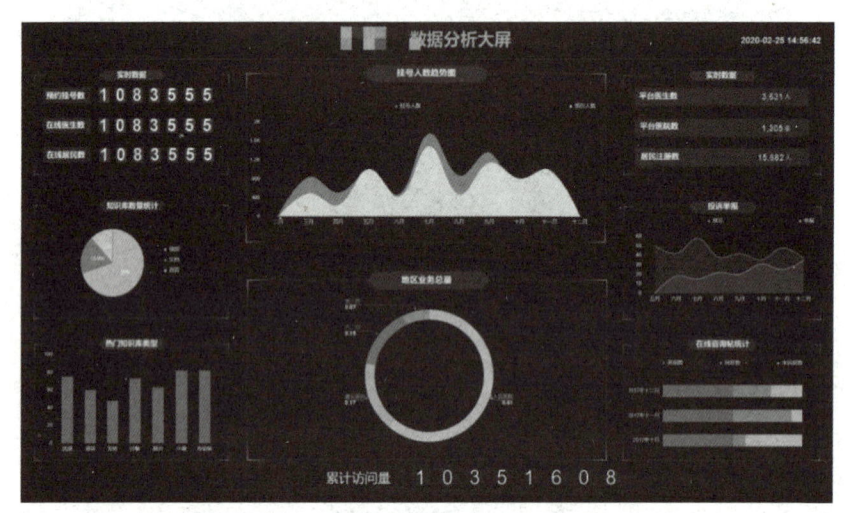

图 8-3　分析类驾驶舱

4. 监控类驾驶舱

（1）关注重点：对被监控事物进行实时的数据分析，能够实现风险量化、分级预警功能。

（2）信息表现：不同业务和使用场景中需要监控的内容类型不同，需结合使用多种可视化手段，状态变化表现要明显、及时。

（3）使用目的：实时监控和调度，如图 8-4 所示。

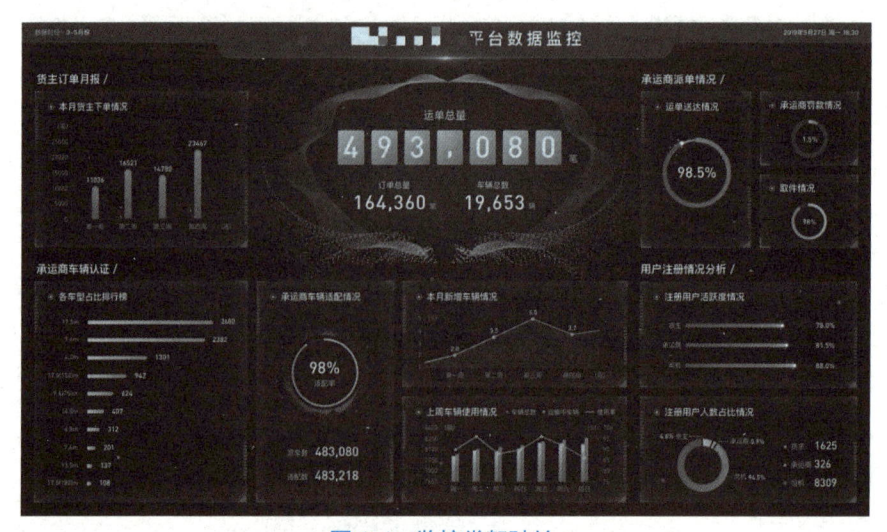

图 8-4　监控类驾驶舱

二、驾驶舱设计需求分析

步骤一：需求分析

需求分析主要是在用户需求的基础上明确分析数据和问题。本阶段需要明确制作驾驶舱的目的、数据分析的重点、分析汇报的对象和数据源，从而为后续驾驶舱的页面设计提供清晰的指导方向。不同类型的驾驶舱关注的重点不同，但驾驶舱的最终目的都是满足用户需求，这是衡量驾驶舱页面设计是否能够成功实现的关键因素。

用户需求分析是驾驶舱设计的起点，也是重点，小林了解到在进行需求分析时，可以使用 5W1H 分析法进行梳理。

What：驾驶舱的主题是什么？要分析什么？要达到什么效果或实现什么目标？

Who：驾驶舱最终的用户是谁？是高层管理者、中层管理者还是普通工作人员？

Why：为什么要做驾驶舱分析？是分析企业运营现状，还是通过实时数据实现数据监控和预警？是分析行业痛点，还是总结企业销售情况？

Where：驾驶舱在什么场景下使用？是对外公开演示，还是企业内部查看？是向上汇报，还是向下分析？

When：驾驶舱在什么时候演示？演示多长时间？

How：驾驶舱演示结束后可得出什么结论？需要观看或阅读驾驶舱演示内容的用户怎么做？

小林借助 5W1H 分析法，结合公司近三年的销售数据，围绕"人、货、场"三大要素，提出以下数据分析需求。

（1）企业整体的关键指标（包括销售金额、销售量和平均件单价）是多少？从不同地区、不同省份和不同年度来分析。

（2）企业客户的分布情况如何？哪个区域为重点客户群？从不同产品、不同省份、不同年度来分析。

（3）企业各产品的销售情况如何？近三年的销售变化趋势是怎样的？客户对产品的满意度如何？产品退换率是否正常？从不同地区、不同省份和不同年度来进行分析。

（4）从企业整体来看，客户更青睐哪种购买方式？员工的销售业绩如何？快递时效性如何？从不同产品、不同省份和不同年度来分析。

步骤二：数据图表选择

数据可视化通过图表来展示烦琐的数据，从而得出有用的结论。但在选择图表类型时，需要考虑不同数据情况的可视化需要，以及用户的视觉认知。国外专家 Andrew Abela 将数据可视化分为 4 种情况，比较、联系、构成和分布，并给出了具体的使用指南，如图 8-5 所示。

在选择数据可视化图表类型时，需遵循以下原则。

（1）忠于数据。在选择图表类型时需从已有的数据出发，考虑要用这个图表来表达什么信息，如何向用户传递数据信息。

（2）5 秒原则。数据图表的基本作用是使用户快速找到数据并理解数据。5 秒原则是指用户多久能从一个图表中读到设计者希望传递的信息，如果这个时间低于 5 秒，则该图表设计是成功的。如图 8-6 所示，这 4 幅图都在展现甲、乙、丙、丁 4 个销售员的销售实际值与目标值的对比情况，且都是柱形图，但其易读性存在明显差距，图 C 和图 D 更容易快速看懂，且图 C 的使用范围更广。

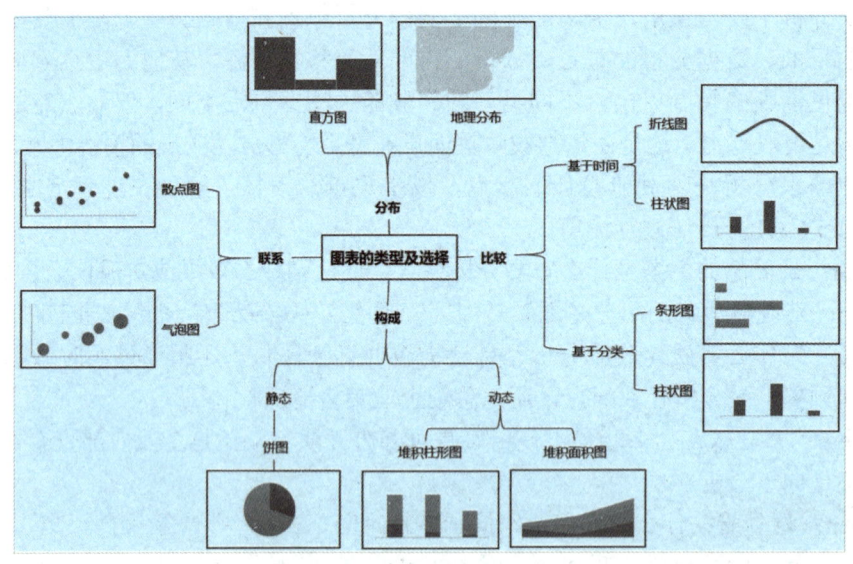

图 8-5　图表类型选择使用指南

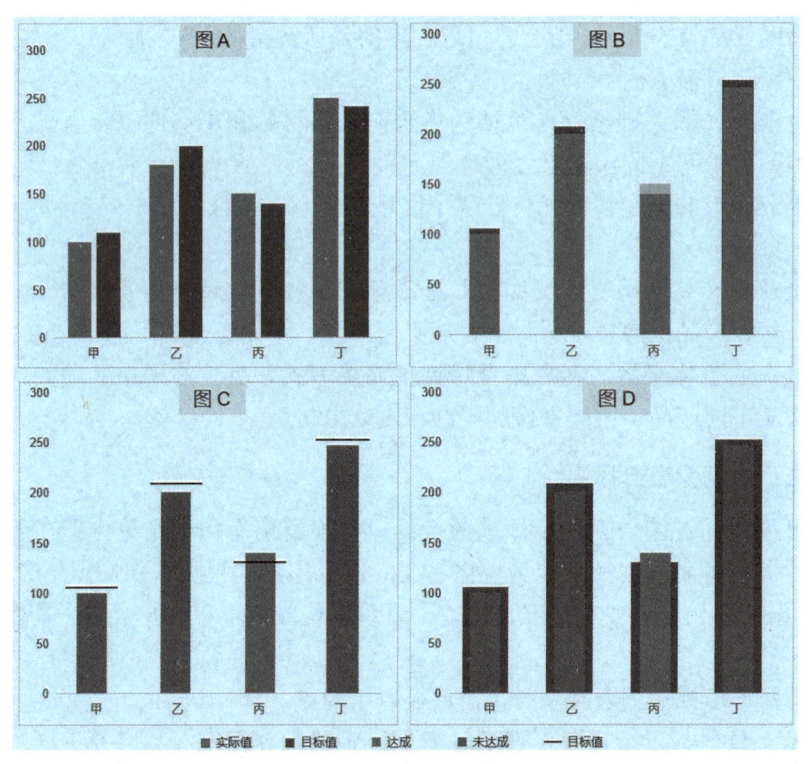

图 8-6　销售柱形图

（3）图表的可理解性。既要考虑用户的理解能力，又要考虑图表本身的可理解性。例如，要表示甲、乙、丙、丁 4 个销售员的销售占比情况，使用饼图来展现会更浅显易懂，如果换成比较复杂的桑基图或旭日图，那么可能会出现理解偏差问题，加大理解难度。

（4）图表的可读性。字体、颜色、线条粗细和数据排列等设计元素，都会影响图表的可读性。在图表设计中，不仅要考虑单个图表的元素设计，还要保证图表颜色与整体背景颜色之间有足够的对比度，避免使用难以区分的颜色组合。

小林根据用户提出的分析需求，结合整个图表特征，进行了驾驶舱图表选择。

（1）企业决策层重点关注的关键指标结果是重要程度很高的信息。对该部分信息的展示应做到简洁、清晰，并且内容突出、易辨识，在 Power BI 中选择卡片图最为合适。

（2）企业客户分布情况在 Power BI 中可使用地图或树状图展示，客户更青睐的购买方式使用瀑布图展示更为合适。

（3）企业各产品销售情况可使用饼图展示，销售变化趋势可使用折线图展示，客户对产品的满意度可使用百分比堆积条形图展示，产品退换率可使用环形图展示。

（4）员工销售业绩可使用条形图展示，快递时效性可使用环形图展示。

三、页面布局设计

页面布局设计是数据驾驶舱制作的基础，有设计感的驾驶舱布局可使用户眼前一亮，既可以提高驾驶舱的观赏性和层次结构，又可以清晰展示数据重点，直观地表现设计者想要传达的信息。驾驶舱设计除了必要的文字、数字和图表，还包括切片器、导航、图标、LOGO、自定义参数等辅助元素。因此，驾驶舱布局不但要追求平衡，还要考虑画布空间的利用率。

1. 页面布局原则

页面布局设计对驾驶舱来说十分重要，它不仅可以帮助用户提高信息解读效率，还可以提升驾驶舱的美感。以下是 3 个普适性的页面布局原则。

1）聚焦

通过合理的排版布局将用户的注意力集中在关键数据区域内，提高用户的信息解读效率。在设计驾驶舱页面时，需要凸显重要的数据信息，以确保用户可以快速发现并理解驾驶舱所展示的关键信息。

2）平衡

在设计驾驶舱页面时，需要合理利用可视化的设计空间，在确保核心数据位于视觉中心的同时，保证整个页面中各个元素在空间位置上的相对平衡，提升整体设计的美感。

3）简洁

在设计驾驶舱页面时，应以数据呈现为重点，避免使用过于复杂或影响数据呈现效果的冗余元素。简洁的设计能够提升页面的美感和用户体验，并且能够使用户更容易理解数据，加速决策过程。

2. 页面布局常见分类

1）常规布局

常规布局又称半包布局，一般情况下页面中心位置所展示的内容为主要指标；左右及下方所展示的内容为次要指标，面积较小、较集中，如图 8-7 所示。它可展现较多数量的指标，适用于突出某些关键指标的使用场景，如教育、电商、政务等行业的数据分析展示。

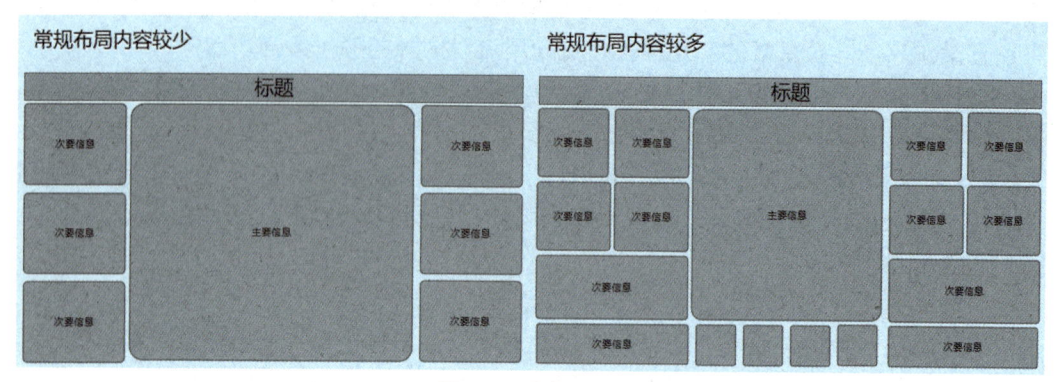

图 8-7　常规布局

2）等比例布局

等比例布局是指平均分配每块展示区域的布局，可分为 9 等份或 6 等份。在无明显主次指标需要展示时，这种均等的划分区域在视觉上不会产生过多干扰，所有指标都可快速找到，一目了然，如图 8-8 所示。等比例布局常用于展示平级指标，适用于超大屏的运营和监控场景。

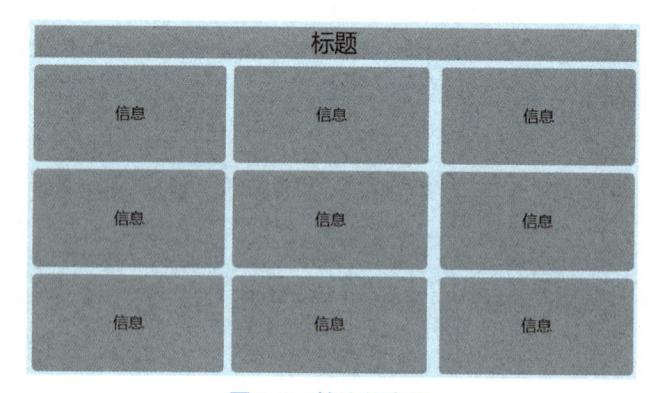

图 8-8　等比例布局

3）沉浸布局

沉浸布局是指中心重点区域大的布局，左边或右边可放置少量指标，这样可以让用户有更好的沉浸式的观感，如图 8-9 所示。沉浸布局适用于在中心重点区域中展示地图、三维模型，如智慧园区、智慧工厂、智慧城市等。

3. 页面布局设计

本次驾驶舱的整体布局共包含 4 部分，第一部分是标题区，用于设置不同的字体大小和颜色；第二部分是核心指标区，用于直接展示总销售量、总销售额和件单价三大指标；第三部分是筛选区，切片器是增加分析维度和信息量的关键；第四部分是重点数据信息展示区。

图 8-9　沉浸布局

步骤一：驾驶舱尺寸及背景透明度设置

在 Power BI 中导入数据后，新建页并命名为"页面布局"。切换至"可视化"窗格下的"设置页面格式"选项卡，在"画布设置"组中将"类型"设置为 16∶09，在"画布背景"组中将"透明度"设置为 0%，如图 8-10 所示。

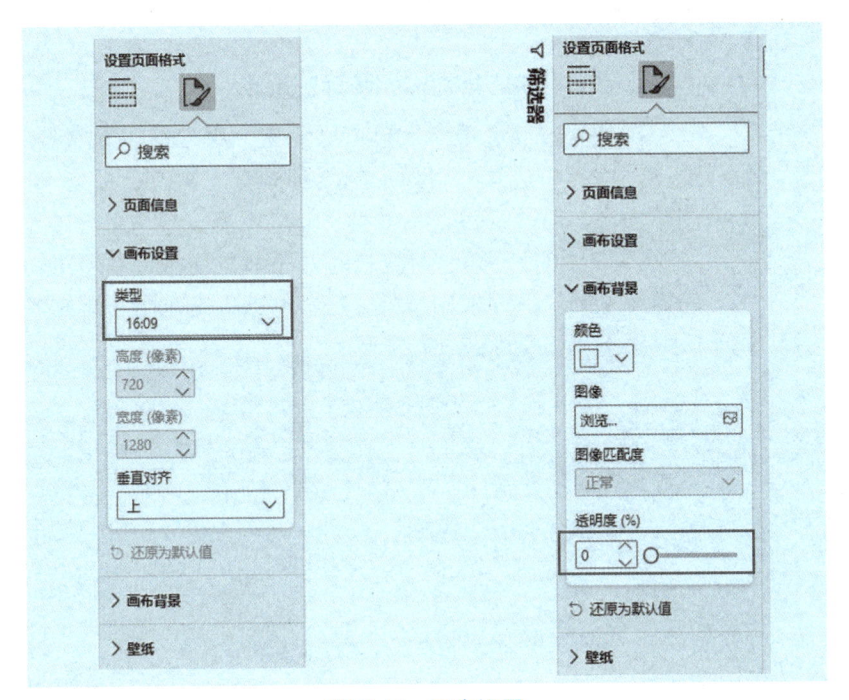

图 8-10　画布设置

步骤二：标题区设置

在"插入"选项卡下单击"元素"组中的"文本框"按钮，在画布中添加一个文本框并拖动到画布最上方，在文本框中输入"标题"，选择合适的字体系列并将字体大小设置为 20 号。如果需要添加公司 LOGO、汇报时间等内容，则可以通过文本框在合适区域内添加。

为了增强标题的设计感，可以添加一些图形进行修饰，如图 8-11 所示，通过直线与药丸图的简单组合，丰富标题设计。

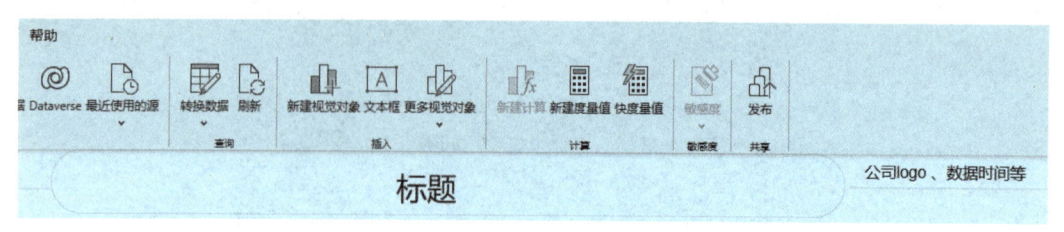

图 8-11　标题区设置

在"插入"选项卡下单击"元素"组中的"形状"下拉按钮，选择"药丸图"选项，通过右侧的"设置形状格式"选项卡更改药丸图的属性。在"常规"选项的"属性设置"组中设置药丸图的"宽度"为700，"高度"为55。在"形状"选项的"填充"组中，将背景填充颜色设置为白色，"透明度"设置为100%，在"边框"组中将颜色设置为浅灰色，"宽度"设置为0.5像素，"透明度"设置为0%，如图8-12所示。直线设置参数与药丸图"边框"的参数保持一致即可。

步骤三：核心指标区和筛选区设置

在"插入"选项卡下单击"元素"组中的"形状"下拉按钮，选择"矩形"选项，将矩形拖动到画布左上方、标题下方的位置，调整大小，将"高度"设置为80，"宽度"设置为310（切片器的"宽度"为304）。其他参数与药丸图参数保持一致即可。将设置好的矩形复制三次并横向排列，在"格式"选项卡下单击"对齐"下拉按钮，选择"顶端对齐"选项，如图8-13所示。

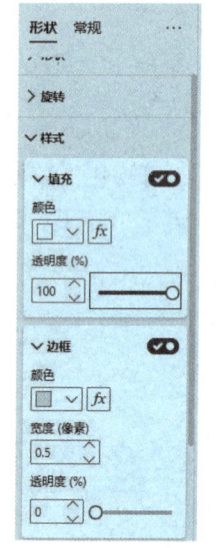

图 8-12　药丸图设置

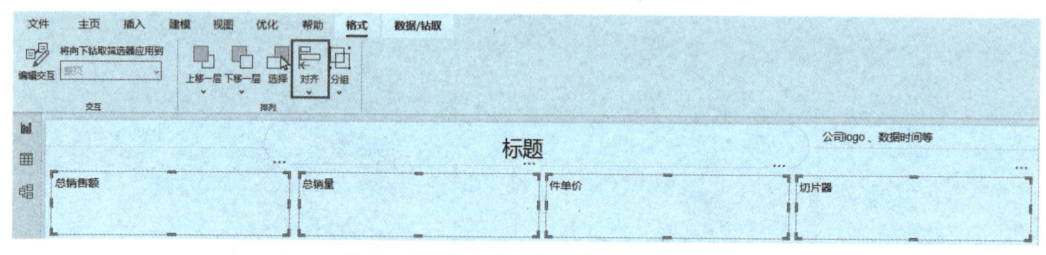

图 8-13　核心指标区和筛选区设置

步骤四：重点数据信息展示区设置

需要展示的其他重点数据图也可以使用矩形工具勾画草图，复制核心指标区中的矩形图，随后依次设置宽高比，具体宽高比如图8-14所示。

4. 页面配色设计

使用矩形图确定驾驶舱的整体布局后，需确定驾驶舱的颜色是基于企业LOGO、官网颜色基调进行设计，还是使用常规的颜色搭配。背景可自行通过制图工具设计，也可以从网上下载，设置宽高比为16∶9。在"可视化"窗格"设置报表页的格式"

选项卡的"画布背景"组中,将"图像"设置为已经准备好的背景图,并将"透明度"设置为 0%,如图 8-15 所示。

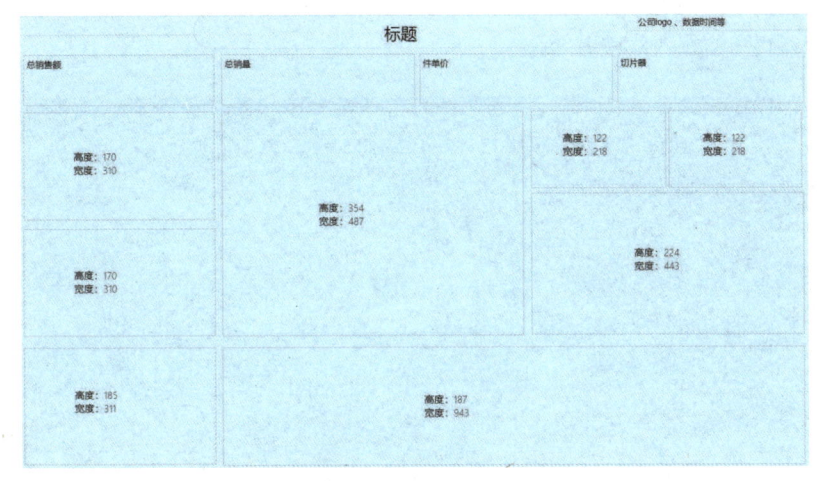

图 8-14　重点数据信息展示区设置

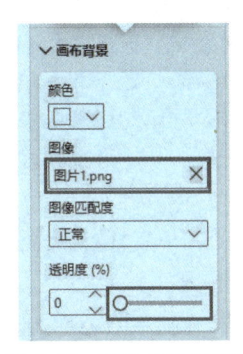

图 8-15　添加背景图片

本次驾驶舱以蓝色渐变图为背景图,如图 8-16 所示。蓝色具有沉稳的特性,以及睿智、准确的含义,同时能让用户感受到满满的科技感。

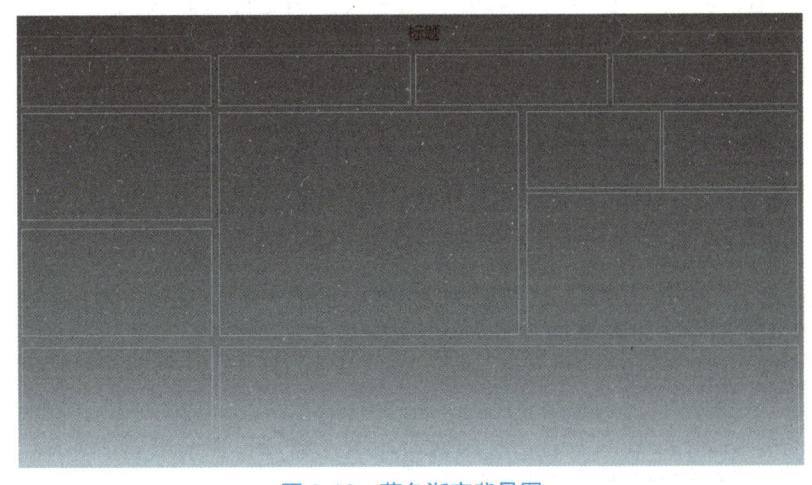

图 8-16　蓝色渐变背景图

数据可视化处理

完成背景图设置之后，在标题区中输入本次驾驶舱的名称，在右上角输入数据时间范围，关闭文本框背景，选中标题文字，设置字体系列为 Segoe(Bold)，字体大小为 20，字形为加粗，字体颜色为白色。设置时间范围的字体系列为 Segoe UI，字体大小为 9，字体颜色为白色，如图 8-17 所示。

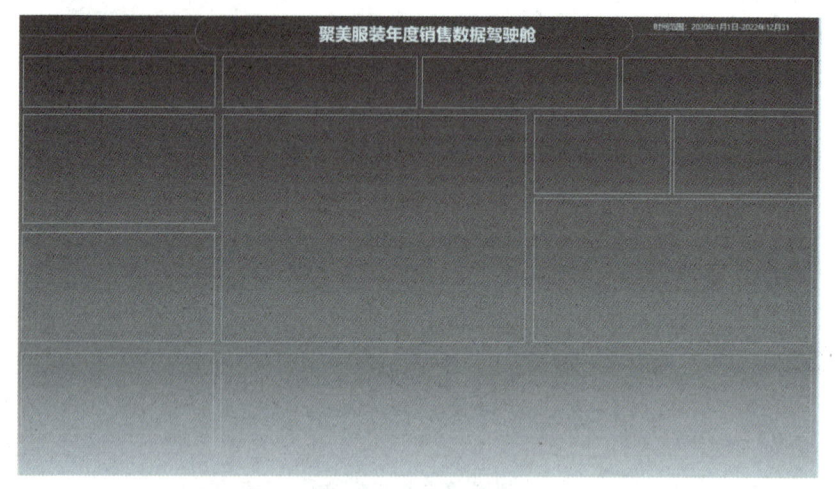

图 8-17 标题字体设置

> 知识链接

一、5W2H 分析法

5W2H 分析法又称七何分析法，是一种被广泛用于问题分析和决策制定的工具。5W2H 分别代表 What（是什么）、Why（为什么）、Who（是谁）、When（何时）、Where（何地）、How（怎么做）、How much（多少）。

1. What（是什么）

明确问题或任务的具体内容，以及目标对象的本质特征和具体表现。例如，要做的产品是什么，要开展的活动是什么。

2. Why（为什么）

分析问题或任务的原因和目的，深入理解问题的根源，为解决问题提供更有针对性的方向。例如，为什么要做这件事情，背后的动机和期望的结果是什么。

3. Who（是谁）

确定问题或任务的相关人员，包括执行者、负责人、利益相关者等。例如，执行任务的是谁，对结果负责的是谁，会受到影响的是谁。

4. When（何时）

明确问题或任务的时间节点，合理安排进度，确保任务能够按时完成。例如，任务何时开始，任务何时结束，任务各个阶段的时间安排是什么。

5. Where（何地）

明确问题或任务的地点或场所，考虑环境因素对任务的影响，更好地满足用户在特定地点的需求。例如，执行任务的地点在何处，产品或服务的使用场景是什么。

6. How（怎么做）

明确问题或任务的具体实施方法和步骤，为实现目标确定具体的行动方案。例如，采取什么策略，使用什么工具和技术等。

7. How much（多少）

明确问题或任务的成本、资源需求和预期收益等，进行成本效益分析，评估任务的可行性和价值。例如，需要投入多少资金、人力、时间等资源，以及期望获得的回报是多少。

5W2H 分析法可以帮助用户全面、系统地思考问题，避免遗漏重要信息，从而更有效地制定解决方案和做出决策。在实际应用中，可以根据具体情况灵活运用 5W2H 分析法，对问题进行深入分析和探讨。

二、SCQA 架构

一位优秀的数据分析师不仅需要具备数据可视化的能力，还需要掌握数据分析汇报的技巧。SCQA 架构是由麦肯锡公司推出的一种逻辑思维框架，它提供了一种有效的结构化表达方法，可以帮助数据分析师更好地组织和传达分析结果。该框架包括 Situation（情境）、Complication（冲突）、Question（疑问）和 Answer（答案）4 个部分。

S（Situation）：由大家熟悉的情景引入，在汇报中指此处数据分析的背景。

C（Complication）：实际情况与既定要求存在冲突，出现问题。

Q（Question）：站在对方的角度提出疑问。

A（Answer）：给出可行的解决方案。

在这个架构中共有 4 个元素，形成了良好的沟通氛围，提出了冲突和疑问，最后提供了可行的解决方案。下面以一个有趣的广告示例来帮助学生理解 SCQA 架构，如图 8-18 所示。

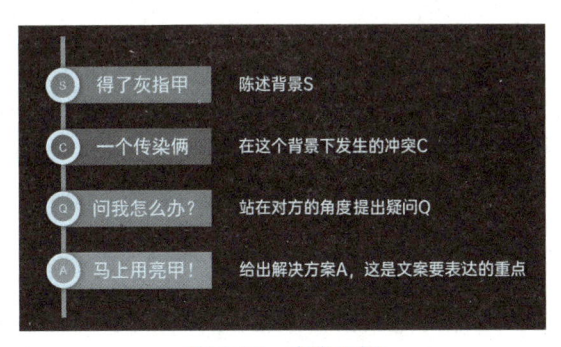

图 8-18　广告示例

任务二　驾驶舱页面图表可视化

任务分析

在商业智能领域，可视化设计是一个很大的范畴，包括主题配色、风格选择、数据建模、指标计算、图形设计、图标装饰、交互技巧等内容。商业智能软件（如 Power BI、Tableau 等）将数据分析抽象成数据模型及度量值计算，相较于传统的可视化软件（如 Excel），它们在一定程度上提高了数据分析的挑战性，但是它们对图形设计功能的加强也使可视化更加清晰、流畅。小林需要在上述分析的基础上，完成本次驾驶舱可视化的部分操作。

任务实施

一、关键指标区可视化

聚美服装电商企业的关键指标，总销售额、总销售量和件单价使用 3 个大字号的卡片图进行展示，这样学生可以直观地获取企业近三年的经营指标情况，配合切片器使用，通过年份、月份、省份等维度进行分析。

步骤一：添加"总销售额"卡片图

（1）在"可视化"窗格中选择"卡拼图"，在"数据"窗格中选择"2020—2022 年度销售数据"工作表，将"销售金额"字段拖动到"字段"组中，如图 8-19 所示。

（2）将"销售金额"卡片图拖动到关键指标区的第一个矩形框中，调整卡片图大小与矩形框大小一致，调整完成后删除原本的矩形框，在"设置视觉对象格式"选项卡下进行相关属性设置。

选择"视觉对象"选项，设置"标注值"。将字体系列设置为 Segoe UI Bold，字体大小设置为 24，"颜色"设置白色，"显示单位"设置为"无"，"值的小数位"设置为 0，最后关闭"类别标签"，如图 8-20 所示。

图 8-19 "销售金额"卡片图字段设置　　图 8-20 视觉对象格式设置

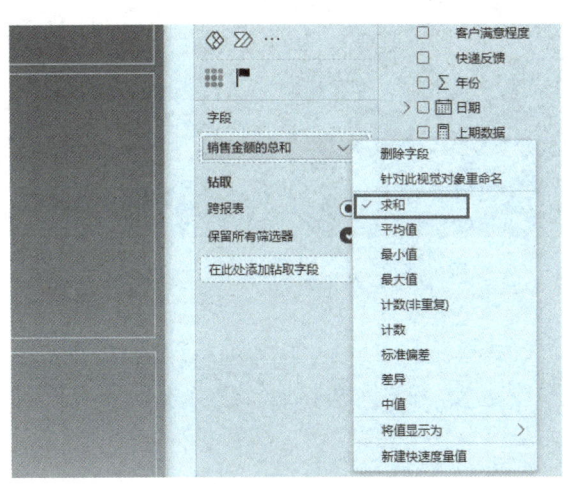

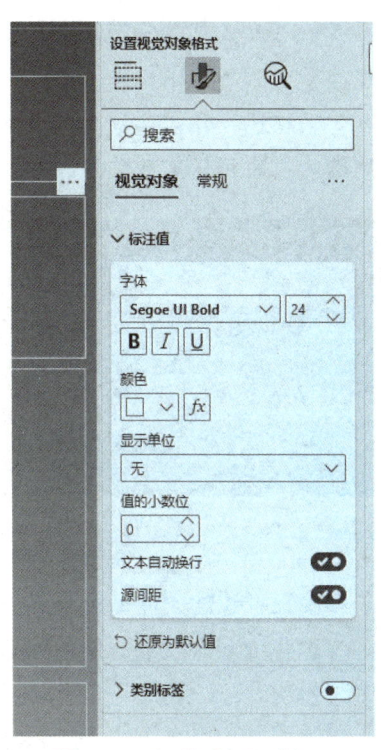

在"常规"选项下设置标题。在"标题"组的文本框中输入"总销售额（元）"，在"标题"下拉列表中选择"标题 3"选项，将字体系列设置为 Segoe UI，字体大小设置为 10，"文本颜色"设置为白色，如图 8-21 所示。

设置"效果"组中的"阴影"为打开状态，"背景"和"视觉对象边框"均为关闭状态，如图 8-22 所示。

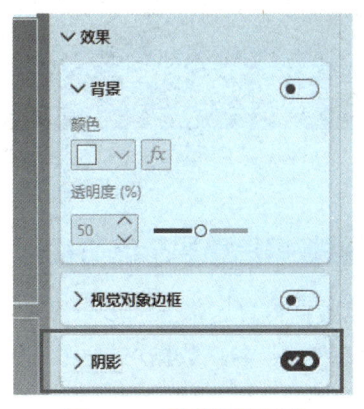

图 8-21 标题设置　　图 8-22 阴影效果设置

步骤二：添加"总销售量"卡片图

（1）复制"总销售额"卡片图，将复制好的卡片图拖动到第二个矩形框中，在"可视化"窗格中，将"字段"修改为"数量"，并在"设置视觉对象格式"选项卡下将文本修改为"总销售量（件）"，最终效果如图 8-23 所示。

图 8-23　总销售量设置

步骤三：添加"件单价"卡片图

（1）通过 SUM 函数新建"销售量"度量值，并在此基础上新建"件单价"度量值，如图 8-24 所示。

图 8-24　件单价度量值设置

（2）复制"总销售额"卡片图，将复制好的卡片图拖动到第三个矩形框中，在"可视化"窗格中将"字段"修改为"件单价"，并在"设置视觉对象格式"选项卡下将"值的小数位"设置为 2，修改标题文本为"件单价（元）"，如图 8-25 所示。

图 8-25　件单价设置

二、重点数据信息展示区可视化

重点数据信息展示区因展示维度比较广泛，所以图形较多，并且会涉及度量值计算，重点可分为企业客户数据可视化、企业产品数据可视化及企业员工业绩与售后服务可视化 3 部分。

步骤一：企业客户数据可视化

客户分析是企业通过对客户信息和客户行为等数据特征进行分析，进而得出客户的消费行为，找到更精准的营销切入点。

1. 客户分布可视化

客户分布可视化可使用地图、着色地图或树状图等图表进行，小林选择用树状图进行客户分布可视化。

在"可视化"窗格中选择"树状图"，在"数据"窗格中将"客户地址"字段拖动到"类别"组中，将"销售金额"字段拖动到"值"组中，将树状图拖动到中间最大的矩形区域中，如图8-26所示。

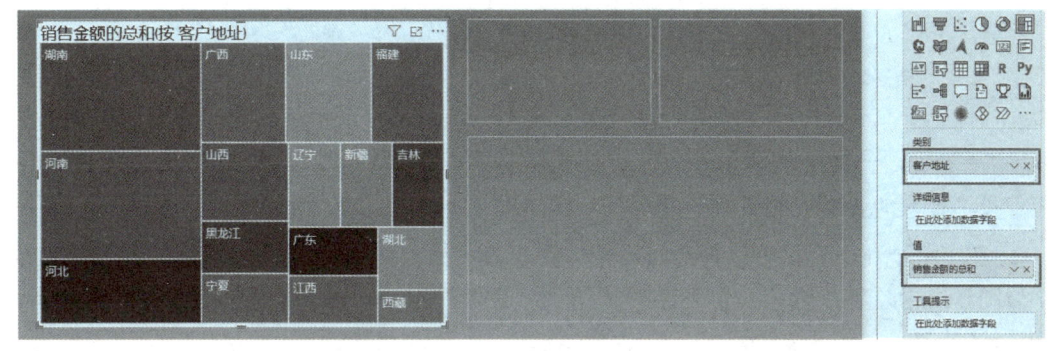

图8-26 树状图添加

在"设置视觉对象格式"选项卡中选择"视觉对象"选项，设置"数据标签"和"类别标签"的参数，如图8-27所示。

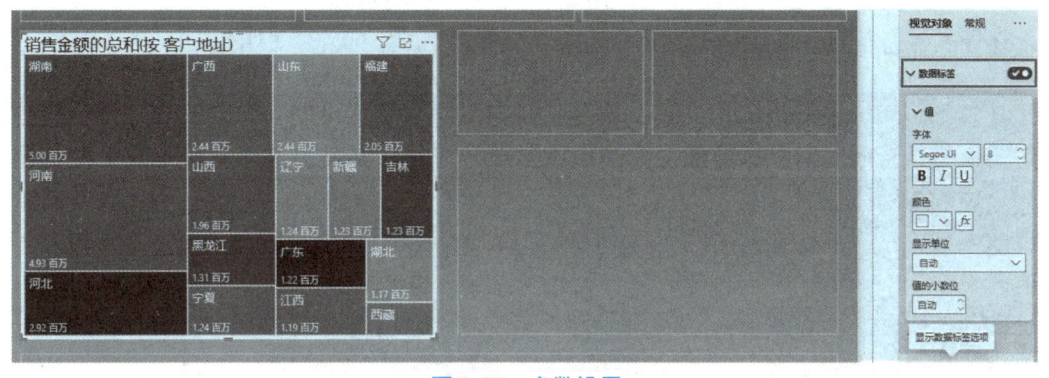

图8-27 参数设置

在"设置视觉对象格式"选项卡中选择"常规"选项，修改树状图的标题文本为"客户分布"，字体颜色、字体大小与数据标签保持一致即可，在"效果"中组设置"背景"为关闭状态，"阴影"为打开状态，如图8-28所示。

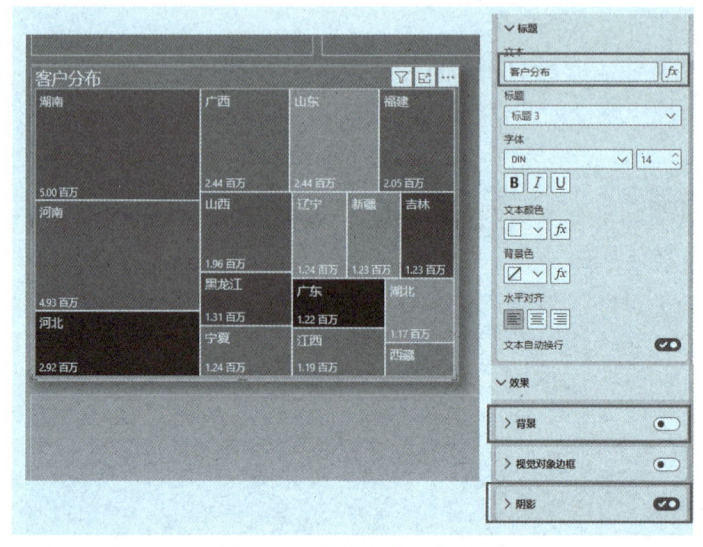

图 8-28　客户分布可视化

2. 客户购买类型偏好可视化

在"可视化"窗格中选择"瀑布图",在"数据"窗格中将"购买类型"字段拖动到"类别"组中,将"销售金额"字段拖动到"Y轴"组中,将瀑布图拖动到左侧第三个矩形区域中,如图 8-29 所示。

在"设置视觉对象格式"选项卡下选择"视觉对象"选项,设置"Y轴"与"图例"为关闭状态,"数据标签"为打开状态。设置"X轴"与"数据标签"中的字体系列均为 Segoe UI,字体大小为 10,文本颜色为黑色。

在"常规"选项下修改瀑布图的标题文本为"购买类型",字体颜色、字体大小与上述图表保持一致,在"效果"组中设置"背景"为关闭状态,"阴影"为打开状态。

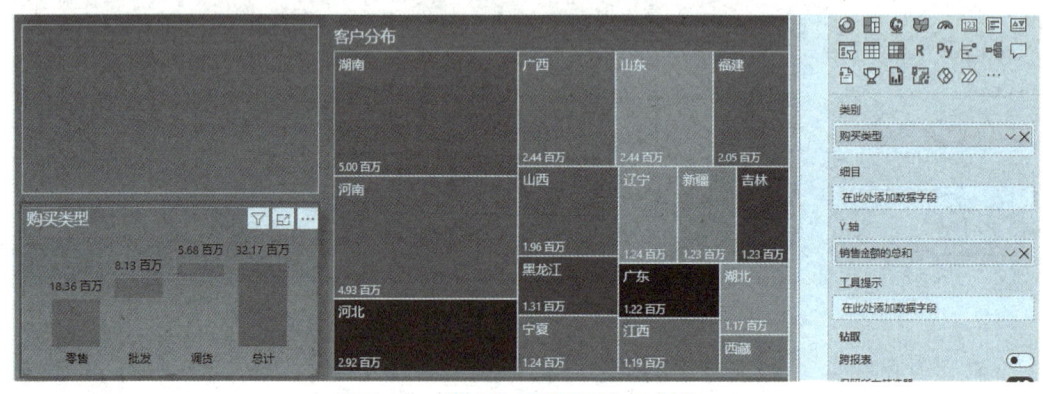

图 8-29　客户购买类型偏好可视化

步骤二:企业产品数据可视化

1. 产品销售占比可视化

在"可视化"窗格中选择"饼图",在"数据"窗格中将"产品名称"字段拖动到"图例"组中,将"销售金额"字段拖动到"值"组中,将饼图拖动到左侧第二个矩形区域中。

在"设置视觉对象格式"选项卡中选择"视觉对象"选项,在"详细信息标签"组中设置"标签内容"为"类别,总百分比",如图 8-30 所示。在"值"选项中设置字体系列为 Segoe UI,字体大小为 10,文本颜色为黑色,显示单位为自动,"百分比小数位"为 1。

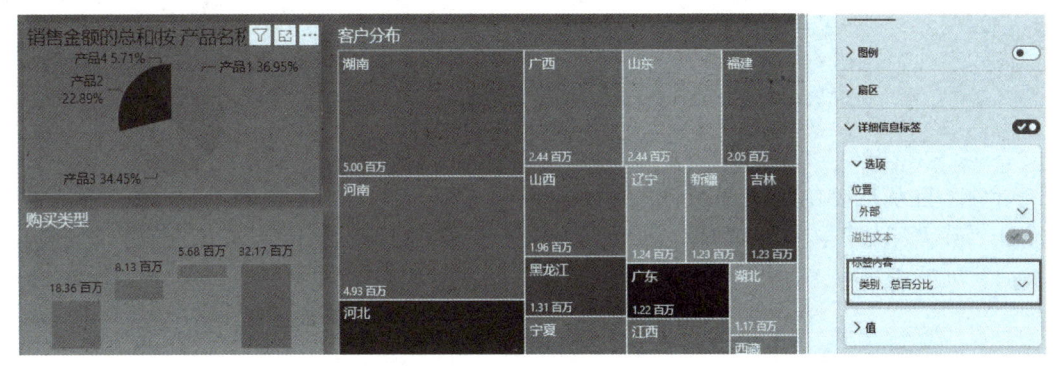

图 8-30 产品销售占比可视化

在"常规"选项下修改饼图的标题文本为"销售金额占比",字体颜色、字体大小与上述图表保持一致,在"效果"组中设置"背景"为关闭状态,"阴影"为打开状态。

2. 销量环比增长可视化

通过 CALCULATE 函数新建"上期数据"度量值,计算"环比增长率"。

在"可视化"窗格中选择"折线图"在"数据"窗格中展开"时间层次及结构"选项,勾选"年"和"月份",将"环比增长率"字段拖动到"Y 轴"组中,将折线图拖动到最下边右侧的矩形区域中,如图 8-31 所示。

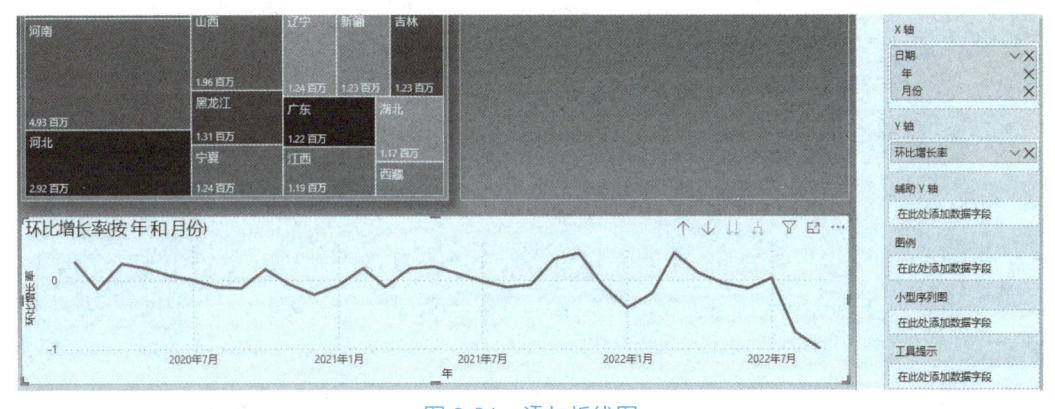

图 8-31 添加折线图

在"设置视觉对象格式"选项卡中选择"视觉对象"选项,添加数据标签,设置字体与颜色,如图 8-32 所示。

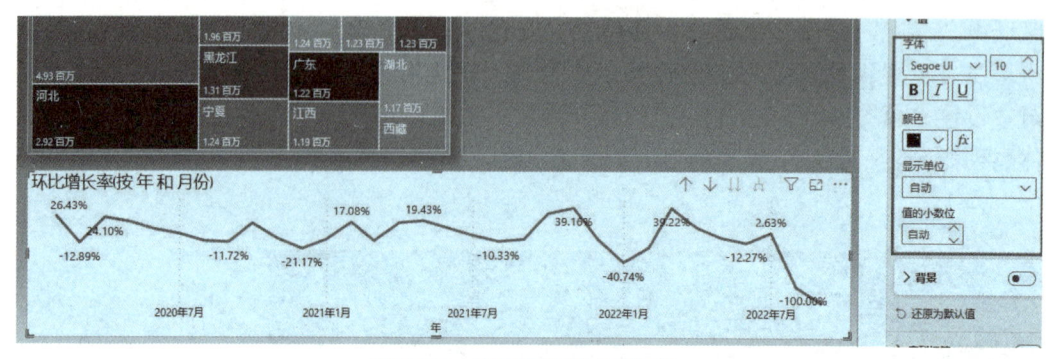

图 8-32　销量环比增长可视化

为了直观地显示环比增长率的变化，可以设置增长率小于 0 的数值颜色为红色，展开"数据标签"组中的"值"选项，单击"颜色"右侧的"fx"按钮，打开"颜色-数据系列"对话框，设置"颜色-数据系列"的参数如图 8-33 所示。

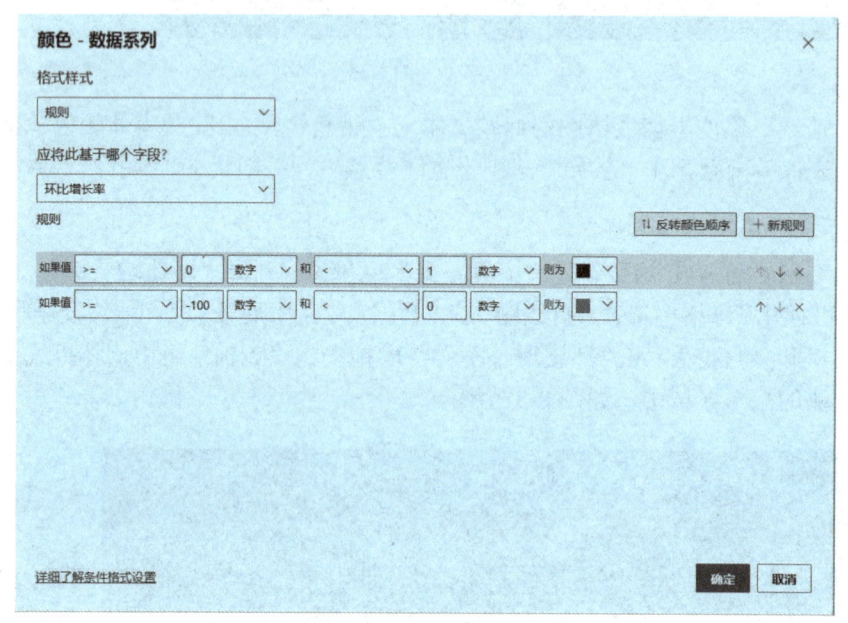

图 8-33　"颜色-数据系列"参数设置

在"常规"选项下修改折线图的标题文本为"销量环比增长率"，字体颜色、字体大小与上述图表保持一致，在"效果"组中设置"背景"为关闭状态，"阴影"为打开状态。

3. 产品满意度可视化

在"可视化"窗格中选择"百分比堆积条形图"，在"数据"窗格中将"产品名称"字段拖动到"Y 轴"组中，将"客户满意程度"字段依次拖动到"X 轴"和"图例"组中，并在"X 轴"组的"客户满意程度"下拉列表中选择"计数"选项，将百分比堆积条形图拖动到如图 8-34 所示的位置并调整大小。

在"设置视觉对象格式"选项卡中选择"视觉对象"选项，关闭"X 轴"显示，设置"Y 轴"与"数据标签"中的字体与颜色，如图 8-35 所示。

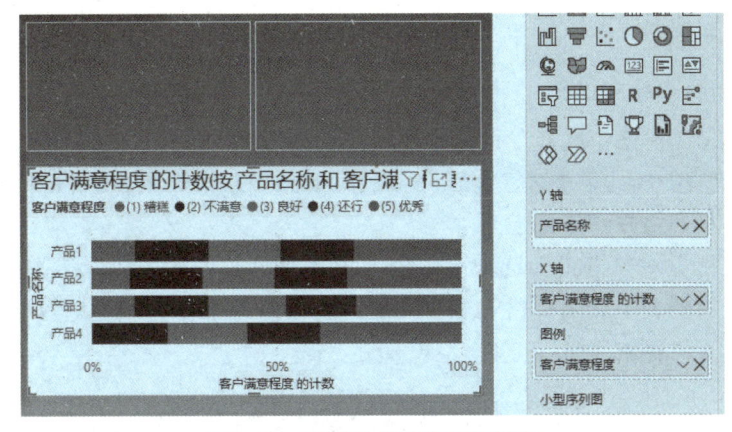

图 8-34　百分比堆积条形图添加

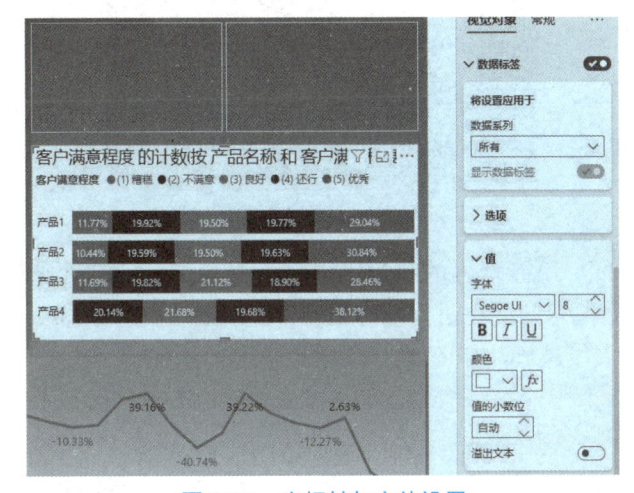

图 8-35　坐标轴与字体设置

在"图例"组中设置字体系列为 Segoe UI，字体大小为 10，文本颜色为黑色，删除对图例标题的自定义设置。在"常规"选项下修改百分比堆积条形图的标题文本为"产品满意度"，字体颜色、字体大小与上述图形保持一致，在"效果"组中设置"阴影"为打开状态，即可完成"产品满意度可视化"设置，最终呈现效果如图 8-36 所示。

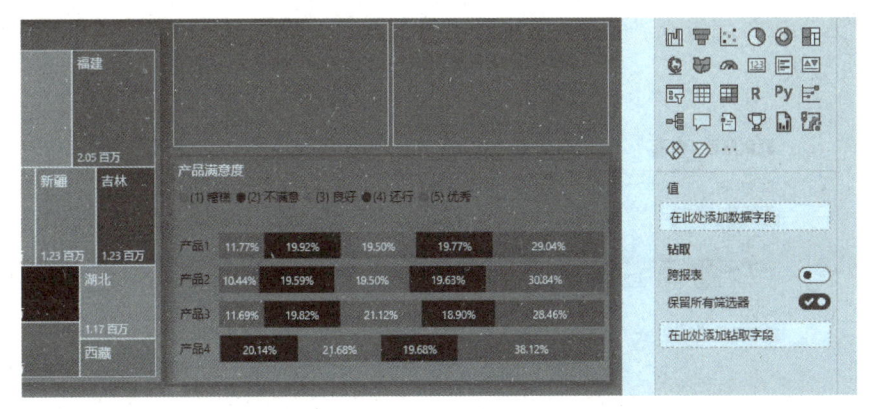

图 8-36　产品满意度可视化

步骤三：企业员工业绩与售后服务可视化

1. 员工销售业绩可视化

在"可视化"窗格中选择"百分比堆积条形图"，在"数据"窗格中将"产品名称"拖动到"Y 轴"组中，将"销售金额"字段拖动到"X 轴"组中，将百分比堆积条形图拖动至矩形左下角并调整大小。

在"设置视觉对象格式"选项卡中依次设置坐标轴、标题等元素的字体颜色（可以在已设置好的图表上使用"格式刷"功能，直接修改字体、颜色和效果），将标题文本修改为"员工销售龙虎榜"，如图 8-37 所示。

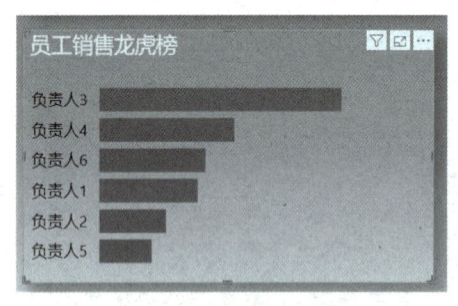

图 8-37 员工销售业绩可视化

为了使不同时间、不同地区的销售冠军显示得更加直观，可以改变销售冠军的显示颜色。需要对销售冠军的颜色进行动态显示，这里设置销售冠军的显示颜色为橙黄色，新建"最大值标记"度量值，如图 8-38 所示。

```
1  最大值标记 =
2  VAR t=CALCULATETABLE(VALUES('表1'[负责人]),ALLSELECTED())
3
4  RETURN
5  SWITCH(
6      [销售金额],
7      MAXX( t ,[销售金额] ),"#F4D25A"
8  )
```

图 8-38 新建"最大值标记"度量值

在"设置视觉对象格式"选项卡下"条形"组的"颜色"选项中，单击"默认值"右侧的"fx"按钮，进入"颜色 - 数据系列"对话框，设置"默认颜色 - 条形"的参数如图 8-39 设置。

图 8-39 "默认颜色 - 条形"参数设置

员工销售龙虎榜只需要显示员工的销售业绩排名，因此可关闭"数据标签"效果，如图 8-40 所示。

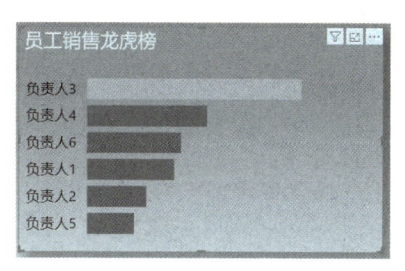

图 8-40　销售龙虎榜

2. 退货率与快递反馈可视化

如果一个电商企业的退货率过高，那么会导致企业的利润空间下滑，分析快递时效性与产品退货率有助于企业完善服务制度，降低不必要的消耗。

在"可视化"窗格中选择"环形图"，在"数据"窗格中将"是否退货"字段依次拖动到"图例"组和"值"组中，并在"值"组的"是否退货"下拉列表中选择"计数"选项。将"值"的显示方式修改为"占总计的百分比"，将环形图拖动到如图 8-41 所示的位置并调整大小。

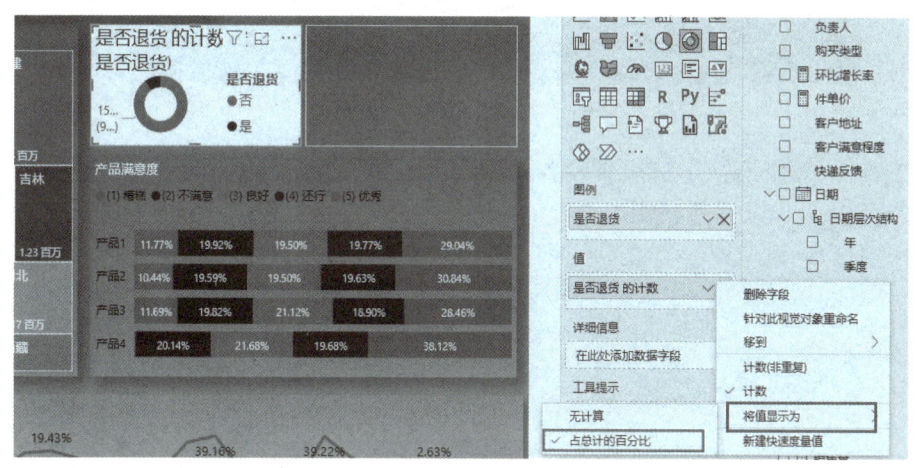

图 8-41　值显示方式设置

在"设置视觉对象格式"选项卡中，依次设置数据标签内容、标题等元素的字体颜色，并将标题文本修改为"退货率"。快递反馈可视化的方法与退货率的方法一致，最终的可视化图表如图 8-42 所示。

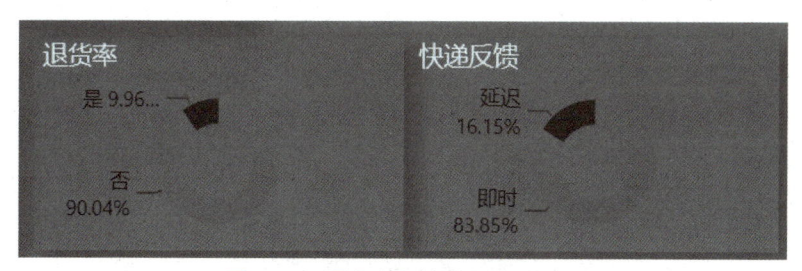

图 8-42　退货率与快递反馈可视化

数据可视化处理

三、筛选区可视化

切片器是 Power BI 交互式分析的基础，也是 Power BI 自带的基础视觉对象之一。切片器在驾驶舱设计中经常用于增加数据分析的维度和信息量。

步骤一：建立时间切片器

（1）在"可视化"窗格中选择"切片器"，在"数据"窗格中勾选"日期层次结构"选项中的"年"，在"设置视觉对象格式"选项卡中，将切片器样式设置为"磁贴"，将切片器拖动到如图 8-43 所示的位置并调整大小，使其宽高比为 40 ：304。

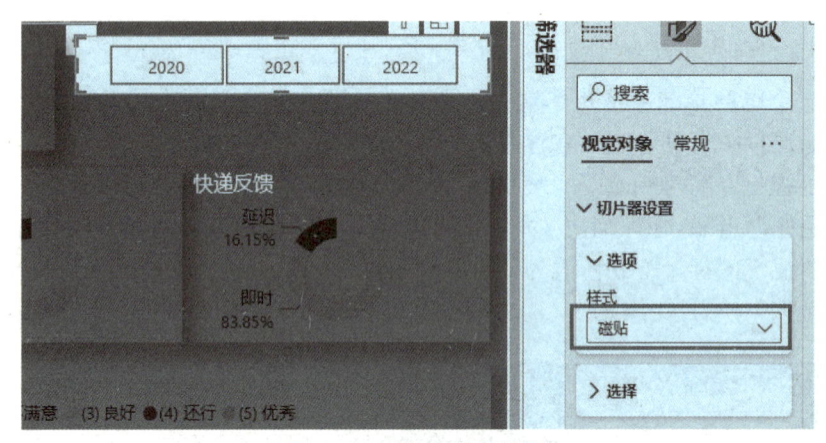

图 8-43　时间切片器设置

（2）在"视觉对象"选项下设置"值"组中的参数。将字体系列设置为 Segoe UI Bold，将字体大小设置为 10 并加粗，将"文本颜色"设置为黑色，如图 8-44 所示。在"边框"选项中选择"边框位置"为"右"，将颜色 RGB 值设置为 (58,108,153)，将"线条宽度"设置为 2，将背景颜色 RGB 值设置为 (111,161,207)，如图 8-45 所示。

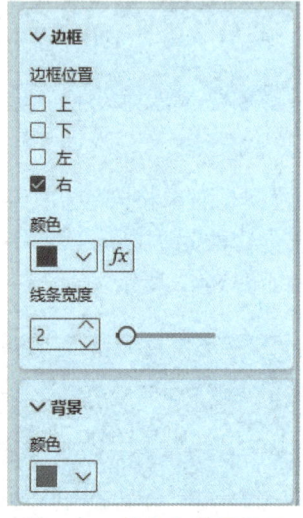

图 8-44　值显示设置　　　　图 8-45　边框与背景设置

（3）在"常规"选项下将背景透明度设置为 100%。

步骤二：建立产品切片器

（1）在可视化窗格中选择"切片器"，在"数据"窗格中将"产品名称"拖入"字段"组中，在"设置视觉对象格式"选项卡下将切片器样式设置为"磁贴"，将切片器拖动到如图 8-46 所示的位置，调整大小使其宽高比为 40 : 304。

（2）使用"格式刷"功能修改切片器的其他参数。单击切片器上的任意值，观察切片器与其他图表是否实现联动。如果没有联动，则需要重新建立对应的切片器。

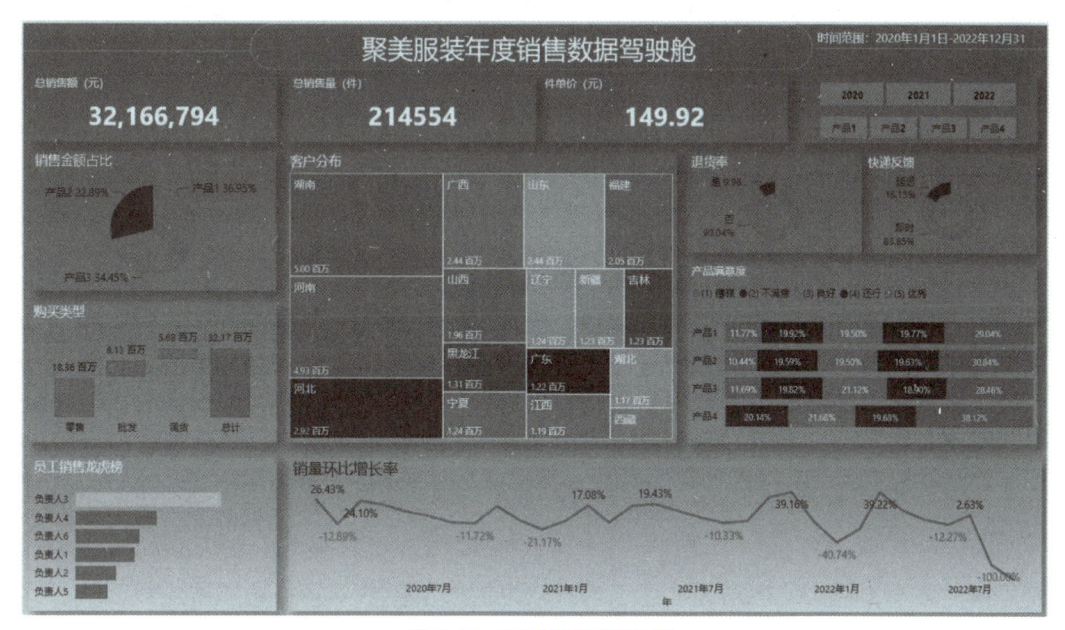

图 8-46 切片器设置完成

> **知识链接**

一、Power BI 基础知识——Play Axis 视觉对象

在 Power BI"可视化"窗格中，自带的可视化图表非常丰富，可满足日常的工作需求，但官方提供了一个更加丰富的在线自定义视觉对象库，这些视觉对象由全世界的开发者共同参与开发，通过"获取更多视觉对象"功能就可以找到想要的图表和控件。

Play Axis 视觉对象是一个可以自动执行的切片器，它可以使图表自动呈现动态变化，不再需要手动单击切片器。

（1）打开 Power BI，导入"国家 GDP"工作表，单击"获取更多视觉对象"按钮，打开"Power BI 视觉对象"窗口，在其中搜索"Play Axis"并添加至 Power BI，如图 8-47 所示。

（2）制作一个基础的"GDP"条形图。在"数据"窗格中将"国家"字段拖动到"Y 轴"组中，将"GDP"字段拖动到"X 轴"组中，设置条形图的颜色，如图 8-48 所示。

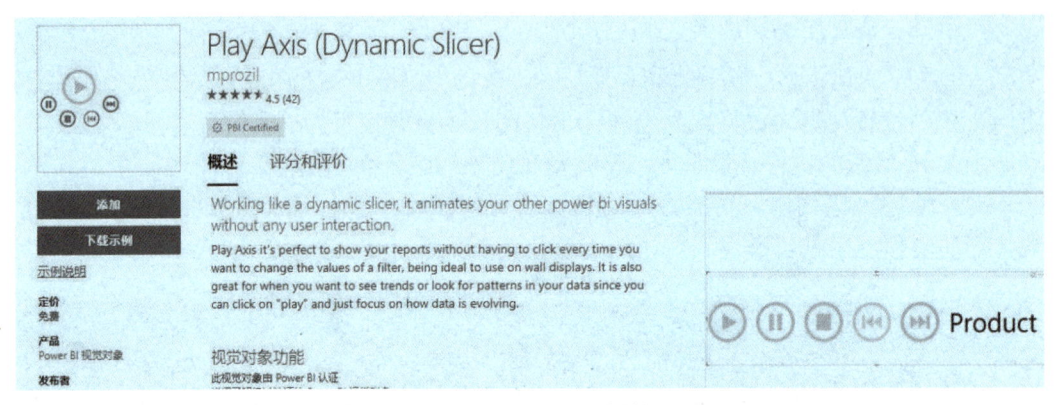

图 8-47　Play Axis 插件

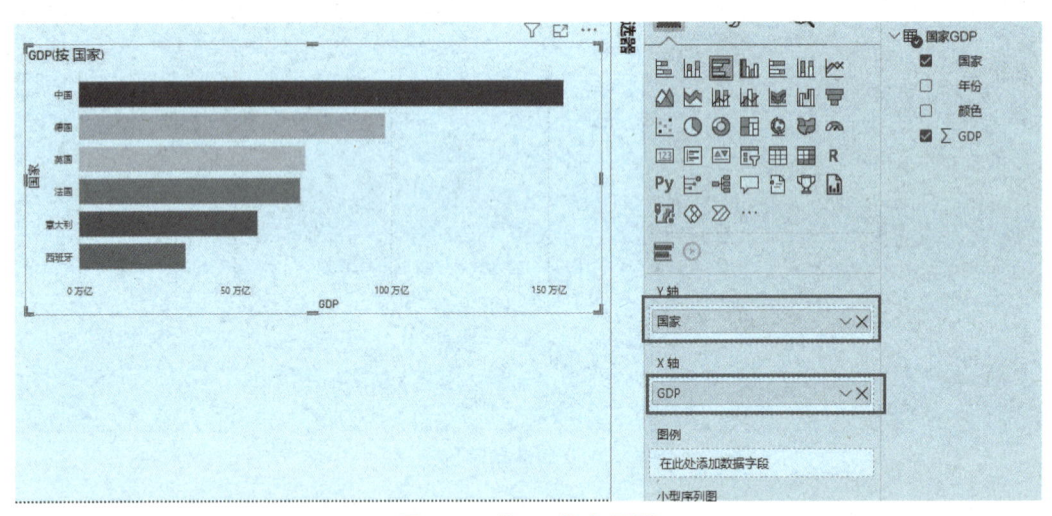

图 8-48　"GDP"条形图

（3）插入一个 Play Axis 视觉对象，将"年份"字段拖动到"Field"组中，如图 8-49 所示。

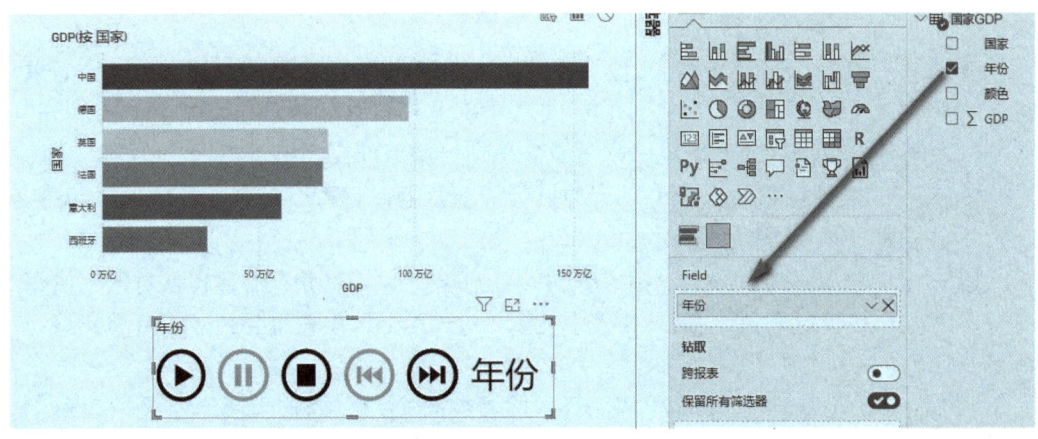

图 8-49　Play Axis 设置

（4）Play Axis 插件与条形图的交互设置。选中 Play Axis 对象，随后切换至"格式"

选项卡，单击"交互"组中的"编辑交互"按钮，如图 8-50 所示的标号为④的区域中会显示 3 个按钮，单击最左侧的"筛选器"按钮（根据图中标号进行操作）。筛选器使得条形图的数据响应来自 Play Axis 的"年份"字段。

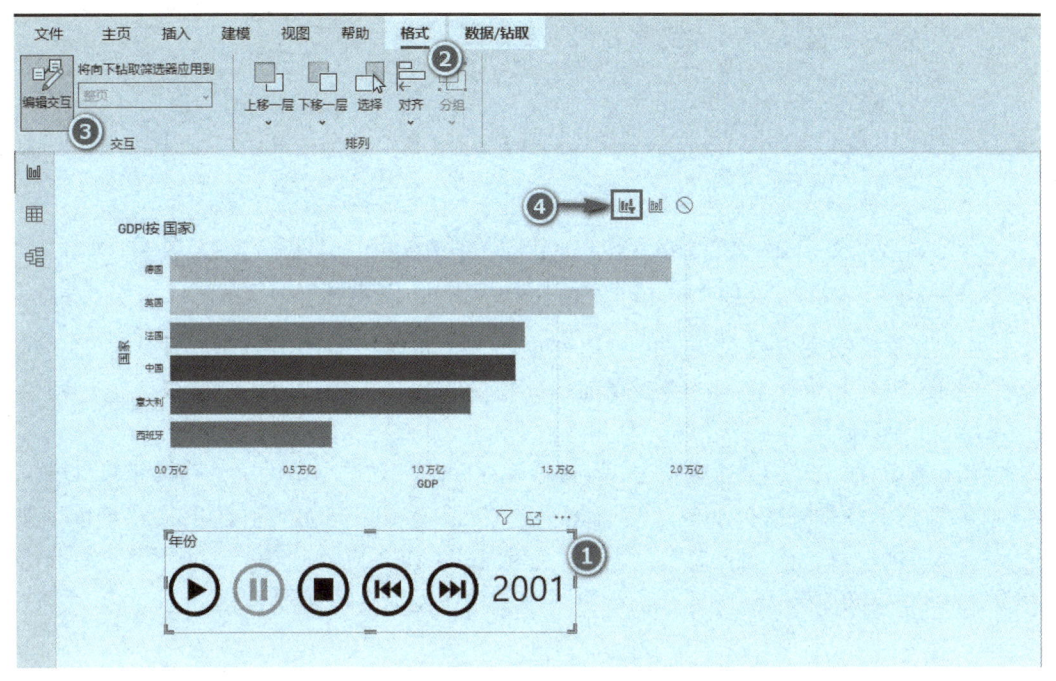

图 8-50 Play Axis 交互设置

二、Power BI 操作技巧——在矩阵中动态标记最大、最小值

矩阵作为常用的视觉对象之一，它展现的信息量极为密集，如果不做任何标记，则很难快速找到关键信息。如图 8-51 所示是某网店的小家电年度销售数据矩阵，行字段为产品名称、列字段是月份，该字段展现的是每个月每款产品的收入。

产品名称	January	February	March	April	May	June	July	August	September	October	November	December
空气炸锅	39117	35382	24728	49149	34898	30496	40262	36202	24830	47734	38343	23883
微波炉	19123	19283	12703	9084	12861	19349	14883	8225	11439	17339	18566	8008
打蛋器	11161	17194	18789	8940	8202	9177	8729	8392	4829	10218	18449	17362
电热锅	3979	6832	6333	8672	11317	8604	12304	5128	8857	12094	12022	10755
电饼铛	5628	9320	5773	6477	9713	8115	8789	8719	9042	9087	4985	6169
榨汁机	7428	6504	5767	8668	5849	7662	6409	7880	5788	5870	7064	7941
烤箱	5429	6750	1288	7291	2821	6864	1807	6896	6985	6044	6427	1968
电磁炉	3580	3974	9873	1047	5914	6453	2208	5091	988	3025	9962	823
消毒柜	2943	2636	3552	3960	3190	584	5099	3558	4273	4076	5617	1654
热水壶	1798	1337	1576	1631	1612	1454	1054	1729	1302	1093	1284	1161
电饭煲	766	993	730	818	871	1165	1089	869	795	910	716	1102
酸奶机	905	890	664	646	889	980	863	652	852	870	622	753

图 8-51 小家电年度销售数据矩阵

矩阵中的最大、最小值有几种标记方式？按照每行、每列进行标记，还是对整个矩阵进行标记？这里将最大值标记为绿色背景，将最小值标记为红色背景。

1. 标记每列的最大、最小值

对于上面的矩阵，标记每列的最大、最小值就是找出每月产品收入的最大、最小值，可以使用下面的度量值来实现，如图8-52所示。

```
1 每月最大最小值标记 =
2 VAR t=CALCULATETABLE(VALUES('Sheet1'[产品名称]),ALLSELECTED())
3
4 RETURN
5 SWITCH(
6     [利润],
7     MAXX( t ,[利润] ),"limegreen",
8     MINX( t ,[利润] ),"red"
9 )
```

图8-52 "每月最大最小值标记"度量值

这个度量值的主要逻辑是，先利用变量构造出每个产品的虚拟表，并计算出其对应收入的最大值和最小值，再判断当前单元格的收入。如果该收入等于最大值，则返回绿色；如果该收入等于最小值，则返回红色。

打开矩阵的"可视化"窗格，在"设置视觉对象格式"选项卡的"单元格元素"组中（之前的版本是条件格式）单击"背景色"的"fx"按钮，随后在弹出的"背景色-背景色"对话框中将"格式样式"设置为"字段值"，将"应将此基于哪个字段？"设置为"每月最大最小值标记"，即在上一步骤中新建的度量值，如图8-53所示。

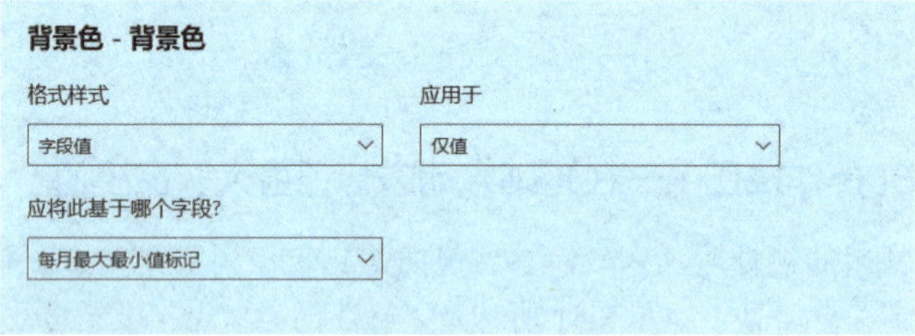

图8-53 显示颜色设置

设置完成后，矩阵效果如图8-54所示，可以通过清晰标记的颜色快速定位每一列的最大值和最小值。

产品名称	January	February	March	April	May	June	July	August	September	October	November	December
打蛋器	11161	17194	18789	8940	8202	9177	8729	8392	4829	10218	18449	17362
电饼铛	5628	9320	5773	6477	9713	8115	8789	8719	9042	9087	4985	6169
电磁炉	3580	3974	9873	1047	5914	6453	2208	5091	988	3025	9962	823
电饭煲	766	993	730	818	871	1165	1089	869	795	910	716	1102
电热锅	3979	6832	6333	8672	11317	8604	12304	5128	8857	12094	12022	10755
烤箱	5429	6750	1288	7291	2821	6864	1807	6896	6985	6044	6427	1968
空气炸锅	39117	35382	24728	49149	34898	30496	40262	36202	24830	47734	38343	23883
热水壶	1798	1337	1576	1631	1612	1454	1054	1729	1302	1093	1284	1161
酸奶机	905	890	664	646	889	980	863	652	852	870	622	753
微波炉	19123	19283	12703	9084	12861	19349	14883	8225	11439	17339	18566	8008
消毒柜	2943	2636	3552	3960	3190	584	5099	3558	4273	4076	5617	1654
榨汁机	7428	6504	5767	8668	5849	7662	6409	7880	5788	5870	7064	7941

图8-54 "每月最大最小值标记"矩阵效果

2. 标记每行的最大、最小值

每行的数据都是一款产品每个月份的收入，要标记每行的最大、最小值可以先构造出每个月的虚拟表，需将度量值修改为如图 8-55 所示。

```
1  每款产品最大最小值标记 =
2
3  VAR t=CALCULATETABLE(VALUES('Sheet1'[月份].[Date]),ALLSELECTED())
4
5  RETURN
6  SWITCH(
7      [利润],
8      MAXX(t,[利润]),"limegreen",
9      MINX(t,[利润]),"red"
10 )
```

图 8-55 "每款产品最大最小值标记"度量值

设置背景颜色的方法与之前的一致，矩阵效果如图 8-56 所示。

产品名称	January	February	March	April	May	June	July	August	September	October	November	December
打蛋器	11161	17194	18789	8940	8202	9177	8729	8392	4829	10218	18449	17362
电饼铛	5628	9320	5773	6477	9713	8115	8789	8719	9042	9087	4985	6169
电磁炉	3580	3974	9873	1047	5914	6453	2208	5091	988	3025	9962	823
电饭煲	766	993	730	818	871	1165	1089	869	795	910	716	1102
电热锅	3979	6832	6333	8672	11317	8604	12304	5128	8857	12094	12022	10755
烤箱	5429	6750	1288	7291	2821	6864	1807	6896	6985	6044	6427	1968
空气炸锅	39117	35382	24728	49149	34898	30496	40262	36202	24830	47734	38343	23883
热水壶	1798	1337	1576	1631	1612	1454	1054	1729	1302	1093	1284	1161
酸奶机	905	890	664	646	889	980	863	652	852	870	622	753
微波炉	19123	19283	12703	9084	12861	19349	14883	8225	11439	17339	18566	8008
消毒柜	2943	2636	3552	3960	3190	584	5099	3558	4273	4076	5617	1654
榨汁机	7428	6504	5767	8668	5849	7662	6409	7880	5788	5870	7064	7941

图 8-56 "每款产品最大最小值标记"矩阵效果

3. 标记整个矩阵的最大、最小值

找出整个矩阵的最大值和最小值，要先构造行字段和列字段组合的列表，再对这个列表所对应的每笔收入计算最大值和最小值，度量值写法如图 8-57 所示。

```
1  全部最大最小值标记 =
2  VAR t=CALCULATETABLE(SUMMARIZE('Sheet1','Sheet1'[产品名称],'Sheet1'[月份].[Date]),ALLSELECTED())
3
4  RETURN
5  SWITCH(
6      [利润],
7      MAXX(t,[利润]),"limegreen",
8      MINX(t,[利润]),"red"
9  )
```

图 8-57 "全部最大最小值标记"度量值

背景颜色设置完成后，矩阵效果如图 8-58 所示。

数据可视化处理

产品名称	January	February	March	April	May	June	July	August	September	October	November	December
打蛋器	11161	17194	18789	8940	8202	9177	8729	8392	4829	10218	18449	17362
电饼铛	5628	9320	5773	6477	9713	8115	8789	8719	9042	9087	4985	6169
电磁炉	3580	3974	9873	1047	5914	6453	2208	5091	988	3025	9962	823
电饭煲	766	993	730	818	871	1165	1089	869	795	910	716	1102
电热锅	3979	6832	6333	8672	11317	8604	12304	5128	8857	12094	12022	10755
烤箱	5429	6750	1288	7291	2821	6864	1807	6896	6985	6044	6427	1968
空气炸锅	39117	35382	24728	49149	34898	30496	40262	36202	24830	47734	38343	23883
热水壶	1798	1337	1576	1631	1612	1454	1054	1729	1302	1093	1284	1161
酸奶机	905	890	664	646	889	980	863	652	852	870	622	753
微波炉	19123	19383	12703	9084	12861	19349	14883	8225	11439	17339	18566	8008
消毒柜	2943	2636	3552	3960	3190	584	5099	3558	4273	4076	5617	1654
榨汁机	7428	6504	5767	8668	5849	7662	6409	7880	5788	5870	7064	7941

图 8-58 "全部最大最小值标记"矩阵效果

以上就是对矩阵的最大、最小值的不同标记方式,标记的关键是,根据需求针对矩阵每一行、每一列及全部数据的逻辑,构造对应的虚拟表,并计算最大值和最小值。如果单元格的收入等于最大值或最小值,则利用矩阵的背景颜色字段值规则标记相应的数据。

任务三 驾驶舱页面配色优化可视化

任务分析

在设计驾驶舱初稿时通常会忽略一些细节,如色彩搭配、显示单位等,所以小林需要对驾驶舱页面进行优化升级。

任务实施

一、页面配色优化

步骤一:使用 Power BI 内置主题

Power BI 报表的全局颜色是由主题控制的,在目前的版本中已内置可直接切换的主题。在"视图"选项卡下可直接看到主题库,如图 8-59 所示。

步骤二:自定义 Power BI 主题

(1)在 Power BI 中自定义主题。选择一个喜欢的主题,单击"自定义当前主题"

按钮即可，如图 8-60 所示。

（2）如果内置主题不能达到想要的效果，那么可以在此基础上进行自定义设置。在"自定义主题"对话框中，可对当前主题进行更改，如图 8-61 所示。

（3）根据背景颜色设置主题颜色。如图 8-62 所示，各主题颜色的 RGB 值分别为，颜色 1(9,71,128)、颜色 2(113,154,192)、颜色 3(160,222,216)、颜色 4(100,196,190)、颜色 5(154,181,194)、颜色 6(194,200,240)、颜色 7(122,149,196)、颜色 8(141,217,199)。

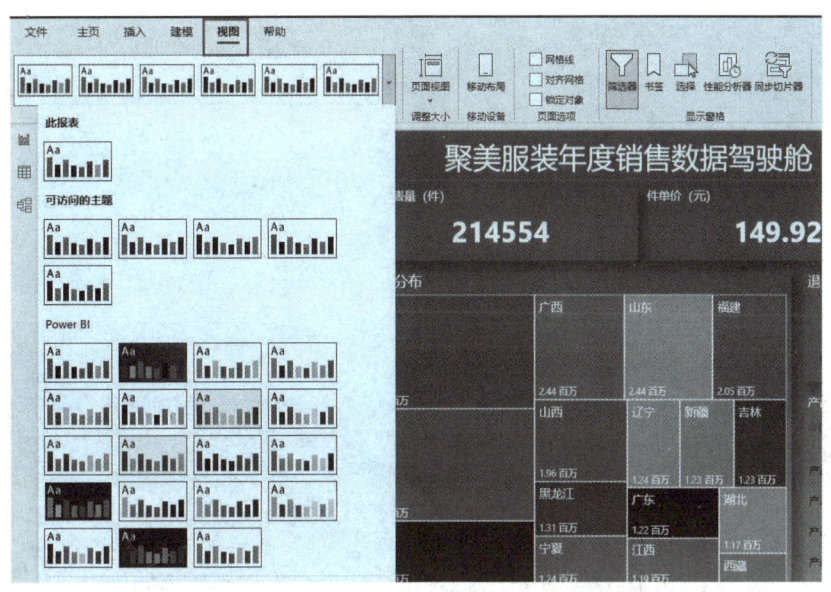

图 8-59　内置主题库

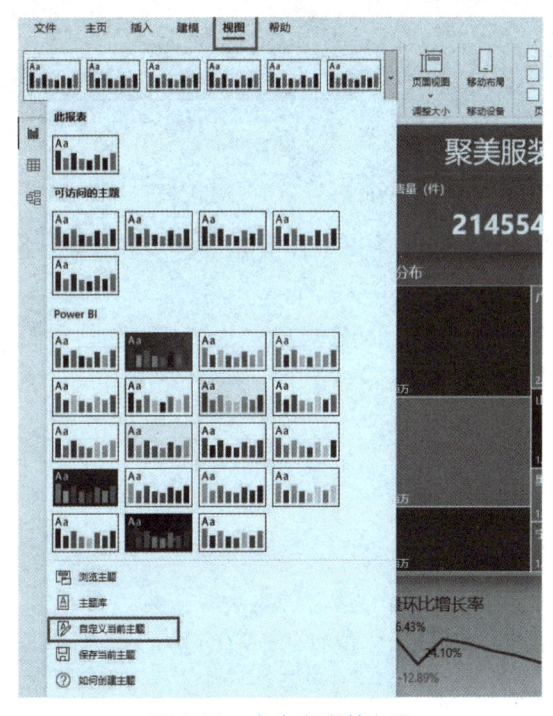

图 8-60　自定义当前主题

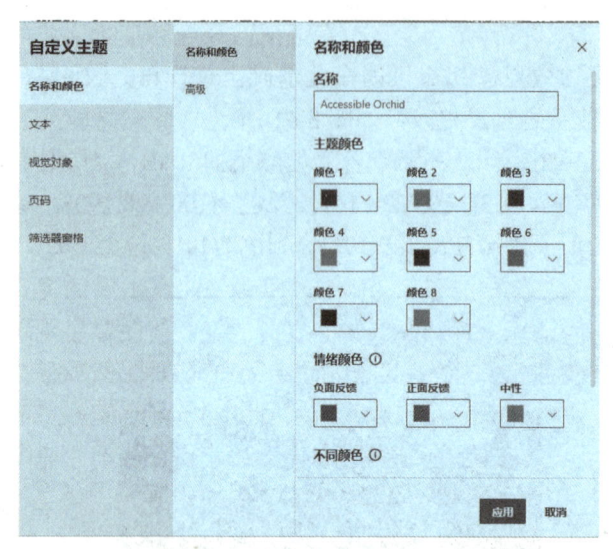

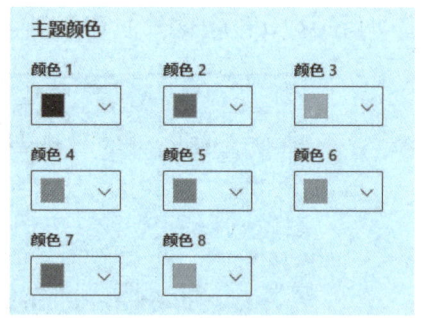

图 8-61 "自定义主题"对话框　　　　图 8-62 主题颜色

（4）颜色设置完成后单击"应用"按钮，驾驶舱颜色优化完成，如图 8-63 所示。

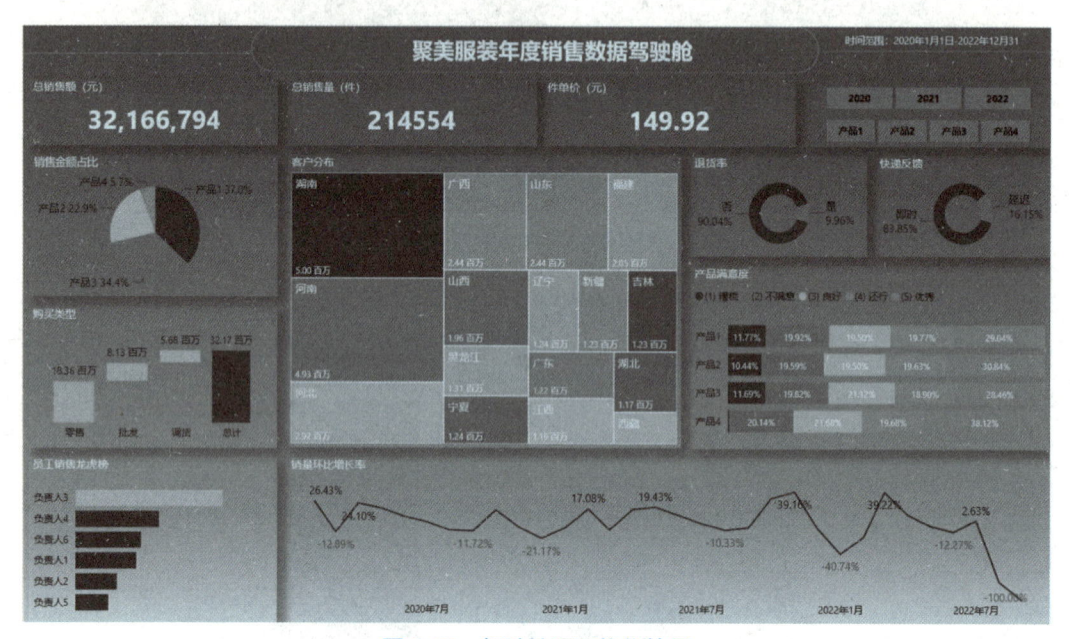

图 8-63 驾驶舱页面优化效果

二、显示单位与页面细节优化

步骤一：统一单位

观察优化完成后的驾驶舱，部分数值的显示单位为"百万"，但这并不符合中国人的阅读习惯。Power BI 默认的显示单位有"千"、"百万"、"十亿"和"万亿"，没有"万"和"亿"，现借助聚合函数 SUM 统一调整单位的显示方式。

（1）在驾驶舱中任选一个已完成的图表，此处选择"总销售额"卡片图，新建度量值"销售总额 = SUM(' 表 1'[销售金额])/10000"。在"度量工具"选项卡下,单击"逗号"按钮,将度量值格式设置为"用逗号作为千位分隔符",并将小数位设置为 0,如图 8-64 所示。

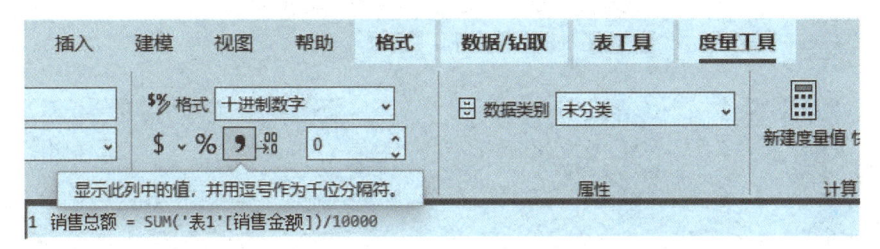

图 8-64　格式设置

（2）将"销售金额"卡片图中的"销售金额"字段替换为"总销售额",修改标题文本中的单位为"万元",如图 8-65 所示,修改之后的数字无论是从认读还是表示方式方面,都更符合中国人的阅读习惯,其他数据图中的单位可依次替换。

图 8-65　修改标题和单位

步骤二：添加图标丰富页面

Power BI 图表中一般只能显示纯文本数据信息,页面相对枯燥、单调,可以通过插入图标的方式使页面内容变得丰富,使用风格一致且与主图表达相符的图标可以减轻用户的阅读负担,增加报表的趣味性,如图 8-66 所示。图标在信息表达方面有着天然优势,易于识别,因此在仪表板设计中被广泛应用。

图 8-66　图标装饰

（1）在 Power BI 中没有办法直接插入图标,一般是插入图像或形状,但是内置的形状比较单一,很难找到符合使用需求的图标,因此小林需要通过插入图像来实现。

（2）数据大屏上的图标一般是矢量图,可以通过阿里巴巴矢量图标库或字节跳动 IconPark 图标库下载,小林计划在阿里巴巴矢量图标库中下载需要的矢量图标。

（3）进入阿里巴巴矢量图标库首页后,可以看到各种元素的矢量图,单击"ICON 图标库"按钮,如图 8-67 所示。

数据可视化处理

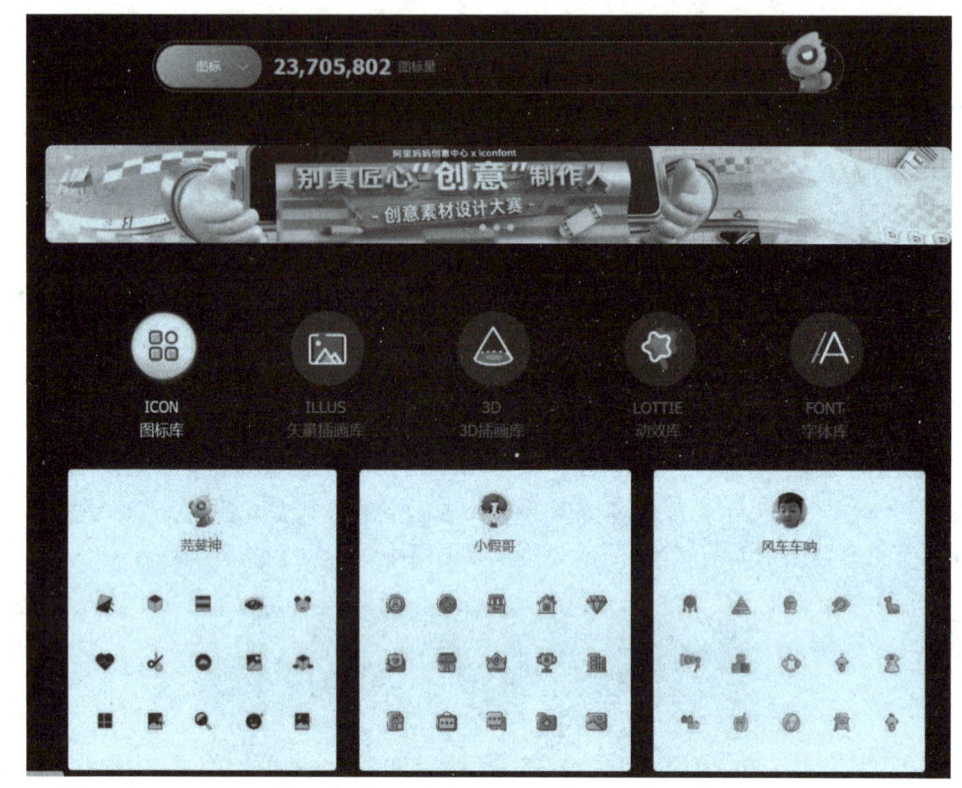

图 8-67　阿里巴巴矢量图标库首页

（4）在"ICON 图标库"页面中可以选择需要的图标，也可以直接在搜索栏中搜索，如图 8-68 所示。装饰销售金额的图标一般与钱有关，因此可以搜索钱或钱袋。

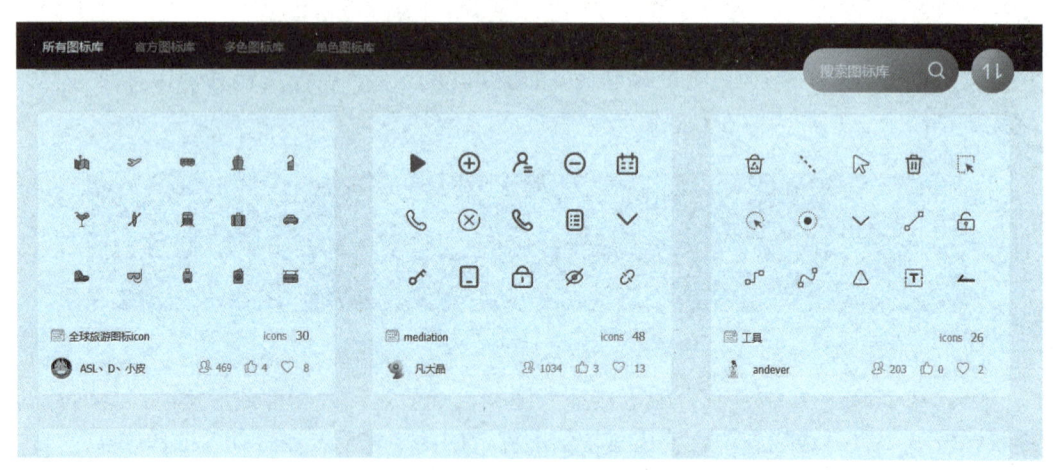

图 8-68　图标选择与搜索

（5）通过搜索找到需要的图标后，单击"下载"按钮，进入设置页面，可以根据驾驶舱的背景颜色修改图标配色，如图 8-69 所示。需下载"SVG"格式或"PNG"格式的图标。请按照上述步骤下载需要的矢量图。

（6）打开 Power BI，在"插入"选项卡下单击"元素"组中的"图像"按钮，选择已下载好的矢量图并上传，调整大小并将其拖动到合适的位置，如图 8-70 所示。

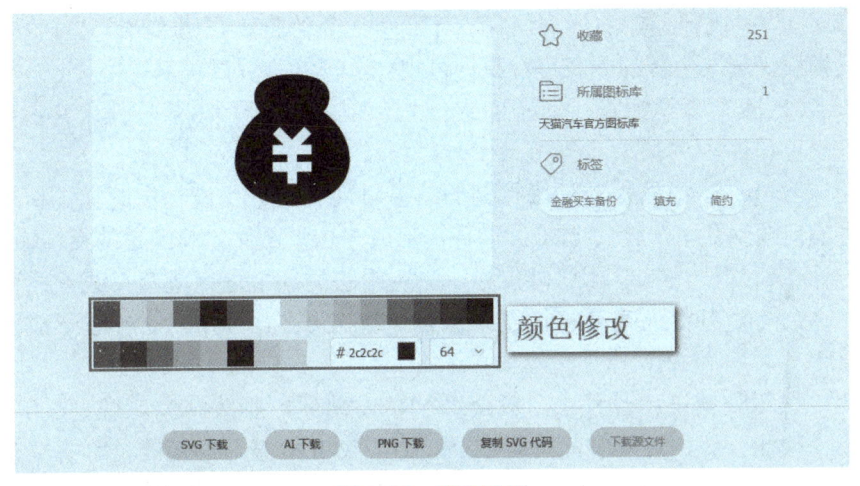

图 8-69　颜色设置

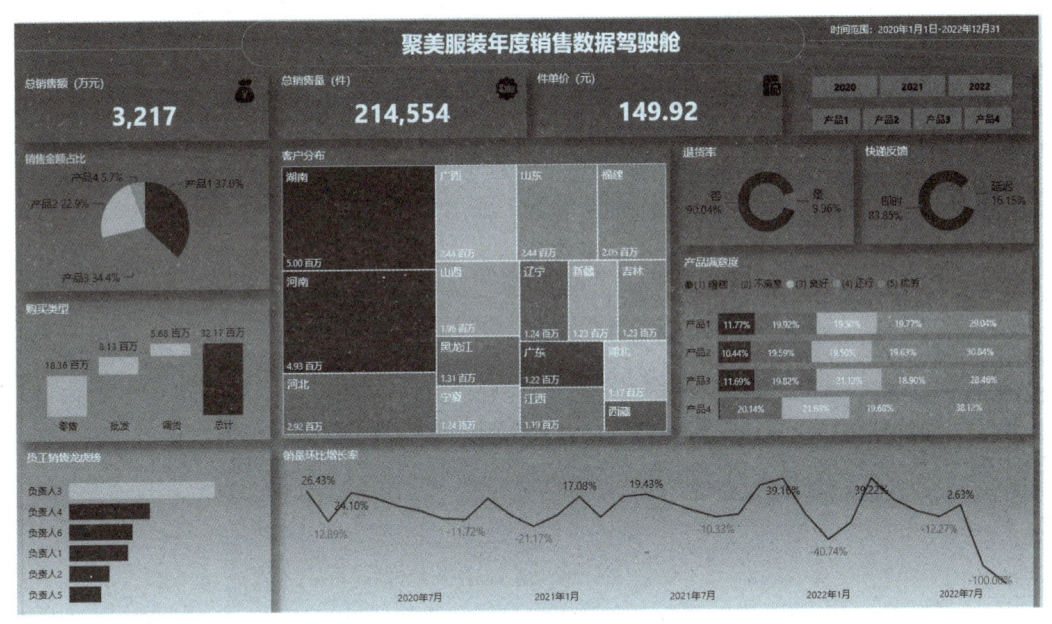

图 8-70　应用图标

> 知识链接

一、PDCA 循环管理与驾驶舱

驾驶舱的设计和优化升级需要遵循 PDCA 循环。PDCA 循环又称戴明环，是质量管理中的重要理论。PDCA 循环将质量管理分为 4 个阶段，即计划（Plan）、执行（Do）、检查（Check）和复盘（Action）。

计划（Plan）：确定方针和目标，制定活动计划，确定驾驶舱的设计目标、功能和数据需求，以及可视化呈现方式，为后续操作奠定基础。

执行（Do）：执行制定的计划，将设计和优化后的方案付诸实践。搭建数据模型，计算各项指标，选取合适的图表进行数据可视化，最终呈现驾驶舱。

检查（Check）：总结执行计划的结果，注意驾驶舱的展示效果，找出其中存在的问题并进行反思和评估。

行动（Action）：根据检查阶段得到的结果对驾驶舱进行进一步的优化和改进，将需要改进的问题纳入下一轮的 PDCA 循环，形成一个不断优化和改进的良性循环。

每一件事情都要先制定计划再实施，在实施的过程中进行检查，改善检查结果中的问题，之后将没有得到改善的问题放到下一个 PDCA 循环中，这样就形成了多个的 PDCA 循环。

因此，在驾驶舱设计过程中，应遵循 PDCA 循环，要做到提前规划、落地执行、使用反馈、检测升级，对驾驶舱进行二次检查、交互检查、反馈改进。视觉升级不仅是对细节的完善和补充，更是在使用过程中对仪表板进行复盘和升级。

二、Power BI 操作技巧——嵌入 PPT 中进行动态交互

如何将在 Power BI 做的报表导出并在 PPT 中打开呢？如何在 PPT 中实现 Power BI 的报表交互呢？

（1）单击"主页"选项卡下"共享"组中的"发布"按钮，如果报表页面较多，则需要等待较长时间，发布完成后会弹出"发布到 Power BI"对话框，如图 8-71 所示。选择"我的工作区"选项后单击"选择"按钮。

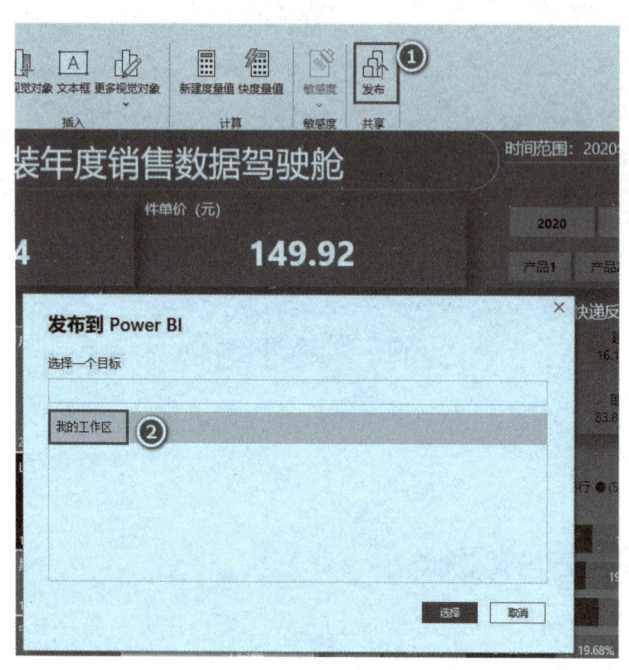

图 8-71　报表发布

（2）发布成功后，新打开的"发布到 Power BI"对话框中会包含一个链接，如图 8-72 所示，单击链接即可打开 Power BI 网页版。

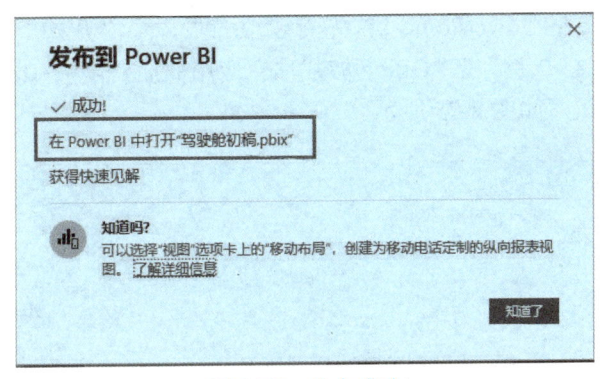

图 8-72　发布成功

（3）进入 Power BI 网页版后，单击"共享"按钮，在弹出的"发送链接"对话框中选择"PowerPoint"选项，如图 8-73 所示。

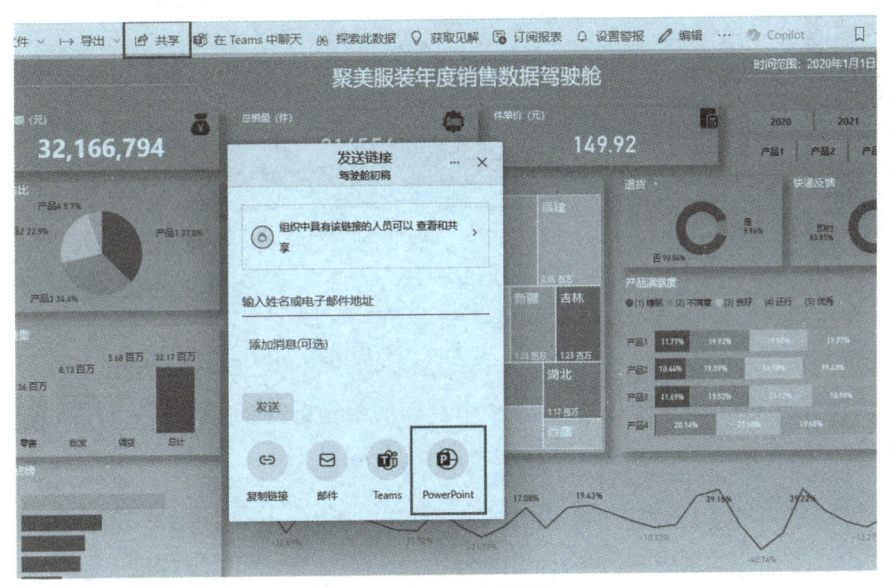

图 8-73　共享设置

（4）打开"在 PowerPoint 中嵌入实时数据"对话框，单击"复制"按钮，即可复制报告页链接，如图 8-74 所示。

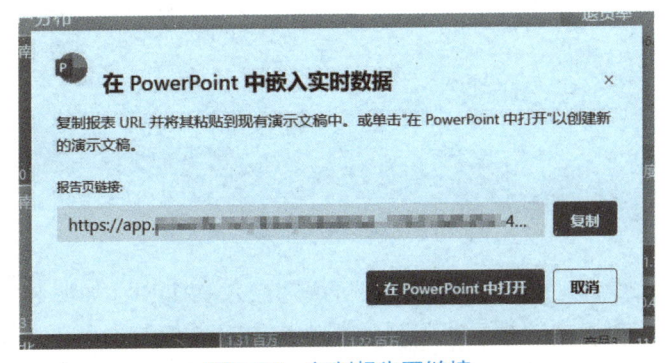

图 8-74　复制报告页链接

（5）打开 Office 的 PowerPoint，首先新建空白页，在"开始"选项卡下单击"获取加载项"按钮，这时会弹出"Office 加载项"应用商店，随后单击"Power BI Tiles"右侧的"添加"按钮，如图 8-75 所示。

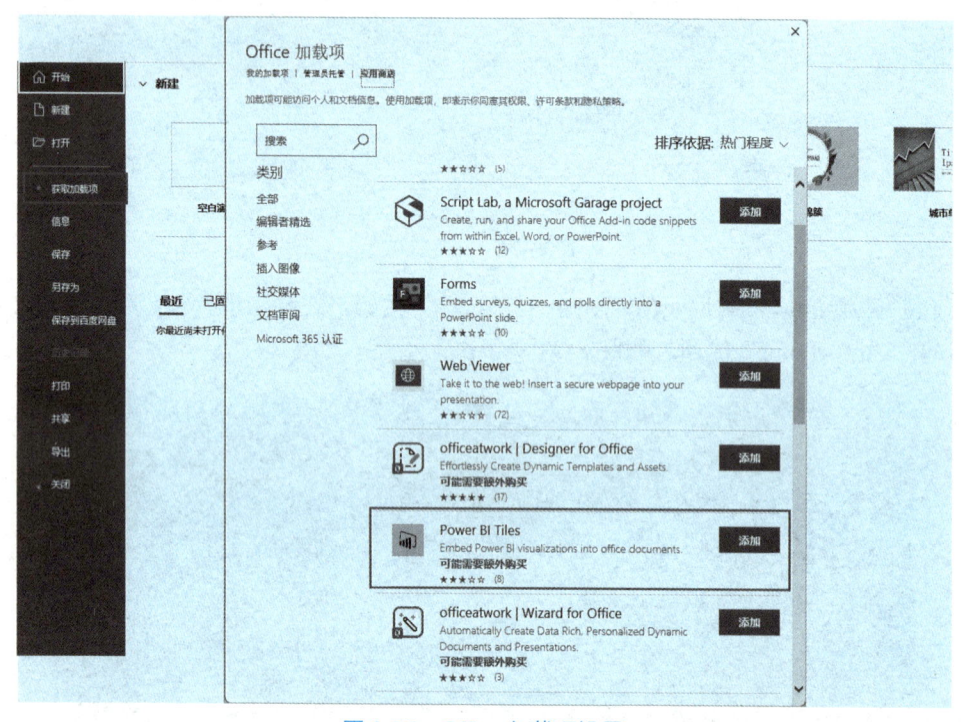

图 8-75　Office 加载项设置

（6）在打开的页面中，粘贴在步骤 4 中复制的报告页链接，随后单击"插入"按钮，如图 8-76 所示。

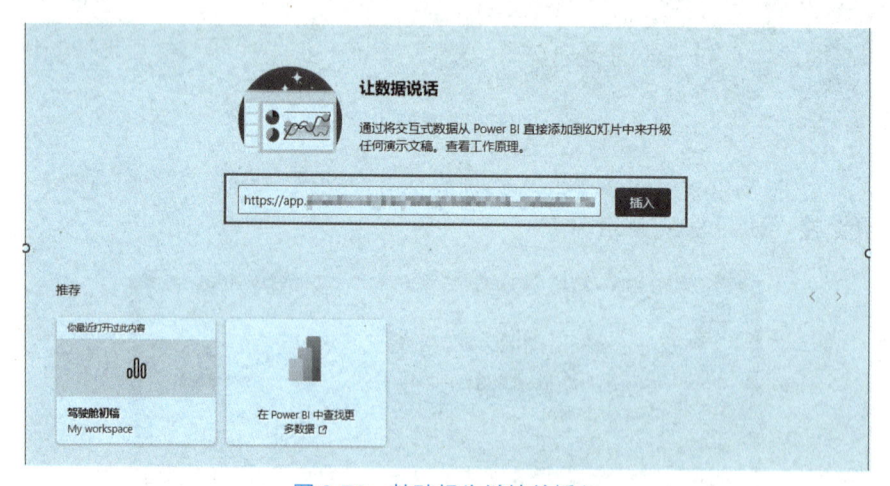

图 8-76　粘贴报告链接并插入

（7）经过以上操作，Power BI 报表即可成功嵌入 PPT 中，如图 8-77 所示。单击切片器或其他指标，PPT 中的报表也可以实现动态交互。但是，由于工具原因，前文中设置的单位在 PPT 中无法显示。

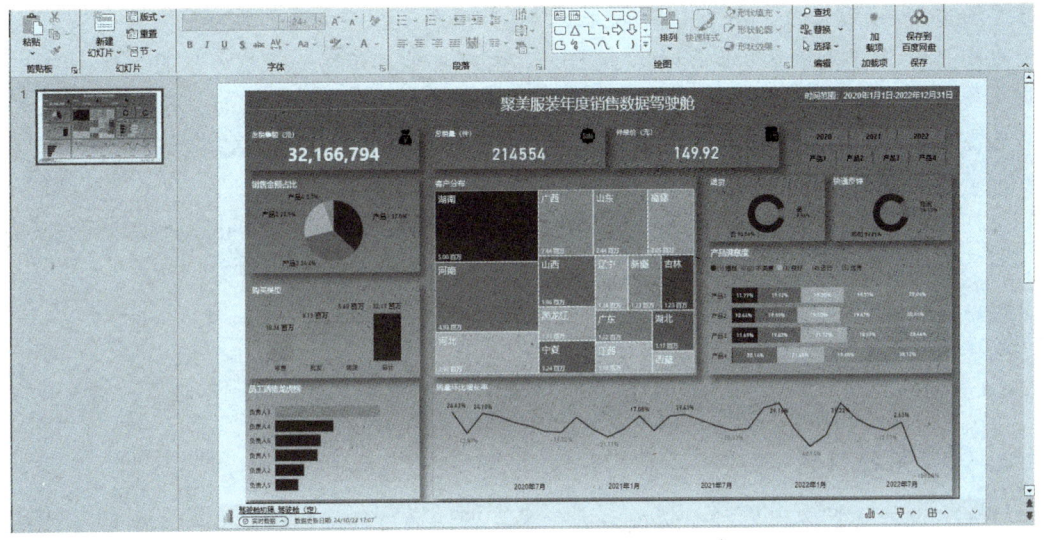

图 8-77 Power BI 报表成功嵌入 PPT 中

素养园地

自 2022 年 6 月 22 日中国共产党中央全面深化改革委员会第 26 次会议审议通过《关于构建数据基础制度更好发挥数据要素作用的意见》（以下简称《数据二十条》）后，各方一直翘首企盼文件出台。2022 年 12 月 19 日，中共中央、国务院对外公开发布《数据二十条》，可谓是千呼万唤始出来，引起了社会各界的高度关注。数据基础制度建设事关国家发展和安全大局，有助于充分发挥我国海量数据规模和丰富应用场景优势，进一步发挥数据要素潜在巨大作用，做强做优最大数字经济，为实现 2035 远景目标和构筑国家竞争新优势奠定重要基础。

《中华人民共和国国民经济和社会发展第十四个五年规划和 2035 年远景目标纲要》明确提出"加快数字化发展、建设数字中国"，党的二十大报告强调加快建设网络强国和数字中国，均为我国发展数字经济指明了方向。数字经济是继农业经济、工业经济之后的新经济形态，是我国"双碳"目标下实现我国经济绿色健康发展和中华民族伟大复兴的必然选择。数字经济是以互联网为基础的现代信息网络为主要载体，以数字化的信息和知识等数据资源作为关键要素，以应用数字技术推动全要素数字化转型与发展为重要推动力，促进经济发展更加高效和公平、均衡和充分。数字技术又是具有迭代更新快、使用效率高、应用成本低等优势的新型生产力。数据作为一种具有独特属性的生产要素，具有非竞争性、无限供给、易复制、边际成本极低等特点，数据的高流动性可以重构弱流动性生产要素的资源配置状态，发挥乘数效应大幅提高产出水平，数据的降低信息不对称特性还可以直接提升个性化消费，间接提升社会总需求的可持续性和质量水平，数字化的数据贯穿数字化生产、数字化管理和数字化经营等各个环节。构建适合数字化数据新型生产要素和数字技术新型生产力的生产关系就十分必要和迫切。《数据二十条》有助于推动数据基础制度体系构建，是我国深化改革开放的战略性和关键性举措。改革开放以来，我国在土地、劳动力、资本、技术等关键生产要素方面的每次制度性的突破和机制性的创新，都有效地推动了我国经济发展的进步和高质量提升，促进了社会发展得更加公平和高效，此次数据基础制度体系的构建，其重要性和基础性作用不言而喻，其积极作用值得拭目以待。

整理自《"数据二十条"将夯实数据要素作用》，作者：李晓东

同步实训

一、实训概述

本实训要求学生以驾驶舱数据可视化为主题，通过教师提供的驾驶舱数据并结合本书内容，完成驾驶舱数据的可视化分析。

二、实训步骤

学生需根据本书所讲的驾驶舱数据可视化流程，并结合教师提供的驾驶舱数据，完成驾驶舱数据可视化分析。

学生可以从以下基本步骤着手准备。

步骤一：用5W1H分析法进行需求分析。

步骤二：选择合适的数据图表。

步骤三：绘制驾驶舱草图。

步骤四：进行数据可视化操作。

步骤五：进行驾驶舱页面优化。

参考文献

[1] 北京博导前程信息技术股份有限公司. 电子商务数据分析概论 [M]. 2 版. 北京：高等教育出版社，2023.

[2] 北京博导前程信息技术股份有限公司. 电子商务数据分析实践（中级）[M]. 北京：高等教育出版社，2023.

[3] 牟恩静，李杰臣. Power BI 智能数据分析与可视化从入门到精通 [M]. 北京：机械工业出版社，2021.